Web 前端技术丛书

Vue.js 3

应用开发与核心源码解析

吕 鸣 / 著

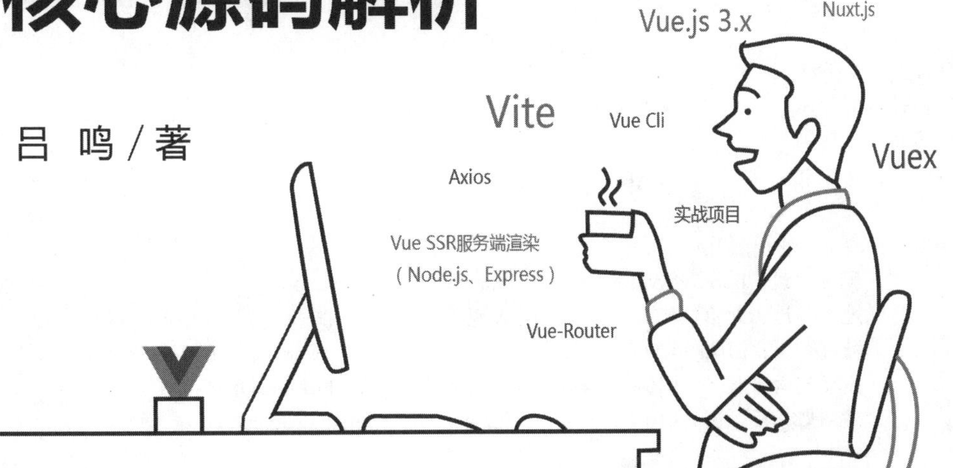

清華大学出版社
北 京

内 容 简 介

本书以前端工程化和企业级应用开发为目标，围绕 Vue 3 及相关生态技术与核心源码进行详细剖析。内容包括：Vue.js 核心基础；相关生态，包括状态管理框架 Vuex、路由管理框架 Vue Router、Vue 动画技术、Vue 网络与数据存储技术，前端构建工具 Vite 与 Vue Cli；进阶的 Vue 服务端渲染，包括 Node.js、Express 和 Nuxt.js；核心源码剖析，包括响应式原理、双向绑定实现、虚拟 DOM、keep-alive 原理和实现，旨在使读者掌握 Vue 的设计思想，提升开发项目和应对面试的能力；每章提供一个小项目，最后还提供了一个以工程化思想开发的实战项目，使读者能够真正掌握从 0 到 1 开发一个企业级应用的全过程。

本书内容丰富，技术先进，注重实践，适合有一定前端开发基础的学生、从业者，以及自由项目开发者阅读，也适合对 Vue.js 感兴趣，善于做各种 Vue.js 应用探索，想要深入了解 Vue.js 底层实现的开发者阅读，还可以用作大专院校及培训机构的教学用书。

图书在版编目（CIP）数据

Vue.js 3 应用开发与核心源码解析/吕鸣著. 一北京：清华大学出版社，2022.7
（Web 前端技术丛书）
ISBN 978-7-302-61262-9

Ⅰ. ①V… Ⅱ. ①吕… Ⅲ. ①网页制作工具一程序设计 Ⅳ. ①TP393.092.2

中国版本图书馆 CIP 数据核字（2022）第 119018 号

责任编辑：王金柱
封面设计：王　翔
责任校对：闫秀华
责任印制：丛怀宇

出版发行：清华大学出版社
网　　址：http://www.tup.com.cn，http://www.wqbook.com
地　　址：北京清华大学学研大厦 A 座　　**邮　　编**：100084
社 总 机：010-83470000　　**邮　　购**：010-62786544
投稿与读者服务：010-62776969，c-service@tup.tsinghua.edu.cn
质 量 反 馈：010-62772015，zhiliang@tup.tsinghua.edu.cn

印 装 者：北京鑫海金澳胶印有限公司
经　　销：全国新华书店
开　　本：190mm×260mm　　**印　张**：21.5　　**字　　数**：580 千字
版　　次：2022 年 8 月第 1 版　　**印　　次**：2022 年 8 月第 1 次印刷
定　　价：89.00 元

产品编号：095366-01

前　　言

自互联网行业出现以来，Web 前端就在不断发展变化着，从开始的静态页面，到 JavaScript 脚本添加页面交互，再到 Ajax 出现使页面内容变得更加丰富，然后就是 HTML 5 和 CSS 3 让前端不仅限于浏览器，也走进了人们的手机中。每一步变化都影响着前端开发者的日常工作，10 年前的深夜，当我们还在为 jQuery 众多烦琐的 API 而头疼，不知该如何拆分和组织众多 JS 和 CSS 文件时，是否会想到有了 Vue.js、React.js、Angular.js 以及 Webpack 和 Vite 工具，让我们真正地进入了前端工程化的时代。前端的发展变化不仅是继承式地迭代，同时也是不断的变革和创造。

Vue.js 是一套用于构建用户界面的渐进式框架，也是一款 Web 应用框架，可创建复杂的单页应用。它由尤雨溪（Evan You）创建，目前由他和其他活跃的核心团队成员维护。Vue.js 关注的核心是 MVC 模式中的视图层，同时它也能方便地获取数据更新，并通过组件内部特定的方法实现视图与模型的交互。Vue.js 不仅容易上手，还便于与第三方库集成和整合，生态非常丰富，是当今最受欢迎的开源 JavaScript 项目之一。本书主要围绕 Vue.js 来讲解其基础理论知识和应用实践项目。

本书介绍

本书基于 Vue.js 3.2.28 版本，是当前 Vue 3.x 最稳定的版本，我们通常把 Vue.js 3 的一些版本（例如 3.2.4、3.0 等）统称为 Vue 3.x 版本，而 Vue.js 2 的一些版本统称为 Vue 2.x 版本。相较于 Vue 2.x 版本来说，Vue 3.x 在源码实现上有了一定程度上的改变，并且在性能和可用性上有了很大的提升，其中主要包括：

- 重构虚拟 DOM 模块（静态提升）。
- 基于 Proxy 的响应式对象。
- 事件缓存。
- 更好的 Tree Shaking 支持。
- TypeScript 和 Monorepo 代码组织。
- 组合式 API。
- Vite 工具。

本书在讲解 Vue 3 基础内容的基础上也会围绕这些新的变化和特性进行讲解和应用，同时详细介绍了 Vue.js 相关的生态，包括 Vuex、Vue Router、Vue Cli、Vue 动画、Vite、Vue Cli 工具等。另外本书还涉及 Vue 服务端渲染（Node.js、Express）的相关内容，服务端渲染对 Vue

前端项目的改造提升是非常明显的，不仅有利于搜索引擎的SEO，在首屏体验上也会快很多，但是需要前端开发者关注的点也更多了，这可能需要读者有一定的Node.js基础，以便于对这部分内容的理解。本书的一大特色是对Vue 3.x的核心源码（响应式原理、双向绑定实现、虚拟DOM、<keep-alive>原理和实现）进行了分析和讲解，这不仅有利于读者掌握Vue.js的设计思想，也能提升读者对Vue.js框架的熟练度，同时Vue.js源码知识也是近年来前端面试经常被问到的内容，学习和掌握这些内容是非常必要的。在本书的最后会应用所讲解的Vue.js相关内容来开发一个实战项目，以帮助读者完整地体验从0到1的开发过程，还包括Vite工具的构建配置和模拟请求后端数据等只会在真实项目中才会用的技能。

本书的所有内容旨在帮助读者真正掌握Vue.js的应用开发，同时兼顾了Node.js的服务端渲染知识以及核心的源码分析内容，让读者学会Vue.js项目开发的同时还能兼具掌握其内部的实现机制，最终得到全方位的提升。

配书资源

为方便读者上机演练，本书提供了全部案例的源代码，读者可以扫描右侧的二维码下载，也可按提示把链接转发到自己的邮箱中下载。如果有疑问，请发送邮件至booksaga@126.com，邮件主题为"Vue.js 3应用开发与核心源码解析"。

全书还提供了各章案例与项目的教学视频，读者直接扫描书中的二维码即可观看学习。

读者对象

本书适合有一定前端开发基础的学生、从业者以及自由项目开发者阅读。

本书也适合对Vue.js感兴趣，善于做各种Vue.js应用探索，想要深入了解Vue.js底层实现的开发者阅读。

还可用作大中院校的教学用书，或有面试需求的前端求职人员的参考用书。

本书的默认环境和依赖说明

本书所包含的源码和项目开发调试环境为Windows 11操作系统，编辑器为Sublime Text 3，调试用的浏览器为Chrome，版本是98，在一些案例中会使用到Node.js，版本为v-14.14.0，建议读者提前进行配置和安装。

限于编者水平，书中错误在所难免，敬请广大读者和业界同行批评指正。

编　者
2022年4月

目　　录

第 1 章 Vue.js 概述

本章首先介绍前端架构模式，然后在此基础上介绍 Vue 及其安装方式，接着介绍 Vue 3 的新特性，最后介绍 ECMAScript 6（简称 ES 6）的语法。

1.1 认识 MVC 和 MVVM 模式

在学习 Vue.js 之前，我们先来了解一下 MVVM（Model-View-ViewModel，模型-视图-视图模型）模式，它是一种基于前端开发的架构模式。MVVM 最早出现于 2005 年微软推出的基于 Windows 的用户界面框架 WPF，它其实是一种编程设计思想，既然是思想，就不限于在什么平台或者用什么语言开发。基于 MVVM 的诸多优点，其在当今移动和前端开发中应用得越来越广泛。

1.1.1 传统的 MVC 模式

如果读者了解 MVC（Model-View-Controller）模式，那么 MVVM 模式应该更好理解。传统的 MVC 模式包括以下三部分：

- 视图（View）：用户界面。
- 控制器（Controller）：业务逻辑。
- 模型（Model）：数据存储。

Model 代表数据存储，主要用于实现数据的持久化；View 代表用户界面（UI），主要用于实现页面的显示；Controller 代表业务逻辑，串联起 View 和 Model，主要用来实现业务的逻辑代码。在 MVC 模式中，用户的交互行为在 View 中触发，由 View 通知 Controller 去进行对应的逻辑处理，处理完成之后通知 Model 改变状态，Model 完成状态改变后，找到对应的 View 去更新用户界面的显示内容，至此完成对用户交互行为的反馈。由此可见，整个流程由 View 发起，最终在 View 中做出改变，这是一个单向的过程。当年流行的 backbone.js 就是 MVC 的典型代表。

1.1.2　流行的 MVVM 模式

MVVM 是把 MVC 中的 Controller 去除了，相当于变薄了，取而代之的是 ViewModel。所谓 ViewModel，是一个同步的 View 和 Model 的对象，在前端 MVVM 中，ViewModel 最典型的作用是操作 DOM，特点是双向数据绑定（Data-Binding）。

在双向数据绑定中，开发者无须关注如何找到 DOM 节点和如何修改 DOM 节点，因为每一个在 View 中需要操作的 DOM 都会有一个在 Model 中对应的对象，通过改变这个对象，DOM 就会自动改变；反之，当 DOM 改变时，对应的 Model 中的对象也会改变。ViewModel 将 View 和 Model 关联起来，因此开发者只需关注业务逻辑，不需要手动操作 DOM，这就是 ViewModel 带来的优势，如图 1-1 所示。

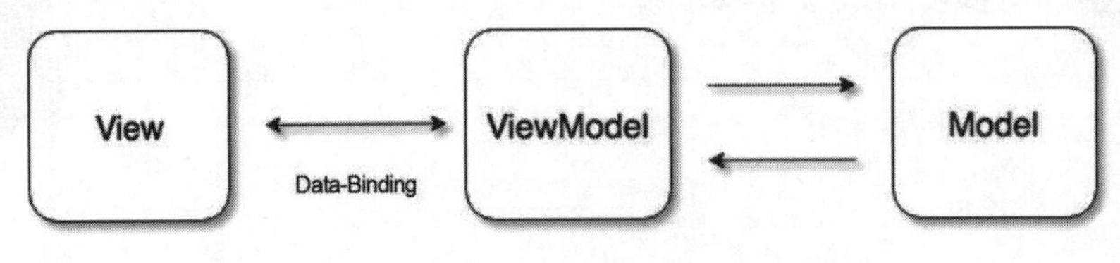

图 1-1　MVVM 模式

MVVM 让开发者更加专注于页面视图，从视图出发来编写业务逻辑，这也符合正常的开发流程，而 Vue.js 就是一个典型的从视图（View）出发的前端 MVVM 框架。从 Vue 的英文发音/vju:/类似 View 就可以参透其中的奥秘。

1.2　Vue.js 简介

1.2.1　Vue.js 的由来

Vue.js 的作者是尤雨溪（Evan You），曾就职于 Google Creative Lab，当时 Angular.js[1]由 Google 公司推出不久，但 Angular.js 被人诟病过于庞大、功能复杂、上手难度高，于是，尤雨溪从 Angular.js 中提取了自己喜欢的部分，摒弃了影响性能的部分，构建出了一款相当轻量的框架 Vue.js。所以，现在大家看到的 Vue.js 的一些语法和 Angular.js 1 版本的语法有不少相似之处。在作者尤雨溪完成第一个版本时，曾将这款框架命名为 Seed.js、View.js，但是发现这两个名字在当时的 NPM 库中都已经被使用，而 View 在法语中和 Vue 同音，所以便将 Vue.js 赋予了这款框架。

需要注意的是，我们可能会遇到 Vue.js 和 Vue 两种叫法，不要疑惑，其实 Vue 和 Vue.js 是一样的，前者只是作为一个 JavaScript 框架库，把.js 这个文件扩展名省略了而已。

---

1 Angular.js 1 也叫作 AngularJS，是由 Google 公司在 2012 年发布的一个 JavaScript 的 MVC 框架，目前还有 Angular 2、Angular 4 两个版本。

Vue.js 最早发布于 2014 年 2 月，尤雨溪在 Hacker News[1]、Echo JS[2]与 Reddit[3]的/r/javascript 版块发布了最早的版本，在一天之内，Vue.js 就登上了这 3 个网站的首页。之后 Vue.js 成为 GitHub 上最受欢迎的开源项目之一。

同时，在 JavaScript 框架→函数库中，Vue.js 所获得的星标数已超过 React，并高于 Backbone.js、Angular 2、jQuery 等项目。

Vue.js 是一套构建用户界面的渐进式框架。与其他重量级框架不同的是，Vue.js 采用自底向上增量开发的设计。Vue.js 所关注的核心是 MVVM 模式中的视图层，同时，它也能方便地获取数据更新，并通过组件内部特定的方法实现视图与模型的交互。

1.2.2 Vue.js、前端工程化和 Webpack

前端工程化这个词相信读者并不陌生，在早期的 Web 应用中，前端开发顶多是写写 HTML 代码，实现页面的布局，最后交给后端工程师，甚至有些业务都是由后端工程师一肩挑，但随着业务和复杂性、技术的发展，前端已经不是简单地写页面和样式了，而是包括一系列可以流程化和规范化的能力，称作前端工程化，这主要包括以下几个部分：

- 静态资源和动态资源的处理。
- 代码的预编译。
- 前端的单元测试和自动化测试。
- 开发调试工具。
- 前端项目的部署。

随着前端工程化的不断流行，仅仅靠手工来完成这些操作显得效率很低，前端迫切需要一款支持上面几个部分功能的工具，随后便出现了诸如 Webpack 或 Browserify [4]模块的打包工具。越来越多的前端框架需要结合模块打包工具一起使用，Vue.js 也不例外，目前和 Vue.js 结合使用最多的模块打包工具非 Webpack 莫属。

Webpack 的主要功能是将前端工程所需要的静态资源文件（例如 CSS、JavaScript、图片等）打包成一个或者若干个 JavaScript 文件或 CSS 文件，如图 1-2 所示。同时提供了模块化方案来解决 Vue 组件之间的导入问题。本书后续的第 8 章会用到它，但是由于篇幅有限，本书并不会对 Webpack 进行详细的讲解，读者如果想了解更多有关 Webpack 的内容，可以到官网上去查阅，网址为 https://webpack.js.org/。

1 Hacker News 是一家关于计算机黑客和创业公司的社会化新闻网站，由保罗·格雷厄姆的创业孵化器 Y Combinator 创建，网站内容主要由来自用户提交的外链构成，是国外比较流行的技术信息交流网站之一。

2 Echo JS 是一个由国外社区驱动的信息交流网站，网站内容主要由来自用户提交的外链构成，完全专注于 JavaScript 开发、HTML 5 和前端信息。

3 Reddit 是一个国外娱乐、社交及新闻网站，包含众多模块，注册用户可以将文字或链接提交到该网站上发布，使它基本上成为了一个电子布告栏系统。

4 Browserify 是一个开源的前端模块打包工具，功能上和 Webpack 类似，但是名气不如 Webpack。

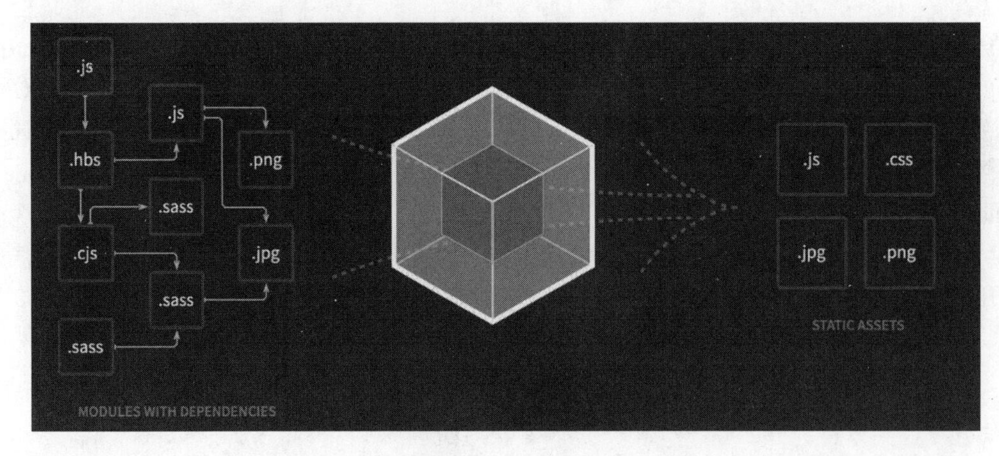

图 1-2　Webpack

1.3　Vue.js 的安装和导入

对于刚开始使用 Vue.js 的读者，可以采用最简单、最原始的方式来安装或者导入 Vue.js。当然，也可以通过 npm 工具来安装或导入 Vue.js。

1.3.1　通过<script>标签导入

与大多数的前端框架库一样，在 HTML 页面中，可以通过<script>标签的方式导入 Vue.js，这里我们引入 Vue 3，如示例代码 1-3-1 所示。

示例代码 1-3-1　导入 Vue.js

```
<script src="https://unpkg.com/vue@next"></script>
```

当然，可以将这个链接指向的 JavaScript 文件下载到本地计算机中，再从本地计算机导入。需要说明的是，Vue.js 3 有多个版本，例如 Vue.js 3.0.0、Vue.js 3.1.0 等，同时也在不断更新中，通过上面配置的链接可以获取到最新的 Vue 3 版本。当然，如果想固定使用某个版本，也可以将链接修改为 https://unpkg.com/vue@3.2.28/dist/vue.global.prod.js，本书中与 Vue.js 相关的内容都基于 3.2.28 版本。

1.3.2　通过 npm 导入

在使用 Vue.js 开发大型项目时，推荐使用 npm 工具来安装 Vue.js。npm 可以很好地和诸如 Webpack 或 Rollup 等模块打包工具配合使用，如示例代码 1-3-2 所示。

示例代码 1-3-2　使用 npm 安装 Vue.js

```
npm install vue@next
```

1.3.3　通过 Vue Cli 和 Vite 导入

对于真实的生产项目而言，笔者更推荐采用 Vue Cli 或者 Vite 的方式来创建 Vue 项目，这更符合前端工程化的思想。

Vue Cli 是一个官方的脚手架工具，基于 Webpack，提供页面应用的快速搭建，并为现代前端工作流提供了功能齐备的构建设置。只需要几分钟的时间就可以运行起来，并带有热重载、保存时 lint 校验以及生产环境可用的构建版本。

Vite 是一个 Web 开发构建工具，基于 Rollup，伴随着 Vue 3 而来，由于其原生的 ES 6 模块导入方式，可以实现闪电般的冷服务器启动。我们将会在后面的章节深入讲解这两个工具的使用。

1.4　Vue 3 新特性概览

截至目前，Vue.js 的新版本是 3.2。据 Vue.js 的作者表示，新的 Vue 3 编写的应用程序性能和运行效果非常好，相较于 Vue 2.x 版本，Vue 3 主要有以下几个方面大的改动以及提升：

- 更快。
- 更小。
- 更易于维护。

本节主要对这些新的改动来做一下简单的概述，可能涉及 Vue 3 的新语法，各位读者如果看不懂，我们还会在后面的章节深入讲解的。

1.4.1　更快、更小、更易于维护

1. 更快

更快主要体现在 Vue 3 在性能方面的提升，以及在源码层面的改动，主要包括以下方面：

- 重构虚拟 DOM。
- 事件缓存。
- 基于 Proxy 的响应式对象。

（1）重构虚拟 DOM

Vue 3 重写了虚拟 DOM 的实现方法，使得初始渲染/更新可以提速达 100%，对于 Vue 2.x 版本的虚拟 DOM 来说，Vue 会遍历<template>模板中的所有内容，并根据这些标签生成对应的虚拟 DOM（虚拟 DOM 一般指采用 key/value 对象来保存标签元素的属性和内容），当有内容改变时，遍历虚拟 DOM 来找到变化前后不同的内容，我们称这个过程叫作 diff（different），并找到针对这些变化的内容所对应的 DOM 节点，并改变其内部属性。例如下面这段代码：

```
<template>
  <div class="content">
    <p>number1</p>
    <p>number2</p>
    <p>number3</p>
    <p>{{count}}</p>
  </div>
```

```
</template>
```

当触发响应式时，遍历所有的<div>标签和<p>标签，找到{{count}}变量对应的<p>标签的DOM节点，并改变其内容。对于那些纯静态<p>标签的节点进行diff其实是比较浪费资源的，当节点的数量很少时，表现并不明显，但是一旦节点的数量过大，在性能上就会慢很多。对此，Vue 3在此基础上进行了优化，主要有：

- 标记静态内容，并区分动态内容（静态提升）。
- 更新时只diff动态的部分。

针对上面的代码，Vue 3中首先会区分出{{count}}这部分动态的节点，在进行diff时，只针对这些节点进行，从而减少资源浪费，提升性能。

（2）事件缓存

我们知道在Vue 2.x中，在绑定DOM事件时，例如@click，这些事件被认为是动态变量，所以每次更新视图的时候都会追踪它的变化，然后每次触发都要重新生成全新的函数。在Vue 3中，提供了事件缓存对象cacheHandlers，当cacheHandlers开启的时候，@click绑定的事件会被标记成静态节点，被放入cacheHandlers中，这样在视图更新时也不会追踪，当事件再次触发时，就无须重新生成函数，直接调用缓存的事件回调方法即可，在事件处理方面提升了Vue的性能。

未开启cacheHandlers编译后的代码如下：

```
<div @click="hi">Hello World</div>

// 编译后
export function render(_ctx, _cache, $props, $setup, $data, $options) {
    return (_openBlock(), _createElementBlock("div", { onClick: _ctx.hi }, "Hello World1",
8 /* PROPS */, ["onClick"]))
  }
```

开启cacheHandlers编译后的代码如下：

```
<div @click="hi">Hello World</div>

// 编译后
export function render(_ctx, _cache, $props, $setup, $data, $options) {
  return (_openBlock(), _createElementBlock("div", {
    onClick: _cache[0] || (_cache[0] = (...args) => (_ctx.hi && _ctx.hi(...args)))
  }, "Hello World1"))
}
```

可以看到主要区别在于onClick那一行，直接从缓存中读取了回调函数。

（3）基于Proxy的响应式对象

在Vue 2.x中，使用Object.defineProperty()来实现响应式对象，对于一些复杂的对象，需要循环递归地给每个属性增加getter/setter监听器，这使得组件的初始化非常耗时，而Vue 3中，引入了一种新的创建响应式对象的方法reactive，其内部就是利用ES 6的Proxy API来实现的，这样就可以不用针对每个属性来一一进行添加，以减少开销，提升性能。我们会在后续章节具体讲解Vue

3 的响应式和 Proxy API。

2. 更小

更小主要体现在包所占容量的大小，我们知道，前端资源一般都属于静态资源，例如 JavaSript 文件、HTML 文件等，这些资源都托管在服务器上，用户在使用浏览器访问时，会将这些资源下载下来，所以精简文件包大小是提升页面性能的重要因素。Vue 3 在这方面可以让开发者打包构建出来的资源更小，从而提升性能。

Tree Shaking 是一个术语，通常用于描述移除 JavaScript 上下文中的未引用代码（dead-code），就像一棵大树，将那些无用的叶子都剪掉。它依赖于 ES 6 模块语法的静态结构特性，例如 import 和 export，这个术语和概念在打包工具 Rollup 和 Webpack 中普及开来。例如下面这段 ES 6 代码：

```
import {get} from './api.js'

let doSome = ()=>{
    get()
}

doSome()

// api.js
let post = ()=>{
    console.log('post')
}

export post
let get = ()=>{
    console.log('get')
}

export get
```

上面的代码中，api.js 代码中的 post 方法相关内容是没有被引入和使用的，有了 Tree Shaking 之后，这部分内容是不会被打包的，这就在一定程度上减少了资源的大小。使用 Tree Shaking 的原理是引入了 ES 6 的模块静态分析，这就可以在编译时正确判断到底加载了什么代码，但是要注意 import 和 export 是 ES 6 原生的，而不是通过 Babel 或者 Webpack 转化的。

在 Vue 3 中，对代码结构进行了优化，让其更加符合 Tree Shaking 的结构，这样使用相关的 API 时，就不会把所有的都打包进来，只会打包用户用到的 API，例如：

```
<!-- vue 2.x -->
import Vue from 'vue'

new Vue()

Vue.nextTick(() => {})

const obj = Vue.observable({})
```

```
<!-- vue 3.x -->
import { nextTick, observable,createApp } from 'vue'

nextTick(() => {})

const obj = observable({})

createApp({})
```

同理，例如<keep-alive>、<transition>和<teleport>等内置组件，如果没有使用，也不会被打包到资源中。

3. 更易于维护

（1）从 Flow 迁移到 TypeScript

TypeScript 是微软开发的一个开源的编程语言，通过在 JavaScript 的基础上添加静态类型定义构建而成，其通过 TypeScript 编译器或 Babel 转译为 JavaScript 代码，可运行在任何浏览器和操作系统上。TypeScript 引入了很多新的特性，例如类型监测、接口等，这些特性在框架源码的维护上有很大的提升。

在 Vue 3 的源码结构层面，从 Flow 改成了 TypeScript 来编写，Flow 是一个静态类型检测器，有了它就可以在 JavaScript 运行前找出常见的变量类型的 bug，类似于 Java 语言中给变量强制指定类型，它的功能主要包括：

- 自动类型转换。
- null 引用。
- 处理 undefined is not a function。

例如：

```
// @flow

function foo(x: number): number {
  return x + 10
}

foo('hi') // 参数 x 须为 number 类型，否则会报错

错误信息：
'[flow] string (This type is incompatible with number See also: function call)'
```

上面这段代码采用了 Flow 后，如果类型不对就会报错。一般来说，对于 JavaScript 源码框架，引入类型检测是非常重要的，不仅可以减少 bug 的产生，还可以规范一些接口的定义，这些特性和 TypeScript 非常吻合，所以在 Vue 3 中直接采用了 TypeScript 来进行重写，从源码层面来提升项目的可维护性。

（2）源代码目录结构遵循 Monorepo

Monorepo 是一种管理代码的方式，它的核心观点是所有的项目在一个代码仓库中，但是代码分割到一个个小的模块中，而不是都放在 src 这个目录下。这样的分割，使得每个开发者大部分时间只是工作在少数的几个文件夹内，并且也只会编译自己负责的模块，不会导致一个 IDE 打不开太大的项目之类的事情，这样很多事情就简单了很多。Monorepo 的结构如图 1-3 所示。

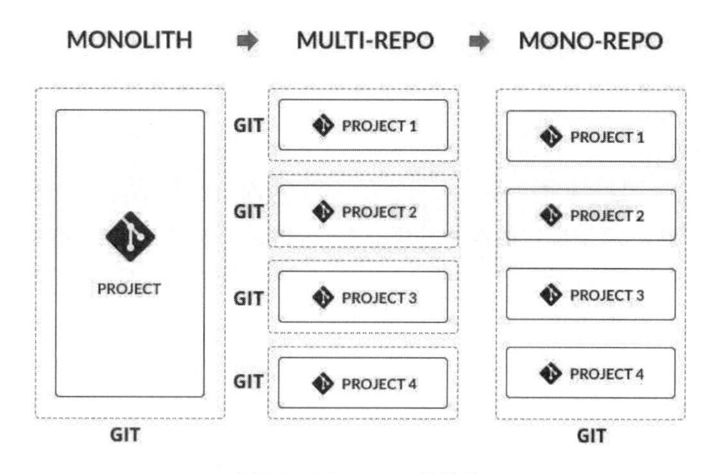

图 1-3　Monorepo 的结构

目前很多大型的框架（例如 Babel、React、Angular、Ember、Meteor、Jest 等）都采用了 Monorepo 这种方式来进行源码的管理，当然在自己的业务项目中，也可以使用 Monorepo 来管理代码。我们可以看一下 Vue.js 在采用 Monorepo 前后的源码结构对比，如图 1-4 所示。

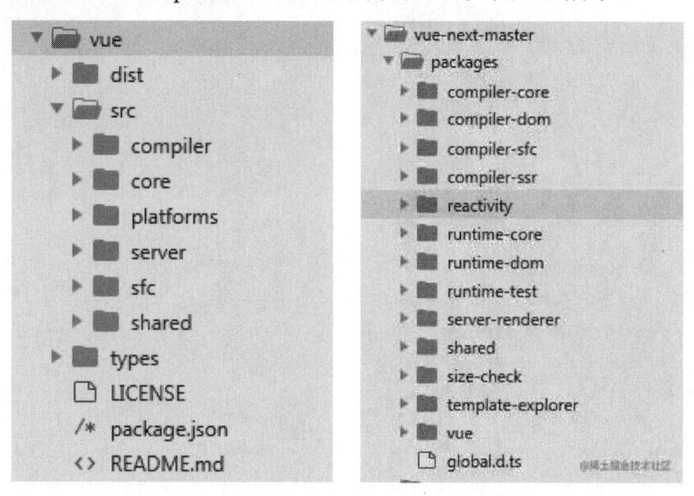

图 1-4　Vue 2.x 源码目录结构（左）和 Vue 3.x 源码目录结构（右）

1.4.2　新特性初体验

1. 组合式 API

在 Vue 2.x 中，组件的主要逻辑是通过一些配置项来编写，包括一些内置的生命周期方法或者组件方法，例如下面的代码：

```
export default {
  name: 'test',
  components: {},
  props: {},
  data () {
    return {}
  },
  created(){},
  mounted () {},
  watch:{},
  methods: {}
}
```

上面的代码中，这些基于配置的组件写法称为 Options API（配置式 API），Vue 3 的一大核心新特性是引入了 Composition API（组合式 API），这使得组件的大部分内容都可以通过 setup()方法进行配置。将上述代码改造成组合式 API，代码如下：

```
import {onMounted,reactive,watch} from 'vue'
export default {
    props: {
      name: String,
    },
    name: 'test',
    components: {},
    setup(props,ctx) {
      console.log(props.name)
      console.log('created')
      const data = reactive({
        a: 1
      })
      watch(
        () => data.a,
        (val, oldVal) => {
          console.log(val)
        }
      )
      onMounted(()=>{

      })
      const myMethod = (obj) =>{

      }

      retrun {
         data,
         myMethod
      }
    }
```

```
}
```

上面的代码采用了 ES 6 的语法，并且使用了 Vue 3 的 Composition API 中的 setup 方法，可能读者有些看不懂，没关系，我们会在后续章节中具体讲解。

2. 内置组件 Teleport、Suspense 和 Fragments 片段

<teleport>和<suspense>都是 Vue 3 里面新增的内置组件，这里把内置组件称作可以直接写在<template>里面，而不需要格外引入的组件，例如<keep-alive>就是一个内置组件。而 Fragments 是一种新的特性，让开发者可以不用在<template>中强制包裹一个根元素，关于<teleport>和<suspense>的内容会在第 3 章深入讲解。

3. 服务端渲染

在服务端渲染方面，Vue 3 优化了返回 HTML 字符串的逻辑。在 Vue 2.x 中，所有的节点（包括一些静态节点）在服务端返回时都会转换为虚拟 DOM，再转换成 HTML 字符串返回给浏览器；Vue 3 则将静态节点剥离成字符串，这部分内容不会转换成虚拟 DOM，而是直接拼接返回，在效率上进行了提升。

Vue 2.x 的服务端渲染代码如下：

```
<div>
  <div>abc</div>
  <div>abc</div>
  <div>abc</div>
  <div>{{msg}}</div>
</div>

// 编译后
function anonymous() {
  var _vm = this;
  var _h = _vm.$createElement;
  var _c = _vm._self._c || _h;
  return _c('div', [_vm._ssrNode(
    "<div>abc</div> <div>abc</div> <div>abc</div> <div>" + _vm._ssrEscape(
      _vm._s(_vm.msg)) + "</div>")])
}
```

Vue 3 的服务端渲染代码如下：

```
<div>
  <div>abc</div>
  <div>abc</div>
  <div>abc</div>
  <div>{{msg}}</div>
</div>

// 编译后
export function ssrRender(_ctx, _push, _parent, _attrs, $props, $setup, $data,
$options) {
```

```
  const _cssVars = { style: { color: _ctx.color }}
  _push(`<div${
    _ssrRenderAttrs(_mergeProps(_attrs, _cssVars))
  }><div>abc</div><div>abc</div><div>abc</div><div>${
    _ssrInterpolate(_ctx.msg)
  }</div></div>`)
}
```

4. Vite

伴随着 Vue 3，Vue 团队也推出了自己的开发构建工具 Vite，可以在一定程度上取代 Vue Cli 和 webpack-dev-server 的功能。基于此，Vite 主要有以下特性：

- 快速的冷启动。
- 即时的模块热更新。
- 真正的按需编译。

Vite 在开发环境下基于浏览器原生 ES 6 Modules 开发，在生产环境下基于 Rollup 打包，我们会在后续章节深入讲解 Vite 的相关使用。

1.5　ES 6 语言基础

ES 6（于 2015 年 6 月正式发布）是 JavaScript 语言的下一代标准，相对于 ES 5（于 2011 年 6 月正式发布）新增了一些语法规则和数据结构方法，例如比较典型的 Set 和 Map 数据结构和箭头函数等，可以理解成传统 JavaScript 的升级版，后续还会有 ES 7、ES 8 版本等。Vue 3 发布以来，极力推荐采用 ES 6 的语法来开发代码，另外本书的实战项目将全部采用 ES 6 代码。

由于移动端操作系统和浏览器兼容性问题的限制，虽然大部分机型原生就支持 ES 6 语法的 JavaScript，但是仍有一部分市场占有率较低的机型无法支持 ES 6 语法，例如 Android 系统 4.4 及以下版本和 iOS 系统 8.4 及以下版本。因此，为了项目的健壮性和更强的适配性，会采用 Node.js 的 Babel 工具来将 ES 6 代码转换成兼容性更强的 ES 5 代码。

由于 ES 6 的语法内容很多，相对复杂，因此本章只会对实战项目中用到的 ES 6 语法结合 ES 5 的写法来对比讲解和演示。

1.5.1　变量声明

1. let、var 和 const

在 ES 6 语法中，新增了 let 和 const 来声明变量，在 ES 6 之前，ES 5 中只有全局作用域和函数作用域，代码如下：

```
if(true) {
  var a = 'Tom'
}
console.log('a',a) // Tom
```

作用域是一个独立的地盘，让变量不外泄出去，但是上面的代码中的变量 a 就作为全局作用域外泄了出去，所以此时 JavaScript 没有区块作用域（或称为块级作用域）的概念。

在 ES 6 中加入区块作用域之后，代码如下：

```
if(true) {
   let a = 'Tom'
}
console.log('a',a) // Uncaught ReferenceError: a is not defined
```

let 和 var 都可以用来声明变量，但是在 ES 6 中，有下面一些区别：

- 使用 var 声明的变量没有区块的概念，可以跨块访问。
- 使用 let 声明的变量只能在区块作用域中访问，不能跨块访问。

在相同的作用域下，使用 var 和 let 具有相同的效果，建议在 ES 6 语法中使用 let 来声明变量，这样可以更加明确该变量所处的作用域。

const 表示声明常量，一般用于一旦声明就不再修改的值，并且 const 声明的常量必须经过初始化，代码如下：

```
const a = 1
a = 2 // Uncaught TypeError: Assignment to constant variable
const b // Uncaught SyntaxError: Missing initializer in const declaration
```

总结一下，如果在 ES 5 中习惯了使用 var 来声明变量，在切换到 ES 6 时，就需要思考一下变量的用途和类型，选择合适的 let 和 const 来使代码更加规范和语义化。

2. 箭头函数

ES 6 新增了使用“箭头”（=>）声明函数，代码如下：

```
let f = v => v
// 等同于
var f = function (v) {
  return v
}
```

如果箭头函数不需要参数或需要多个参数，就使用一个圆括号代表参数部分，当函数的内容只有返回语句时，可以省去大括号和 return 指令，代码如下：

```
let f = () => 5
// 等同于
var f = function () { return 5 }

let sum = (num1, num2) => num1 + num2;
// 等同于
var sum = function(num1, num2) {
  return num1 + num2
}
```

如果箭头数的内容部分多于一条语句，就要用大括号将它们括起来，并且使用 return 语句返回，代码如下：

```
let sum = (num1, num2) => {
  let num = 0
  return num1 + num2 + num;
}
```

箭头函数会默认绑定外层的上下文对象 this 的值，因此在箭头函数中，this 的值和外层的 this 是一样的，不需要使用 bind 或者 call 的方法来改变函数中的上下文对象，例如下面的代码：

```
mounted () {
  this.foo = 1
  setTimeout(function(){
    console.log(this.foo)    // 打印出 1
  }.bind(this),200)
}
//相当于
mounted () {
  this.foo = 1
  setTimeout(() => {
    console.log(this.foo)    // 同样打印出 1
  },200)
}
```

上面的代码中，在 Vue.js 的 mounted 方法中，this 指向当前的 Vue 组件的上下文对象，如果想要在 setTimeout 的方法中使用 this 来获取当前 Vue 组件的上下文对象，那么非箭头函数需要使用 bind，箭头函数则不需要。

箭头函数是实战项目中使用最多的 ES 6 语法，所以掌握好其规则和用法是非常重要的。

3. 对象属性和方法的简写

ES 6 允许在大括号中直接写入变量和函数，作为对象的属性和方法，这样的书写更加简洁，代码如下：

```
const foo = 'bar'
const baz = {foo}

// 等同于
const baz = {foo: foo}
console.log(baz) // {foo: "bar"}
```

对象中如果含有方法，也可以将 function 关键字省去，代码如下：

```
{
  name: 'item',
  data () {
    return {
      name:'bar'
    }
  }
  mounted () {

  },
  methods: {
    clearSearch () {
```

```
    }
  }
}
// 相当于
{
  name: 'item',
  data :function() {
    return {
      name:'bar'
    }
  }
  mounted :function() {

  },
  methods: {
    clearSearch :function() {

    }
  }
}
```

在上面的代码中，展示了采用 ES 6 语法来创建 Vue 组件所需的方法和属性，包括 name 属性、mounted 方法、data 方法等，是后面实战项目中经常使用的写法。

4. 对象解构

在 ES 6 中，可以使用解构从数组和对象中提取值并赋给独特的变量，代码如下：

```
// 数组
const input = [1, 2];
const [first, second] = input;

console.log(first,second) // 1 , 2
// 对象
const o = {
  a: "foo",
  b: 30,
  c: "Johnson"
};
const {a, b, c} = o;

console.log(a,b,c) // foo , 30 , Johnson
```

在上面的代码中，花括号“{ }”表示被解构的对象，a、b 和 c 表示要将对象中的属性存储到其中的变量中。

1.5.2　模块化

1. ES 6 模块化概述

在 ES 6 版本之前，JavaScript 一直没有模块（Module）体系，无法将一个大程序拆分成互相依赖的小文件，再用简单的方法拼装起来。其他语言都有这项功能，比如 Ruby 的 require、Python

的 import，甚至就连 CSS 都有@import，但是 JavaScript 任何这方面的支持都没有，这对开发大型的、复杂的项目形成了巨大障碍。

好在广大的 JavaScript 程序员自己制定了一些模块加载方案，主要有 CommonJS 和 AMD 两种。前者用于 Node.js 服务器，后者用于浏览器。

2. import 和 export

随着 ES 6 的到来，终于原生支持了模块化功能，即 import 和 export，而且实现得相当简单，完全可以取代 CommonJS 和 AMD 规范成为浏览器和服务器通用的模块化解决方案。

在 ES 6 的模块化系统中，一个模块就是一个独立的文件，模块中的对外接口采用 export 关键字导出，可以将 export 放在任何变量、函数或类声明的前面，从而将它们暴露给外部代码使用，代码如下：

要导出数据，在变量前面加上 export 关键字：

```
export var name = "小明";
export let age = 20;

// 上面的写法等价于下面的写法

var name = "小明";
let age = 20;
export {
  name:name,
  age:age
}
// export 对象简写的方式
export {name,age}
```

要导出函数，需要在函数前面加上 export 关键字：

```
export function sum(num1,num2){
  return num1 + num2;
}
// 等价于
let sum = function (num1,num2){
  return num1 + num2;
}
export sum
```

所以，如果没有通过 export 关键字导出，在外部就无法访问该模块的变量或者函数。

有时会在代码中看到使用 export default，它和 export 具有同样的作用，都是用来导出对外提供接口的，但是它们之间还有一些区别：

- export default 用于规定模块的默认对外接口，并且一个文件只能有一个 export default，而 export 可以有多个。
- 通过 export 方式导出，在导入时要加{ }，export default 则不需要。

在一个模块中可以采用 import 来导入另一个模块 export 的内容。

导入含有多个 export 的内容，可以采用对象简写的方式，也是现在使用比较多的方式，代码如下：

```
//other.js
var name = "小明"
let age = 20
// export 对象简写的方式
export {name,age}

//import.js
import {name,age} from "other.js"
console.log(name) // 小明
console.log(age) // 20
```

导入只有一个 export default 的内容，代码如下：

```
//other.js
export default function sum(num1,num2) {
  return num1 + num2;
}
//import.js
import sum from "other.js"
console.log(sum(1,1)) // 2
```

有时也会在代码中看到 module.exports 的用法，这种用法是从 Node.js 的 CommonJS 演化而来的，它其实就相当于：

```
module.exports = xxx
// 相当于
export xxx
```

ES 6 的模块化方案使得原生 JavaScript 的“拆分”能力提升了一个大的台阶，几乎成为当下最流行的写法，并且应用在大部分的企业项目中。

1.5.3　Promise 和 async/await

1. Promise

Promise 是一种适用于异步操作的机制，比传统的回调函数解决方案更合理和更强大。从语法上说，Promise 是一个对象，从它可以获取异步操作的结果：成功或失败。在 Promise 中，有三种状态：pending（进行中）、resolved（已成功）和 rejected（已失败）。只有异步操作的结果可以决定当前是哪一种状态，无法被 Promise 之外的方式改变。这也是 Promise 这个名字的由来，它的英语意思就是“承诺”，表示其他手段无法改变。创建一个 Promise 对象，代码如下：

```
var promise = new Promise(function(resolve, reject) {
  ...
  if (/* 异步操作成功 */){
    resolve(value);
  } else {
    reject(error);
  }
});
```

在上面的代码中，创建了一个 Promise 对象，Promise 构造函数接受一个函数作为参数，该函数的两个参数分别是 resolve 和 reject。这是两个内置函数，resolve 函数的作用是将 Promise 对象的状态变为“成功”，在异步操作成功时调用，并将异步操作的结果作为参数传递出去；reject 函数的作用是将 Promise 对象的状态变为“失败”，在异步操作失败时调用，并将异步操作报出的错误作为参数传递出去。当代码中出现错误（Error）时，就会调用 catch 回调方法，并将错误信息作为参数传递出去。

Promise 对象实例生成后，可以用 then 方法分别指定 resolved（成功）状态和 rejected（失败）状态的回调函数以及 catch 方法，比如：

```
promise.then(function(value) {
  // success 逻辑
}, function(error) {
  // failure 逻辑
}).catch(function(){
  // error 逻辑
});
```

then()方法返回的是一个新的 Promise 实例（不是原来那个 Promise 实例）。因此，可以采用链式写法，即 then()方法后面再调用另一个 then()方法，比如：

```
getJSON("/1.json").then(function(post) {
  return getJSON(post.nextUrl);
}).then(function (data) {
  console.log("resolved: ", data);
}, function (err){
  console.log("rejected: ", err);
});
```

下面是一个用 Promise 对象实现的 Ajax 操作 get 方法的例子。

```
var getJSON = function(url) {
  // 返回一个 Promise 对象
  var promise = new Promise(function(resolve, reject){
    var client = new XMLHttpRequest();  //创建 XMLHttpRequest 对象
    client.open("GET", url);
    client.onreadystatechange = onreadystatechange;
    client.responseType = "json";       //设置返回格式为 json
    client.setRequestHeader("Accept","application/json");//设置发送格式为 json
    client.send();//发送
    function onreadystatechange() {
      if (this.readyState !== 4) {
        return;
      }
      if (this.status === 200) {
        resolve(this.response);
      } else {
        reject(new Error(this.statusText));
      }
    };
  });
  return promise;
};
```

```
getJSON("/data.json").then(function(data) {
  console.log(data);
}, function(error) {
  console.error(error);
});
```

了解 Promise 的基本知识可以便于后续学习使用服务端渲染。当然，Promise 的应用场合还是比较多的，如果想要深入了解，可以访问网址：https://developer.mozilla.org/en-US/docs/Web/JavaScript/Reference/Global_Objects/Promise，进行系统的学习。

2. async/await

async/await 语法在 2016 年就已经提出来了，属于 ES 7 中的一个测试标准（目前来看是直接跳过 ES 7，列为 ES 8 的标准了），它主要为了解决下面两个问题：

- 过多的嵌套回调问题。
- 以 Promise 为主的链式回调问题。

前面讲解过 Promise，虽然 Promise 解决了恐怖的嵌套回调问题，但是解决得并不彻底，过多地使用 Promise 会引发以 then 为主的复杂链式调用问题，同样会让代码阅读起来不那么顺畅，而 async/await 就是它们的救星。

async/await 是两个关键字，主要用于解决异步问题，其中 async 关键字代表后面的函数中有异步操作，await 关键字表示等待一个异步方法执行完成。这两个关键字需要结合使用。

当函数中有异步操作时，可以在声明时在其前面加一个关键字 async，代码如下：

```
async function myFunc() {
  //异步操作
}
```

使用 async 声明的函数在被调用时会将返回值转换成一个 Promise 对象，因此 async 函数通过 return 返回的值会进入 Promise 的 resolved 状态，成为 then 方法中回调函数的参数，代码如下：

```
// myFunc()返回一个 Promise 对象
async function myFunc() {
  return 'hello';
}
// 使用 then 方法就可以接收到返回值
myFunc().then(value => {
  console.log(value); // hello
})
```

如果不想使用 Promise 的方式接收 myFunc()的返回值，可以使用 await 关键字更加简洁地获取返回值，代码如下：

```
async function myFunc() {
  return 'hello';
}
let foo = await myFunc(); // hello
```

await 表示等待一个 Promise 返回，但是 await 后面的 Promise 对象不会总是返回 resolved 状态，如果发生异常，则进入 rejected 状态，那么整个 async 异步函数就会中断执行，为了记录错误的位置和编写异常逻辑的代码，需要使用 try/catch，代码如下：

```
try {
  let foo = await myFunc(); // hello
}catch(e){
  // 错误逻辑
  console.log(e)
}
```

下面举一个例子，在后面的实战项目开发中，经常会用到数据接口请求数据，接口请求一般是异步操作，例如在 Vue 的 mounted 方法中请求数据，代码如下：

```
async mounted () {
    // 代码编写自上而下，一行一行，以便于阅读
  let resp = await ajax.get('weibo/list')
  let top = resp[0]
  console.log(top)
}
```

在上面的代码中，ajax.get()方法会返回一个 Promise，采用 await 进行了接收，并且 await 必须包含在一个用 async 声明的函数中。

可以看出，在使用了 async/await 之后，整个代码的逻辑更加清晰，没有了复杂的回调和烦琐的换行。

至此，对于实战项目中用到的相关 ES 6 语法基本讲解完毕，如果读者想进一步了解 ES 6 的更多语法知识，可以自行在其官网上学习。

1.6　案例：Hello Vue 3

学完本章内容后，读者应该具备了简单的 Vue 3 项目编写能力。下面我们来开发一个 Hello Vue 3 项目。

创建一个目录，在目录下新建 index.html，在<script>标签中引入 vue.global.js，并编写简单的 Vue 3 代码，实现的效果如图 1-5 所示。

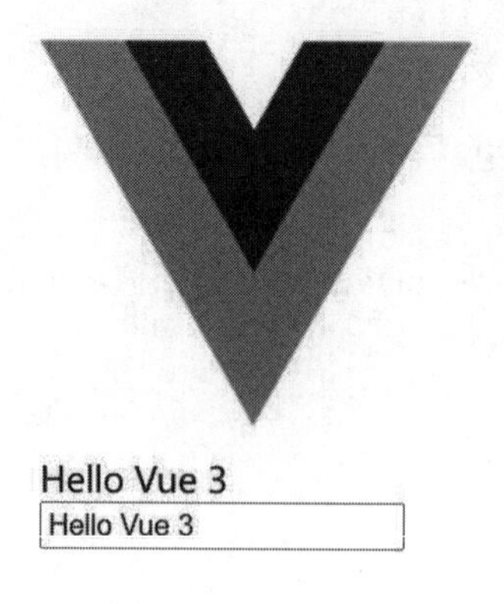

图 1-5　Hello Vue 3

1. 功能描述

当我们修改输入框内的文字时，对应上方的文字也会改变，这就是简单的双向绑定能力。

2. 案例完整代码

本案例完整源码在：/案例源码/Vue.js 概述。

1.7　小结与练习

本章首先讲解了 Vue.js 的背景知识，包括 MVVM 模式、Vue.js 的由来、Vue.js 的安装和导入，以及 Vue.js 的 MVVM 思想，然后讲解了前端工程化和 Webpack 工具这些和 Vue.js 紧密相关的内容。

其次，本章还讲解了 Vue 3 和旧版本的一些改动和提升，包括：更快——性能上的提升，更小——资源占用的空间更小，更易于维护——源码更加高效和规范，以及很多旧版本没有的能力，并解决了一些历史遗留问题，其中包括 Composition API、新的内置组件 Teleport、Suspense 和 Fragments 片段、服务端渲染、Vite。

最后，讲解了 ES 6 语言的相关知识，主要内容包括：ES 6 的变量声明、ES 6 的模块化方案、async/await 异步函数解决方案。ES 6 语法是一个新的标准，并且会在越来越多的前端项目中使用，更多的开源框架和工具会默认采用 ES 6 语法，所以掌握好这些知识非常重要。

学完本章内容后，建议读者自行运行一下本章提供的示例代码，以便加深对所学知识的理解。同时，安装和导入 Vue.js 之后，就可以开始开发 Vue.js 相关的代码了，建议读者创建一个演示（Demo）项目，以便后面可以通过动手编写代码来熟悉 Vue.js 中的各个知识点。

下面来检验一下读者对本章内容的掌握程度：

- MVVM 模式的特点是什么？
- 如果要从头开发一个项目，用哪种方式安装和导入 Vue？
- 什么是 Tree Shaking？
- 什么是配置式 API，什么是组合式 API？
- Vite 在生产环境中基于哪种模块打包工具？
- 使用 let、var、const 三种方式声明变量有什么区别？
- 对于箭头函数 let sum = (num) => num+1，如果采用 ES 5 的写法，该如何写？
- 在 ES 6 模块化方案中，export 和 export default 有什么区别？
- async/await 主要用来解决什么问题？

第 2 章

Vue.js 基础

本章将讲解 Vue.js 的基础语法，从零开始介绍 Vue.js 的基础知识，请确保你已经掌握了前面章节的 Vue.js 背景知识以及 ES 6 基础语法。下面让我们一起走进 Vue.js 的世界。

2.1 Vue.js 实例和组件

在使用 Vue 开发的每个 Web 应用中，大多数是一个单页应用（Single Page Application，SPA），就是只有一个 Web 页面的应用，它加载单个 HTML 页面，并在用户与应用程序交互时动态地更新该页面的 DOM 内容。下面只讨论单页应用的场合。

每一个单页 Vue 应用都需要从一个 Vue 实例开始。每一个 Vue 应用都由若干个 Vue 实例或组件组成。

2.1.1 创建 Vue.js 实例

首先新建 index.html，并通过<script>的方式来导入 Vue.js，然后创建一个 Vue 实例，如示例代码 2-1-1 所示。

示例代码 2-1-1 创建 Vue.js 实例

```
<!DOCTYPE html>
<html lang="en">
<head>
  <meta charset="utf-8">
  <meta name="viewport" content="width=device-width, initial-scale=1.0,
maximum-scale=1.0, user-scalable=no" />
  <title>Vue 实例</title>
  <script src="https://unpkg.com/vue@3.2.28/dist/vue.global.js"></script>
```

```
</head>
<body>
  <div id="app">
    {{msg}}
  </div>

  <script type="text/javascript">
      const app = Vue.createApp({
         data(){
            return {
                msg: "hello world",
            }
         }
      })
      app.mount('#app')
  </script>

</body>

</html>
```

通过 createApp 方法可以创建一个 Vue 应用实例，一个 Vue 实例若想和页面上的 DOM 渲染进行挂载，就需要调用 mount 方法，参数传递 id 选择器，挂载之后这个 id 选择器对应的 DOM 会被 Vue 实例接管，当然也可以用 class 选择器。需要注意，如果是通过 class 选择器找到多个 DOM 元素，则只会选取第一个。

data 属性表示数据，用于接收一个对象。也就是说，如果 Vue 实例需要操作页面 DOM 里的数据，可以通过 data 来控制，需要在 HTML 代码中写差值表达式{{}}，然后获取 data 中的数据（如{{msg}}会显示成 hello world）。接着在 Vue 实例中通过 this.xxx 使用 data 中定义的值。需要注意在 Vue 3 中，data 需要是一个函数 function，并返回对象。在浏览器中打开 index.html 来查看，效果如图 2-1 所示。

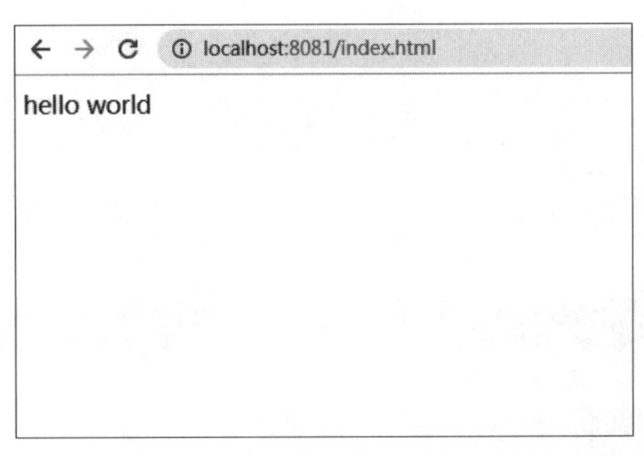

图 2-1　Vue.js 实例，显示出 hello world

createApp 方法传递的参数是根组件（也可以叫作根实例）的配置，返回的对象叫作 Vue 应用实例，当应用实例调用 mount 方法后返回的对象叫作根组件实例，一个 Vue 应用由若干个实例组成，准确地说是由一个根实例和若干个子实例（也叫子组件）组成。如果把一个 Vue 应用看作一棵大树，那么称根节点为 Vue 根实例，子节点为 Vue 子组件。当然，一个 Vue 实例还有很多其他的属性和方法，在后续章节中会讲到。

2.1.2 用 component()方法创建组件

首先，Vue 中每个组件都可以定义自己的名字。下面就新建一个自定义组件，将其放在 Vue 根实例中使用，可使用上一步返回的 Vue 实例 app 调用 component()方法新建一个组件，如示例代码 2-1-2 所示。

示例代码 2-1-2 app.component()注册组件

```
const app = Vue.createApp({})
// 定义一个名为 button-component 的新组件
app.component('button-component', {
  data() {
    return {
      str: 'btn'
    }
  },
  template: '<button>I am a {{str}}</button>'
})
app.mount('#app')
```

app.component()方法的第一个参数是标识这个组件的名字，名为 button-component，第二个参数是一个对象，这里的 data 必须是一个函数 function，这个函数返回一个对象。template 定义了一个模板，表示这个组件将会使用这部分 HTML 代码作为其内容，如示例代码 2-1-3 所示。下面我们来看刚刚定义的 button-component 组件的使用。

示例代码 2-1-3 button-component 组件的使用

```
<div id="app">
    <button-component></button-component>
    {{msg}}
</div>
```

<button-component>表示用了一个自定义标签来使用组件，其内容保持和组件名一样，这是 Vue 中特有的使用组件的写法。

此外，也可以多次使用<button-component>组件，以达到简单的组件复用的效果，如示例代码 2-1-4 所示。

示例代码 2-1-4 组件复用

```
<div id="app">
     <button-component></button-component>
     <button-component></button-component>
     {{msg}}
</div>
```

再次运行 index.html，效果如图 2-2 所示。

图 2-2 组件的复用

2.1.3 Vue 组件、根组件、实例的区别

在一般情况下，我们使用 createApp 创建的叫作应用（根）实例，然后调用 mount 方法得到的叫作根组件，而使用 app.component()方法创建的叫作子组件，组件也可以叫作组件实例，概念上它们的区别并不大。一个 Vue 应用由一个根组件和多个子组件组成，它们之间的关系和区别主要是：

- 根组件也是组件，只是根组件需要应用实例挂载之后得到，可以看作是一个实例化的过程。
- 创建子组件需要指定组件的名称，第二个对象参数和创建根组件时基本一致。
- 子组件是可复用的。一个组件被创建好之后，就可以被用在任何地方。所以子组件的 data 属性需要一个函数 function，以保证组件无论被复用了多少次，组件中的 data 数据都是相互隔离、互不影响的。

在一般情况下，Vue 中的组件是相互嵌套的，可以看作是一个树结构，每个组件可以引用多个其他组件，而其他组件又可以引用另外一些组件，但是它们有一个共同的根组件，这就是组件树。

2.1.4 全局组件和局部组件

在 Vue 中，组件又可以分成全局组件和局部组件。之前在代码中直接使用 app..component()创建的组件为全局组件，全局组件无须特意指定挂载到哪个实例上，可以在需要时直接在组件中使用，但是需要注意的是，全局组件必须在根应用实例挂载前定义才行，否则将无法被使用该根组件的应用找到，就像在 2.1.3 节的代码中，要写在 app.mount('#app')之前，否则无法找到这个组件。

全局组件可以在任意的 Vue 组件中使用，也就意味着只要注册了全局组件，无论是否被引用，它在整个代码逻辑中都可见。而局部组件则表示指定它被某个组件所引用，或者说局部组件只在当前注册的这个组件中使用。创建局部组件如示例代码 2-1-5 所示。

示例代码 2-1-5 局部组件的创建

```
// 局部组件
<div id="app">
    {{msg}}
    <inner-component></inner-component>
</div>
 const app = Vue.createApp({
   data(){
      return {
          msg: "hello inner"
      }
   },
```

```
    components: {  // 可设置多个
      'inner-component': {
        template: '<h2>inner component</h2>'
      }
    }
}).mount('#app')
```

上面的代码中，inner-component 是一个局部组件，它只有一个简单的 template 属性，在使用者的组件中可以通过 components 将局部组件挂载进去，注意这里是 components（复数），而不是 component，因为可能有多个局部组件。这个局部组件只能被当前 app 的根组件使用。为了组件复用的效果，也可以将组件单独抽离出来，如示例代码 2-1-6 所示。

示例代码 2-1-6　把局部组件单独抽离出来

```
const myComponenta = {
    template: '<h2>{{str}}</h2>',
    data(){
        return {
          str: 'inner a'
        }
    }
}
const app = Vue.createApp({
    components:{
        'my-component-a': myComponenta
    }
})

app.component('button-component', {
  data() {
    return {
      str: 'btn'
    }
  },
  components:{
      'my-component-a': myComponenta
  },
  template:'<my-component-a></my-component-a>'
})
app.mount('#app')
```

在上面的代码中定义了局部组件的配置项 myComponenta，然后在根组件 app 和全局组件<button-component>中分别复用了使用配置项 myComponenta 的局部组件<my-component-a>。

2.1.5　组件方法和事件的交互操作

在 Vue 中可以使用 methods 为每个组件添加方法，然后可以通过 this.xxx()来调用。下面通过一个单击事件的交互操作来演示如何使用 methods，如示例代码 2-1-7 所示。

示例代码 2-1-7　组件方法 methods 的使用

```
<div id="app">
  <h2 @click="clickCallback">{{msg}}</h2>
</div>
```

```
Vue.createApp({
    data(){
        return {msg: "hello inner"}
    },
    methods:{
      clickCallback(){
        alert("click")
      }
    }

})
```

在组件或者实例中，methods 接收一个对象，对象内部可以设置方法，并且可以设置多个。在上面的代码段中，clickCallback 是方法名。

在模板中通过设置@click="clickCallback"表示为<h2>绑定了一个 click 事件，回调方法是 clickCallback，当单击发生时，会自动从 methods 中寻找 clickCallback 这个方法，并且触发它。

同理，可以设置另一个方法，同时在 clickCallback 中使用 this.xxx()去调用，如示例代码 2-1-8 所示。

示例代码 2-1-8　调用 methods 中的方法

```
Vue.createApp({
    data() {
        return {msg: "hello inner"}
    },
    methods:{
      clickCallback(){
        alert("click")
        this.foo()
      },
      foo(){
        alert("foo")
      }
    }
}).mount("#app")
```

在了解了组件方法 methods 的用法之后，下面借助 methods 通过一个计数器的例子来演示 Vue 中的事件和 DOM 交互操作的用法，如示例代码 2-1-9 所示。

示例代码 2-1-9　DOM 交互操作

```
<div id="counter">
  <my-component></my-component>
</div>

const myComponent = {
    template: '<h2 @click="clickCallback">点击{{num}}</h2>',
    data(){
        return {
          num: 0
        }
    },
    methods: {
      clickCallback(){
        this.num++
      }
```

```
    }
}
Vue.createApp({
    components:{
      myComponent: myComponent
    }
}).mount('#counter')
```

在这段代码中使用了局部组件进行演示，当单击<h2>时，会触发 clickCallback 回调方法，在回调方法内对当前 data 中的 num 值进行了加 1 自增，num 通过插值表达式{{num}}在页面中显示出来。我们会发现，每单击一次，页面上的 num 就增加 1，这就是 Vue 中响应式的体现，即当一个对象变化时，能够被实时检测到，并且实时修改结果。只有有了响应式，才能有双向绑定，这也是 Vue 中双向绑定时 Model 影响 DOM 的具体体现。在后续的章节中会讲解 DOM 影响 Model 的情况。

本小节讲解了 Vue 中基本的组件用法，使用了 createApp、data、template、methods 等属性和方法，这些基础内容对我们后续的学习有很大帮助，当然使用插值表达式{{msg}}、指令@click、生命周期等相关的用法还有很多，后面会进行深入详细的讲解。

2.1.6　单文件组件

Vue.js 的组件化是指每个组件控制一块用户界面的显示和用户的交互操作，每个组件都有自己的职能，代码在自己的模块内互相不影响，这是使用 Vue.js 的一大优势。

在一个有很多组件的项目中，如果想要达到组件复用，就可能需要使用 app.component()来定义多个全局组件，或者定义多个局部组件，然后在组件中互相调用它们，但是前提是所有组件定义和引用的代码都必须在一个上下文对象中，或者说是写在一个 JavaScript 文件中，维护效率很低，这不符合前端工程化的思想。这样的写法有以下几点不足：

- 全局定义（Global definitions）：强制要求每个 component 中的命名不得重复。
- 字符串模板（String templates）：缺乏语法高亮显示功能，在 HTML 有多行时，需要用到丑陋的“\”或者“+”来拼接字符串。
- 不支持 CSS（No CSS support）：意味着当 HTML 和 JavaScript 组件化时，CSS 只能写在一个文件里，没法突出组件化的优点。
- 没有构建步骤（No build step）：在当前比较流行的前端工程化中，如果一个项目没有构建步骤，开发起来将会变得异常麻烦，简单地使用 app.component()来定义组件是无法集成构建功能的。

文件扩展名为.vue 的单文件组件（Single File Components，SFC）为以上所有问题提供了解决方法，并且还可以使用 Webpack 或 Rollup 等模块打包工具。该特性带来的好处是，对于项目所需要的众多组件进行文件化管理，再通过压缩工具和基本的封装工具处理之后，最终得到的可能只有一个文件，这极大地减少了对于网络请求多个文件带来的文件缓存或延时问题。

下面是一个单文件组件 index.vue 的例子，如示例代码 2-1-10 所示。

示例代码 2-1-10　单文件组件的使用

```
<template>
  <div class="box">
    {{msg}}
  </div>
```

```
</template>

<script>
module.exports = {
  name: 'single',
  data () {
    return {
      msg: 'Single File Components'
    }
  }
}
</script>

<style scoped>
  .box {
    color: #000;
  }
</style>
```

在上面的代码中，组件的模板代码被抽离到一起，使用<template>标签包裹；组件的脚本代码被抽离到一起，使用<script>标签包裹；组件的样式代码被抽离到一起，使用<style>标签包裹。这使得组件 UI 样式和交互操作的代码可以写在一个文件内，方便了维护和管理。

当然，这个文件是无法被浏览器直接解析的，因而需要通过构建步骤把这些文件编译并打包成浏览器可以识别的 JavaScript 和 CSS，例如 Webpack 的 vue-loader，对于<template>中的代码，会被解析成 Vue 的 render 方法中的虚拟 DOM 对应的 JavaScript 代码，<script>中的代码会被解析成 Vue 组件的配置对应的 JavaScript 代码，<style>中的内容会被单独抽离出来，在组件加载时插入 HTML 页面中。

当然，对于<style>标签，可以配置一些属性来提供比较实用的功能，scoped 属性表示当前<style>中的样式代码只会对当前的单文件组件生效，这样即使多个单文件组件被打包到一起，也不会互相影响。同时，<style>标签也提供了 lang 属性，可以用来启用 scss 或 less，代码如下：

```
<style scoped lang='less'>
</style>

<style scoped lang='scss'>
</style>
```

当<style>标签启用了 scoped 后，如果想要在样式代码中写一些样式来影响非当前组件所产生的 DOM 元素，可以采用深度选择器:deep()，代码如下：

```
// 局部组件<aButton>
const aButton = {
   template: '<div class="a-button"></div>',
}

<template>
  <div class="content">
    <aButton />
  <a-button>
</template>

<script>
module.exports = {
  name: 'single',
```

```
  components:{
    aButton:aButton
  }
}
</script>

<style scoped>
.content :deep(.a-button) {
  /* ... */
}
</style>
```

上面的代码中，.a-button 这个 class 的样式可以通过父组件 single 中的<style>来设置。

<script>标签可以标识当前使用的语言引擎，以便进行预处理，最常见的就是在<script>中使用 lang 属性来声明 TypeScript，代码如下：

```
<script lang="ts">
  // 使用 TypeScript
</script>
```

如果想将*.vue 组件拆分为多个文件，<template>、<style>和<script>都可以使用 src 属性来引入外部的文件作为语言块，代码如下：

```
<template src="./template.html"></template>
<style src="./style.css"></style>
<script src="./script.js"></script>
```

注意 src 引入所需遵循的路径解析规则与构建工具（例如 Webpack 模块）一致，即：

- 相对路径需要以./开头。
- 可以直接从 node_modules 依赖中引入资源。

直接引入 node_modules 的资源，代码如下：

```
<!-- 从已安装的 "todomvc-app-css" npm 包中引入文件 -->
<style src="todomvc-app-css/index.css">
```

最后，对于<script>标签，在 Vue 3 中引入了 setup 属性，当配置之后，就相当于可以在<script>标签内部直接写 Composition API 中的 setup()方法中的代码，当然最终还是会在打包时被编译成对应的 JavaScript 代码，但是在开发阶段就显得简洁和便利了，我们会在后面的章节深入讲解 setup()方法。

正因为 Vue.js 有了单文件组件，才能将其和构建工具（Webpack 等）结合起来，使得 Vue.js 项目不单单是简单的静态资源查看，而是可以集成更多文件预处理功能，这些功能改变了传统的前端开发模式，更能体现出前端工程化的特性，目前大部分 Vue.js 项目都会采用单文件组件。

2.2 Vue.js 模板语法

在之前的章节中其实已经涉及过部分模板语法，例如@click、{{msg}}等，模板语法是逻辑和视图之间沟通的桥梁，使用模板语法编写的 HTML 会响应 Vue 实例中的各种变化。简单来说，Vue

实例中可以随心所欲地将相关内容渲染在页面上，模板语法功不可没。有了模板语法，可以让用户界面渲染的内容和用户交互操作的代码更具有逻辑性。

Vue 模板语法是 Vue 中常用的技术之一，它的具体功能就是让与用户界面渲染和用户交互操作的代码经过一系列的编译，生成 HTML 代码，最终输出到页面上。但是，在底层的实现上，Vue 将模板编译成 DOM 渲染函数。结合响应系统，Vue 能够智能地计算出最少需要重新渲染多少组件，并把 DOM 操作次数减到最少。

Vue.js 使用了基于 HTML 的模板语法，允许以声明方式将 DOM 绑定至底层 Vue 实例的数据。所有 Vue.js 的模板都是合法的 HTML，因此可以被遵循规范的浏览器和 HTML 解析器所解析。

2.2.1　插值表达式

下面来看一段简单的代码，如示例代码 2-2-1 所示。

示例代码 2-2-1　插值表达式的示例

```
<template>
    <div id="app">
        {{ message }}
    </div>
</template>
```

上面的实例代码中出现的{{message}}在之前的章节中也出现过多次，它的正式名称叫作插值（Mustache）表达式，也叫作插值标签。它是 Vue 模板语法中最重要的，也是最常用的，使用两个大括号“{{}}”来包裹，在渲染时会自动对里面的内容进行解析。Vue 模板中的插值常见的使用方法有：文本、原始 HTML、属性、JavaScript 表达式、指令和修饰符等。

1. 文本插值

所谓文本插值，就是一对大括号中的数据经过编译和渲染出来是一个普通的字符串文本。同时，message 在这里也形成了一个数据绑定，无论何时，绑定的数据对象上的 message 属性发生了改变，插值处的内容都会实时更新。文本插值表达式的使用如示例代码 2-2-2 所示。

示例代码 2-2-2　文本插值表达式的使用

```
<div id="app">
    {{ message }}
</div>
```

<div>中的内容会被替换成 message 的内容，同时实时更新体现了双向绑定的作用。但是，也可以通过设置 v-once 指令，使得数据改变时，插值处的内容不会更新。不过，注意这会影响该节点上所有的数据绑定。

在 Vue 中给 DOM 元素添加 v-***形式的属性的写法叫作指令，v-once 指令的运用如示例代码 2-2-3 所示。

示例代码 2-2-3　v-once 指令的运用

```
<div id="app" v-once>
    这个将不会改变:{{ message }}
```

```
</div>
```

2. 原始 HTML 插值

一对大括号会将数据解析为普通文本，而不是 HTML 代码。为了输出真正的 HTML 代码，需要使用 v-html 指令，如示例代码 2-2-4 所示。

示例代码 2-2-4　v-html 指令

```
Vue.createApp({
  data() {
    return {
      rawHtml: "<div>html 文本<span>abc</span></div>"
    }
  }
}).mount("#app")
<p>{{ rawHtml }}</p>
<p>v-html: <span v-html="rawHtml"></span></p>
```

上面的代码中，rawHtml 是一段含有 HTML 代码的字符串，直接使用{{rawHtml}}并不会解析 HTML 字符串的内容，而是原模原样地显示在页面上。但是，如果使用 v-html 指令，则会作为一段 HTML 代码插入当前这个<span>中。如果 rawHtml 中还含有一些插值表达式或者指令，那么 v-html 会忽略解析属性值中的数据绑定。例如这样设置：

```
data() {
  return {
    rawHtml: "<div>html 文本<span>{{abc}}</span></div>"
  }
}
```

需要注意的是，网页中动态渲染任意的 HTML 可能非常危险，很容易导致 XSS 攻击，请只对可信的内容使用 v-html 指令，绝不要对用户输入的内容使用这个指令。

3. 属性插值

插值语法不能作用在 HTML 的属性上，遇到这种情况应该使用 v-bind 指令。例如，若想给 HTML 的 style 属性动态绑定数据，使用插值可能有这样的写法，如示例代码 2-2-5 所示。

示例代码 2-2-5　插值和 HTML 属性 1

```
data() {
  return {
    str: "#000000"
  }
}
<div id="app" style="color:{{str}}">
</div>
```

这样写的插值是无法生效的，也就是 Vue 无法识别写在 HTML 属性上的插值表达式，那么遇到这种情况，可以采用 v-bind 指令，如示例代码 2-2-6 所示。

示例代码 2-2-6　插值和 HTML 属性 2

```
data() {
    return {
        str: "color:#000000"
    }
}
<div id="app" v-bind:style="str">
</div>
```

对于布尔属性（它们只要存在，就意味着值为 true），v-bind 工作起来略有不同，在这个例子中为：

```
<button v-bind:disabled="isButtonDisabled">Button</button>
```

如果 isButtonDisabled 的值是 null、undefined 或 false，则 disabled 属性甚至不会出现在渲染出来的<button>元素中。

4. JavaScript 表达式插值

在之前讲解的插值表达式中，基本上都是一直只绑定简单的属性键值，例如直接将 message 的值显示出来。但是实际情况是，对于所有的数据绑定，Vue.js 都提供了完整的 JavaScript 表达式支持，如示例代码 2-2-7 所示。

示例代码 2-2-7　JavaScript 表达式

```
// 单目运算
{{ number + 1 }}
// 三目运算
{{ ok ? 'YES' : 'NO' }}
// 字符串处理
{{ message.split('').reverse().join('') }}
// 拼接字符串
<div v-bind:id="'list-' + id"></div>
```

例如加法运算、三目运算、字符串的拼接以及常用的 split 处理等，这些表达式会在所属 Vue 实例的数据作用域下作为 JavaScript 代码被解析。

2.2.2　指令

传统意义上的指令就是指挥机器工作的指示和命令，Vue 中的指令是指带有 v-前缀或者说以 v-开头的、设置在 HTML 节点上的特殊属性。

指令的作用是，当表达式的值改变时，将其产生的连带影响以响应的方式作用在 DOM 上。之前用到的 v-bind 和 v-model 都属于指令，它们都属于 Vue 中的内置指令，与之相对应的叫作自定义指令。下面就讲解一下 Vue 中主要的内置指令。

1. v-bind

v-bind 指令可以接受参数，在 v-bind 后面加上一个冒号再跟上参数，这个参数一般是 HTML

元素的属性，如示例代码 2-2-8 所示。

示例代码 2-2-8 v-bind 指令

```
<a v-bind:href="url">...</a>
<img v-bind:src="url" />
```

使用 v-bind 绑定 HTML 元素的属性之后，这个属性就有了数据绑定的效果，在 Vue 实例的 data 中定义之后，就会直接替换属性的值。

v-bind 还有一个简写的用法就是直接用冒号而省去 v-bind，代码如下：

```
<img :src="url" />
```

使用 v-bind 和 data 结合可以很便捷地实现数据渲染，但是要注意，并不是所有的数据都需要设置到 data 中，当一些组件中的变量与显示无关或者没有相关的数据绑定逻辑时，也无须设置在 data 中，在 methods 中使用局部变量即可。这样可以减少 Vue 对数据的响应式监听，从而提升性能。

2. v-if、v-else 和 v-else-if

这 3 个指令与编写代码时使用的 if/else 语句是一样的，一般是搭配起来使用，只有 v-if 可以单独使用，v-else 和 v-else-if 必须搭配 v-if 来使用。

这些指令执行的结果是根据表达式的值“真或假”来渲染元素。在切换时，元素及其组件与组件上的数据绑定会被销毁并重建，如示例代码 2-2-9 所示。

示例代码 2-2-9 v-if、v-else、v-else-if 指令

```
<div v-if="type === 'A'">
  A
</div>
<div v-else-if="type === 'B'">
  B
</div>
<div v-else-if="type === 'C'">
  C
</div>
<div v-else>
  Not A/B/C
</div>
```

需要再强调一下，如果 v-if 的值是 false，那么 v-if 所在的 HTML 的 DOM 节点及其子元素都会被直接移除，这些元素上面的事件和数据绑定也会被移除。

3. v-show

与 v-if 类似，v-show 也用于控制一个元素是否显示，但是与 v-if 不同的是，如果 v-if 的值是 false，则这个元素会被销毁，不在 DOM 中。但是，v-show 的元素会始终被渲染并保存在 DOM 中，它只是被隐藏，显示和隐藏只是简单地切换 CSS 的 display 属性，如示例代码 2-2-10 所示。

示例代码 2-2-10 v-show 指令

```
<div v-show="type === 'A'">
```

```
  A
</div>
```

在 Vue 中，并没有 v-hide 指令，可以用 v-show="!xxx"来代替。

一般来说，v-if 切换开销更高，而 v-show 的初始渲染开销更高。因此，如果需要非常频繁地切换，使用 v-show 更好；如果在运行时条件很少改变，则使用 v-if 更好。

4. v-for

与代码中的 for 循环功能类似，可以用 v-for 指令通过一个数组来渲染一个列表。v-for 指令需要使用 item in items 形式的特殊语法，其中 items 是源数据数组，而 item 则是被迭代的数组元素的别名，如示例代码 2-2-11 所示。

示例代码 2-2-11　v-for 指令

```
<ul>
  <li v-for="item in items">
    {{ item.message }}
  </li>
</ul>
Vue.createApp({
  data() {
    return {
        items: [
          { message: "Jack" },
          { message: "Tom" }
        ]
    }
  }
}).mount("#app")
```

渲染结果如图 2-3 所示。

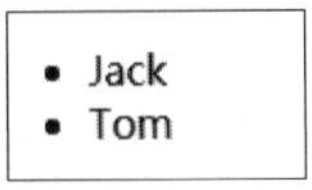

- Jack
- Tom

图 2-3　v-for 一般用法的演示结果

也可以用 of 替代 in 作为分隔符，因为它更接近 JavaScript 迭代器的语法：

```
<div v-for="item of items"></div>
```

在使用 v-for 指令时，如果我们在 data 中定义的数组动态地改变，那么执行 v-for 所渲染的结果也会改变，这也是 Vue 中响应式的体现，例如我们对数组进行 push()、pop()、shift()、unshift()、splice()、sort()、reverse()操作时，渲染结果也会动态地改变，如示例代码 2-2-11 所示。

示例代码 2-2-11　v-for 指令（续）

```
<div id="app">
  <button @click="add">add</button>
  <ul>
```

```
    <li v-for="item in items">
      {{ item.message }}
    </li>
  </ul>
</div>
Vue.createApp({
  data() {
    return {
      items: [
          { message: "Jack" },
          { message: "Tom" }
        ]
      }
  },
  methods:{
    add(){
      this.items.push({message: "Amy"})
    }
  }
}).mount("#app")
```

在v-for代码区块中，可以访问当前Vue实例的所有其他属性，也就是其他设置在data中的值。v-for还支持一个可选的第二个参数，即当前项的索引，如示例代码2-2-12所示。

示例代码2-2-12　v-for指令的参数

```
<ul id="app">
  <li v-for="(item, index) in items">
    {{ parentMessage }} - {{ index }} - {{ item.message }}
  </li>
</ul>
Vue.createApp({
  data() {
    return {
      parentMessage: "Parent",
      items: [
        { message: "Jack" },
        { message: "Tom" }
      ]
    }
  }
}).mount("#app")
```

渲染结果如图2-4所示。

- Parent - 0 - Jack
- Parent - 1 - Tom

图2-4　v-for通过索引存取数据项的演示结果

v-for 指令不仅可以遍历一个数组，还可以遍历一个对象，功能就像 JavaScript 中的 for/in 和 Object.keys()一样，如示例代码 2-2-13 所示。

示例代码 2-2-13　v-for 指令遍历对象

```
<ul id="app">
  <li v-for="value in object">
    {{ value }}
  </li>
</ul>
Vue.createApp({
  data() {
    return {
      object: {
        title: "Big Big",
        author: "Jack",
        time: "2019-04-10"
      }
    }
  }
}).mount("#app")
```

渲染结果如图 2-5 所示。

- Big Big
- Jack
- 2019-04-10

图 2-5　v-for 遍历对象的演示结果

和使用索引一样，v-for 指令提供的第二个参数为 property 名称（也就是键名），第三个参数为 index 索引，如示例代码 2-2-14 所示。

示例代码 2-2-14　v-for 指令的键名

```
<ul id="app">
  <li v-for="(value,name,index) in object">
    {{ index}}:{{ name }}  {{ value }}
  </li>
</ul>
Vue.createApp({
  data() {
    return {
      object: {
        title: "Big Big",
        author: "Jack",
        time: "2019-04-10"
      }
    }
  }
}).mount("#app")
```

渲染结果如图 2-6 所示。

- 0:title Big Big
- 1:author Jack
- 2:time 2019-04-10

图 2-6　v-for 显示键名索引的演示结果

在使用 Object.keys()遍历对象时，有时遍历出来的键（Key）的顺序并不是我们定义时的顺序，比如定义时 title 在第一个，author 在第二个，time 在第三个，但是遍历出来却不是这个顺序（这里只是举一个例子，上面代码的应用场景是按照顺序来的）。

需要注意的是，在使用 v-for 遍历对象时，是按照调用 Object.keys()的结果顺序遍历的，所以在某些情况下并不会按照定义对象的顺序来遍历。若想严格控制顺序，则要在定义时转换成数组来遍历。

为了让 Vue 可以跟踪每个节点，则需要为每项提供一个唯一的 key 属性。如示例代码 2-2-15 所示。

示例代码 2-2-15　v-for key 属性

```
<div v-for="item in items" v-bind:key="item.id">
  <!-- 内容 -->
</div>
```

当 Vue 更新使用了 v-for 渲染的元素列表时，它会默认使用“就地更新”的策略。如果数据项的顺序被改变了，Vue 将不会移动 DOM 元素来匹配数据项的顺序，而是就地更新每个元素，并且确保它们在每个索引位置正确渲染到用户界面上。

Vue 会尽可能地对组件进行高度复用，所以增加 key 可以标识组件的唯一性，目的是为了更好地区别各个组件，key 更深层的意义是为了高效地更新虚拟 DOM。关于虚拟 DOM 的概念，可以简单理解成 Vue 在每次把数据更新到用户界面时，都会在内部事先定义好前后两个虚拟的 DOM，一般是对象的形式。通过对比前后两个虚拟 DOM 的异同来针对性地更新部分用户界面，而不是整体更新（没有改变的用户界面部分不去修改，这样可以减少 DOM 操作，提升性能）。设置 key 值有利于 Vue 更高效地查找需要更新的用户界面。不要使用对象或数组之类的非基本类型值作为 v-for 的 key，请用字符串或数字类型的值。

v-for 指令和 v-if 指令本身是不推荐使用在同一个元素上的，代码如下：

```
<li v-for="todo in todos" v-if="!todo.isComplete"  :key="todo.name">
  {{ todo.name }}
</li>
```

我们在日常开发时，在列表渲染时经常会遇到这种场景，以前在 Vue 2 版本中采用上面的写法并不会报错，然而在 Vue 3 中这样写会报错，如图 2-7 所示。

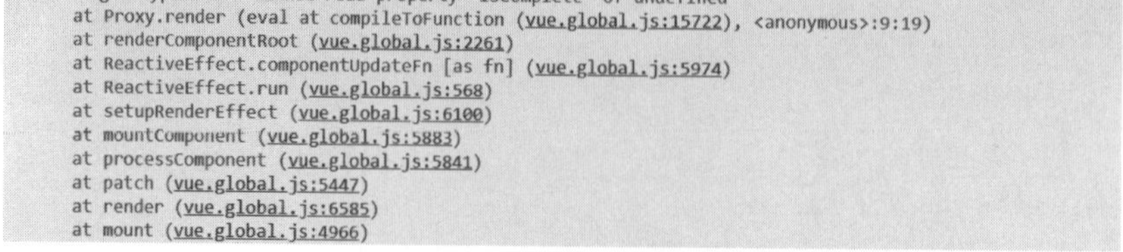

```
▶Uncaught TypeError: Cannot read property 'isComplete' of undefined
    at Proxy.render (eval at compileToFunction (vue.global.js:15722), <anonymous>:9:19)
    at renderComponentRoot (vue.global.js:2261)
    at ReactiveEffect.componentUpdateFn [as fn] (vue.global.js:5974)
    at ReactiveEffect.run (vue.global.js:568)
    at setupRenderEffect (vue.global.js:6100)
    at mountComponent (vue.global.js:5883)
    at processComponent (vue.global.js:5841)
    at patch (vue.global.js:5447)
    at render (vue.global.js:6585)
    at mount (vue.global.js:4966)
```

图 2-7　错误截图

因为它们处于同一节点，v-if 的优先级比 v-for 更高，这意味着 v-if 将没有权限访问 v-for 中的变量 todo，可以将 v-for 指令写在一个空的元素<template>上来达到循环效果，同时将 v-if 指令写在<li>上来达到是否渲染的效果，这样就不会报错了，代码如下：

```
<template v-for="todo in todos" :key="todo.name">
  <li v-if="!todo.isComplete">
    {{ todo.name }}
  </li>
</template>
```

5. v-on

在之前的章节中也使用过 v-on 指令，这个指令主要用来给 HTML 元素绑定事件，是 Vue 中用得最多的指令之一。v-on 的冒号后面可以跟一个参数，这个参数就是触发事件的名称，v-on 的值可以是一个方法的名字或一个内联语句。和 v-bind 一样，v-on 指令可以省略“v-on:”，而用“@”来代替，如示例代码 2-2-16 所示。

示例代码 2-2-16　v-on 指令

```
<div id="app">
    <button @click="clickCallback">点我</button>
</div>
Vue.createApp({
  methods:{
     clickCallback(event) {
       console.log('click')
     }
  }
}).mount("#app")
```

在上面的代码中，将 v-on 指令应用于 click 事件上，同时给了一个方法名 clickCallback 作为事件的回调函数，当 DOM 触发 click 事件时会进入在 methods 中定义的 clickCallback 方法中。event 参数是当前事件的 Event 对象。

如果想在事件中传递参数，可以采用内联语句，该语句可以访问一个$event 属性，如示例代码 2-2-17 所示。

示例代码 2-2-17　v-on 指令 click 事件传递参数

```
<div id="app">
    <button @click="clickCallback('hello',$event)">点我</button>
</div>
Vue.createApp({
  methods:{
     clickCallback(params,event) {
       console.log(params,event)
     }
  }
}).mount("#app")
```

v-on 指令用在普通元素上时，只能监听原生 DOM 事件，例如 click 事件、touch 事件等，用在自定义元素组件上时，也可以监听子组件触发的自定义事件，如示例代码 2-2-18 所示。

示例代码 2-2-18 v-on 指令 自定义事件传递参数

```
<cuscomponent @cusevent="handleThis"></cuscomponent>

<!-- 内联语句 -->
<cuscomponent @cusevent="handleThis(123, $event)"></cuscomponent>
```

自定义事件一般用在组件通信中，我们会在后面的章节讲解，在使用 v-on 监听原生 DOM 事件时，可以添加一些修饰符并有选择性地执行一些方法或者程序逻辑：

- .stop：阻止事件继续传播，相当于调用 event.stopPropagation()。
- .prevent：告诉浏览器不要执行与事件关联的默认行为，相当于调用 event.preventDefault()。
- .capture：使用事件捕获模式，即元素自身触发的事件先在这里处理，然后才交由内部元素进行处理。
- .self：只有当 event.target 是当前元素自身才触发处理函数。
- .once：事件只会触发一次。
- .passive：告诉浏览器不阻止与事件关联的默认行为，相当于不调用 event.preventDefault()。与 prevent 相反。
- .left、.middle、.right：分别对应鼠标左键、中键、右键的单击触发。
- .{keyAlias}：只有当事件是由特定按键触发时才触发回调函数。

下面举一个使用.prevent 的例子，如示例代码 2-2-19 所示。

示例代码 2-2-19 v-on 指令 修饰符

```
<div id="app">
  <a @click.prevent="clickCallback" href="https://www.qq.com">点我</a>
</div>
Vue.createApp({
  methods:{
     clickCallback(event) {
       // 相当于在这里调用了 event.preventDefault()方法
       console.log(event)
     }
  }
}).mount("#app")
```

对于<a>标签而言，它的浏览器默认事件行为就是单击后打开 href 属性所配置的链接，设置了.prevent 修饰符之后，就相当于在 click 回调方法中首先调用了 event.preventDefault()方法，当单击<a>标签时就只会触发@click 所绑定的事件，不会再触发默认事件了。

6. v-model

最后讲解一下 v-model 指令，一般用在表单元素上，例如<input type="text" />、<input type="checkbox" />、<select>等，以便实现双向绑定。v-model 会忽略所有表单元素的 value、checked

和 selected 属性的初始值，因为它选择 Vue 实例中 data 设置的数据作为具体的值，如示例代码 2-2-20 所示。

示例代码 2-2-20　v-model 指令

```
<div id="app">
    <input v-model="message">
    <p>hello {{message}}</p>
</div>
Vue.createApp({
  data() {
    return {message:'Jack'}
  }
}).mount("#app")
```

在这个例子中，直接在浏览器<input>中输入别的内容，下面的<p>中的内容会跟着变化。这就是双向数据绑定。

将 v-model 应用在表单输入元素上时，Vue 内部会为不同的输入元素使用不同的属性并触发不同的事件：

- text 和 textarea 使用 value 属性和 input 事件。
- checkbox 和 radio 使用 checked 属性和 change 事件。
- select 字段将 value 作为属性并将 change 作为事件。

下面的例子是 v-model 和 v-for 结合实现<select>的双向数据绑定，如示例代码 2-2-21 所示。

示例代码 2-2-21　v-model 结合 v-for

```
<div id="app">
  <select v-model="selected">
    <option v-for="option in options" v-bind:value="option.value">
      {{ option.text }}
    </option>
  </select>
  <span>Selected: {{ selected }}</span>
</div>
Vue.createApp({
  data() {
    return {
      selected: 'Jack',
      options: [
        { text: 'PersonOne', value: 'Jack' },
        { text: 'PersonTwo', value: 'Tom' },
        { text: 'PersonThree', value: 'Leo' }
      ]
    }
  }
}).mount("#app")
```

渲染效果如图 2-8 所示。

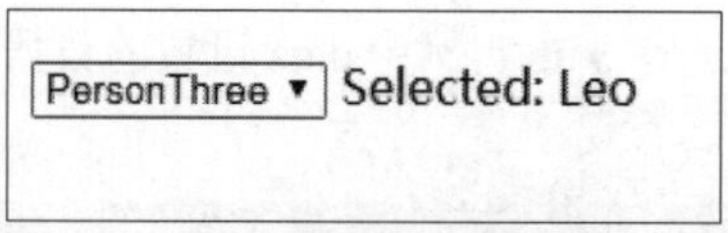

PersonThree ▾ Selected: Leo

图 2-8 v-model 和<select>使用的演示结果

在切换<select>时，页面上的值会动态地改变，这就是结合<select>的表现。另外，在文本区域<textarea>，直接使用插值表达式是不会有双向绑定效果的，代码如下：

```
<textarea>{{text}}</textarea>
```

这时需要使用 v-model 来代替，代码如下：

```
<textarea v-model="text"></textarea>
```

若想单独给某些 input 输入元素绑定值，而不想要双向绑定的效果，则可以直接用 v-bind 指令给 value 赋值，代码如下：

```
<input v-bind:value="text"></input>
```

使用 v-model 时，可以添加一些修饰符来有选择性地执行一些方法或者程序逻辑：

- .lazy: 在默认情况下，v-model 会同步输入框中的值和数据。可以通过这个修饰符，转变为在输入框的 change 事件中再进行值和数据同步。
- .number: 自动将用户的输入值转化为 number 类型。
- .trim: 自动过滤用户输入的首尾空格。

v-model 指令也可以绑定给自定义的 Vue 组件使用，在后文将具体讲解。

7. v-memo

v-memo 是 Vue 3 中引入的指令，它的作用是在列表渲染时，在某种场景下跳过新的虚拟 DOM 的创建提升性能，使用方法如示例代码 2-2-22 所示。

示例代码 2-2-22 v-memo 指令

```
<div v-memo="[valueA, valueB]">
  ...
</div>
```

当组件重新渲染的时候，如果 valueA 与 valueB 都维持不变，那么对这个<div>以及它的所有子节点的更新都将被跳过。事实上，即使是虚拟 DOM 的 VNode 创建也将被跳过，因为子树的记忆副本可以被重用。

v-memo 指令主要结合 v-for 一起使用，而且必须作用在同一个元素上，如示例代码 2-2-23 所示。

示例代码 2-2-23 v-memo 结合 v-for

```
<div id="app">
  <button @click="selected = '3'">点我</button>
  <div v-for="item in list" :key="item.id" v-memo="[item.id === selected]">
    <p>ID: {{ item.id }} - selected: {{ item.id === selected }}</p>
  </div>
</div>
```

```
Vue.createApp({
  data() {
    return {
      selected: '1',
      list: [
          { id: '1'},
          { id: '2'},
          { id: '3'},
          { id: '4'},
      ]
    }
  }
}).mount("#app")
```

在之前讲解 v-for 指令时，我们知道 key 属性给每个列表元素分配了唯一的键值，这样使得 Vue 在做前后的虚拟 DOM 改变对比时更加高效，但前提是需要创建新的虚拟 DOM，当我们使用了 v-memo 时，如果当前的列表元素所对应的 v-memo 没有改变，那么这部分虚拟 DOM 也不会重新创建，减少了过多的虚拟 DOM 创建，也能在一定程度上提升性能。当然，这在列表条数很少时体现得并不明显，但是当列表很长时，也就能体现出性能差异了。

v-memo 的引入也使得在大量列表渲染方面，Vue 3 离成为最快的主流前端框架更近了一步。

8. 指令的动态参数

在使用 v-bind 或者 v-on 指令时，冒号后面的字符串被称为指令的参数，代码如下：

```
<a v-bind:href="url">...</a>
```

这里 href 是参数，告知 v-bind 指令将该元素的 href 属性与表达式 url 的值绑定。

```
<a v-on:click="doSomething">...</a>
```

在这里 click 是参数，告知 v-on 指令绑定哪种事件。

把用方括号括起来的 JavaScript 表达式作为一个 v-bind 或 v-on 指令的参数，这种参数被称为动态参数。

v-bind 指令的动态参数代码如下：

```
<a v-bind:[attributeName]="url"> ... </a>
```

代码中的 attributeName 会被作为一个 JavaScript 表达式进行动态求值，求得的值将会作为最终的参数来使用。例如，如果 Vue 实例有一个 data 属性 attributeName，其值为 href，那么这个绑定将等价于 v-bind:href。

v-on 指令的动态参数代码如下：

```
<button v-on:[event]="doThis"></button>
```

代码中的 event 会被作为一个 JavaScript 表达式进行动态求值，求得的值将会作为最终的参数来使用。例如，如果 Vue 实例有一个 data 属性 event，其值为 click，那么这个绑定将等价于 v-on:click。

动态参数表达式有一些语法约束，因为某些字符（例如空格和引号）放在 HTML 属性名里是无效的，所以要尽量避免使用这些字符。例如，下面的代码在参数中添加了空格，所以是无效的：

```
<!-- 这会触发一个编译警告 -->
<a v-bind:['foo' + bar]="value"> ... </a>
```

变通的办法是使用没有空格或引号的表达式，或用计算属性替代这种复杂的表达式。另外，如果在 DOM 中使用模板（直接在一个 HTML 文件中编写模板需要回避大写键名），需要注意浏览器会把属性名全部强制转为小写，代码如下：

```
<!-- 在 DOM 中使用模板时这段代码会被转换为 'v-bind:[someattr]' -->
<a v-bind:[someAttr]="value"> ... </a>
```

至此，与 Vue.js 模板语法有关的内容就讲解完了。模板语法是逻辑和视图之间沟通的桥梁，是 Vue 中实现页面逻辑最重要的知识，也是用得最多的知识，希望读者掌握好这部分知识，为后面 Vue 其他相关知识的学习打下坚实的基础。

2.3 Vue.js 的 data 属性、方法、计算属性和监听器

在前面的代码中，我们或多或少使用了一些 Vue 的特性，例如 data 属性、方法属性 methods 等，这些都是进行组件配置的重要内容。本节就来详细介绍一下这些配置。

2.3.1 data 属性

在 Vue 的组件中，我们必不可少地会用到 data 属性，在 Vue 3 中，data 属性是一个函数，Vue 在创建新组件实例的过程中调用此函数。它应该返回一个对象，然后 Vue 会通过响应性系统将其包裹起来，并以$data 的形式存储在组件实例中，如示例代码 2-3-1 所示。

示例代码 2-3-1 data 属性

```
const app = Vue.createApp({
  data() {
    return { count: 4 }
  }
})

const vm = app.mount('#app')

console.log(vm.$data.count) // => 4
console.log(vm.count)       // => 4

// 修改 vm.count 的值也会更新 $data.count
vm.count = 5
console.log(vm.$data.count) // => 5

// 反之亦然
vm.$data.count = 6
console.log(vm.count) // => 6
```

如果在组件初始化时 data 返回的对象中不存在某个 key，后面再添加，那么这个新增加的 key

所对应的属性 property 是不会被 Vue 的响应性系统自动跟踪的，代码如下：

```
<div id="app">
  <span>{{name}}</span>
  <span>{{age}}</span>
</div>
const vm = Vue.createApp({
  data() {
    return {
      name: 'John'
    }
  }
}).mount("#app")

vm.age = 12
```

上面的代码中，{{age}}的值将不会被渲染出来。

2.3.2　方法

在 Vue.js 中，将数据渲染到页面上用得最多的方法莫过于插值表达式{{}}。插值表达式中可以使用文本或者 JavaScript 表达式来对数据进行一些处理，代码如下：

```
<div id="example">
  {{ message.split('').reverse().join('') }}
</div>
```

但是，设计它们的初衷是用于简单运算。在插值表达式中放入太多的程序逻辑会让模板过“重”且难以维护。因此，我们可以将这部分程序逻辑单独剥离出来，并放到一个方法中，这样共同的程序逻辑既可以复用，也不会影响模板的代码结构，并且便于维护。

这里的方法和之前讲解的使用 v-on 指令的事件绑定方法在程序逻辑上有所不同，但是在用法上是类似的，同样还是定义在 Vue 组件的 methods 对象内，如示例代码 2-3-2 所示。

示例代码 2-3-2　方法

```
<div id="app">
  {{height}}
  {{personInfo()}}
</div>

const vmMethods = Vue.createApp({
  data() {
    return {
      name: 'Jack',
      age: 23,
      height: 175,
      country: 'China'
    }
  },
  methods:{
    personInfo(){
```

```
      console.log('methods')
      var isFit = false;
      // 'this' 指向当前 Vue 实例
      if (this.age > 20 && this.country === 'China') {
        isFit = true;
      }
      return this.name + '   ' + (isFit ? '符合要求' : '不符合要求');
    }
  }
}).mount("#app")
```

首先在methods中定义了一个personInfo方法，将众多的程序逻辑写在其中，然后在模板的插值表达式中调用{{personInfo()}}，与使用 data 中的属性不同的是，在插值表达式中使用方法需要在方法名后面加上括号“()”以表示调用。

使用方法也支持传参，如示例代码2-3-3所示。

示例代码2-3-3　方法传参

```
<div id="app">
  {{personInfo('Tom')}}
</div>

...
 methods:{
    personInfo(params){
        console.log(params)
    }
 }
```

2.3.3　计算属性

前面一节介绍了采用方法的方案来解决在插值表达式中写入过多数据处理逻辑的问题，还有一种方案可以解决这类问题，那就是计算属性，如示例代码2-3-4所示。

示例代码2-3-4　计算属性

```
<div id="app">
   {{height}}
  {{personInfo}}
</div>

const vmComputed = Vue.createApp({
  data() {
    return {
      name: "Jack",
      age: 23,
      height: 175,
      country: "China"
    }
```

```
  },
  computed:{
    personInfo(){
      console.log('computed')
     // "this" 指向当前 Vue 实例，即 vm
      let isFit = false;
      if (this.age > 20 && this.country === "China") {
        isFit = true;
      }
      return this.name + "   " + (isFit ? "符合要求" : "不符合要求");
    }
  }
}).mount("#app")
```

在上面的代码中，同样实现了将数据处理逻辑剥离的效果，看似把之前的 methods 换成了 computed，以及将插值表达式的{{personInfo()}}换成了{{personInfo}}，虽然表面上的结构一样，但是内部却有着不同的机制。

2.3.4　计算属性和方法

首先，对于方法（methods），在之前的代码中，我们在 personInfo 对应的函数中添加一个 console.log("methods")，然后首先修改 data 中的 name 属性，代码如下：

```
vmMethods.name = 'Pom';
```

观察控制台，显示结果如图 2-9 所示。

```
> vmMethods.name = "Pom"
  methods
<· "Pom"
> vmMethods.name = "Pom"
<· "Pom"
```

图 2-9　演示结果 1

由于修改了 vmMethods 的 name 属性，而在 personInfo 方法里面用到了 name 属性，因此 personInfo 方法和 name 就存在依赖，那么 name 属性的修改就导致 personInfo 方法重新执行了一遍，因此可以看到 name 更新成了 pom，同时打印了一次 console.log("methods")。随后，我们再次调用 vmMethods.name = 'Pom'，这次没有打印出 console.log("methods")，原因是 name 的值并没有改变。

同理，对于计算属性（computed），尝试修改 vmComputed 的 name 属性，代码如下：

```
vmComputed.name = 'Pom';
```

观察控制台，显示结果如图 2-10 所示。

```
> vmComputed.name = "Pom"
  computed
<· "Pom"
> vmComputed.name = "Pom"
<· "Pom"
```

图 2-10　演示结果 2

第一次调用 vmComputed.name='Pom';打印出了 console.log("computed")。然后又调用了一次 vmComputed.name = 'Pom';，这次没有打印出 console.log("computed")。到这里，看似和 methods 方法没有区别。

接下来，我们尝试去改变 height 属性，和 name 属性不同的是，height 属性写在了插值表达式{{height}}中，是直接绑定数据进行渲染的，和 personInfo 方法没有依赖。我们看看效果。

修改 vmMethods 的 height 属性：

```
vmMethods.height = 180;
```

观察控制台，显示的结果如图 2-11 所示。

```
> vmMethods.height = 180
  methods
<· 180
> vmMethods.height = 180
<· 180
```

图 2-11　演示结果 3

可以看到打印出了 console.log("methods")，说明执行了 personInfo()方法，那么再修改一下 vmComputed 的 height 属性：

```
vmComputed.height = 180;
```

观察控制台，显示的结果如图 2-12 所示。

```
> vmComputed.height = 180
<· 180
> vmComputed.height = 180
<· 180
```

图 2-12　演示结果 4

可以看到并没有打印出 console.log("computed")，说明没有执行 personInfo()方法。通过上面的一系列操作，可以得到如下结论：

- 如果 personInfo 依赖的数据发生改变，即通过修改 data 中的属性改变 name、age 和 country 其中之一或多个，导致插值表达式{{personInfo}}或{{personInfo()}}更新用户界面，那么 personInfo()方法就会重新执行。反之，如果 personInfo 依赖的数据没有改变，personInfo()方法就不会重新执行，methods 和 computed 的表现是一致的。

- 如果 personInfo 依赖的数据并没有发生改变，即通过修改 data 中的 height 属性，这个改变会导致插值表达式{{height}}更新用户界面，那么定义在 methods 中的 personInfo()方法总是会执行，而定义在 computed 中的 personInfo()方法则不会执行。

这就意味着，只要 data 中的属性 name、age 和 country 没有发生改变，无论何时访问计算属性，都会立即返回之前的计算结果，而不必再次执行对应的函数，这说明计算属性是基于它们的响应式依赖进行缓存的，而方法却没有这种表现。总结一下它们的区别就是：

- 计算属性：只要依赖的数据没发生改变，就可以直接返回缓存中的数据，而不需要每次都重复执行数据操作。
- 方法：只要页面更新用户界面，就会发生重新渲染，methods 调用对应的方法，执行该函数，无论是不是它所依赖的。

对于计算属性来说，上面定义的 personInfo 所对应的函数其实只是一个 getter 方法，每一个计算属性都包含一个 getter 方法和一个 setter 方法，上面的两个示例都是计算属性的默认用法，只调用了 getter 方法来读取。

在需要时，也可以提供一个 setter 方法，当手动修改计算属性的值时，就会触发 setter 方法，执行一些自定义的操作，如示例代码 2-3-5 所示。

示例代码 2-3-5 计算属性 setter 和 getter

```
<div id="app">
  {{name}}
  <br/>
  {{personInfo}}
</div>

const vmComputed = Vue.createApp({
  data(){
    return {
      name: "Jack",
      age: 23,
      height: 175,
      country: "China"
    }
  },
  computed:{
    personInfo: {
      get(){
        console.log("get");
        return
        "height:"+this.height+",age:"+this.age+",country:"+this.country;
      },
      set(){
        this.height = 165;
        this.name = "Pom";
        console.log("set");
```

```
            }
        }
    }
}).mount("#app")
```

上面的 set 对应的 function 就代表 setter 方法，get 对应的 function 就代表 getter 方法。运行这段代码，可以看到页面显示如图 2-13 所示。

```
Jack
height:175, age:23, country:China
```

图 2-13 计算属性的 getter 方法和 setter 方法的演示结果 1

并且可以看到控制台上打印了 console.log('get')，这时在控制台上运行如下代码：

```
vmComputed.personInfo = 'hello';
```

可以看到 setter 方法会被调用，同时 height 和 name 的值也被修改了，控制台上显示的结果如图 2-14 所示。

```
> vmComputed.personInfo = 'hello'
  set
  get
<· "hello"
>
```

图 2-14 计算属性的 getter 方法和 setter 方法的演示结果 2

对应页面的用户界面显示如图 2-15 所示。

```
Pom
height:165, age:23, country:China
```

图 2-15 计算属性的 getter 方法和 setter 方法的演示结果 3

需要说明的是，虽然直接去修改 computed 的 personInfo 的值，但是并没有改变 personInfo 的值，这是因为如果要判断 personInfo 的值是否被改变了，首先要读取 personInfo 的值，而读取 personInfo 的值是由 getter 方法的 return 值控制的，所以一般使用 setter 方法的应用场合大多数是把它当作一个钩子函数来使用，并在其中执行一些业务逻辑。

由此可见，在绝大多数情况下，只会用默认的 getter 方法来读取一个计算属性，在业务中很少用到 setter 方法，因此在声明一个计算属性时，可以直接使用默认的写法，不必同时声明 getter 方法和 setter 方法。

了解了计算属性之后，可以发现，计算属性之所以叫作“计算”属性，是因为它是固定属性 data 的对应，同时多了一些对数据的计算和处理操作。

在通常情况下，如果一个值是简单的固定值，无须特殊处理，在 data 中添加之后，在插值表达式中使用即可。但是，如果一个值是不固定的，它可能随着一些固定属性的改变而改变，这时就可以把它设置在计算属性中。一般情况下，同一个属性名，设置了计算属性就无须设置固定属性。反之，设置了固定属性就无须设置计算属性。各位读者在编写代码时要注意这种原则。

在使用计算属性处理数据时，也是可以传递参数的，具体做法是在定义计算属性时，用 return 返回一个函数，如示例代码 2-3-6 所示。

示例代码 2-3-6 计算属性的传参

```
<div id="app">
  {{personInfo('son')}}
</div>
const vmComputed = Vue.createApp({
  data() {
    return {
      name: 'Jack',
    }
  },
  computed:{
    personInfo() {
      return (params)=>{
        console.log(params);
        return this.name + params;
      }
    }
  }
}).mount("#app")
```

采用{{personInfo('son')}}将参数传递进去，看起来就像调用一个方法。

2.3.5 监听器

通过上面对计算属性的 setter 方法的讲解，我们知道 setter 方法提供了一个钩子函数，尽管利用这个钩子函数可以监听到属性的变化，但有时还需要一个自定义的监听器（侦听器），这个监听器有一个监听属性 watch，如示例代码 2-3-7 所示。

示例代码 2-3-7 watch 方法

```
<div id="app">
  {{name}}
</div>

const vmWatch = Vue.createApp({
  data() {
    return {
      name: 'Jack'
    }
  },
  watch:{
    name(newV, OldV){
      console.log('新值:'+newV+',旧值:'+oldV)
```

```
    }
  }
}).mount("#app")
```

在上面的代码中定义了一个监听属性 watch，它所监听的是 data 中定义的 name 属性，修改一下 vmWatch 的 name 属性，代码如下：

```
vmWatch.name = 'Petter';
```

观察控制台，显示的结果如图 2-16 所示。

```
> vmWatch.name = 'Petter'
  新值:Petter,旧值:Jack
<· "Petter"
```

图 2-16　监听器

可以看到，在 watch 中定义的 name 所对应的 function 被执行了，同时打印出了 name 的新旧值。监听属性 watch 的用法很简单，在逻辑上也比较好理解。也可以使用监听器监听父子组件传值时使用 props 传递的值，在后面 3.2 节会讲解。

这样使用 watch 时有一个特点，就是当值第一次绑定时，不会执行监听函数，只有当值发生改变才会执行。如果需要在最初绑定值的时候也执行函数，则需要用到 immediate 属性。比如当父组件向子组件动态传值时，子组件 props 首次获取到父组件传来的默认值时，也需要执行函数，此时就需要将 immediate 设为 true，如示例代码 2-3-8 所示。

示例代码 2-3-8　watch 方法 immediate

```
const vmWatch = Vue.createApp({
  data() {
    return {
      name: 'Jack'
    }
  },
  watch:{
    name: {
        handler: function(newV, oldV) {
        ...
        },
        immediate: true
    }
  }
}).mount("#app")
```

这里把监听的数据写成对象形式，包含 handler 方法和 immediate，之前编写的函数其实就是在编写这个 handler 方法。immediate 表示在 watch 中首次绑定时，是否执行 handler，若值为 true，则表示在 watch 中声明时，就立即执行 handler 方法；若值为 false，则和一般使用 watch 一样，在数据发生变化的时候才执行 handler 方法。

当需要监听一个复杂对象的改变时，普通的 watch 方法无法监听到对象内部属性的改变，例如监听一个对象，只有这个对象整体发生变化时，才能监听到，如果是对象中的某个属性发生变化或者对象属性的属性发生变化，此时就需要使用 deep 属性来对对象进行深度监听，如示例代码 2-3-9 所示。

示例代码 2-3-9　watch 方法 deep

```
const vmWatch = Vue.createApp({
  data() {
    return {
      name: 'Jack'
    }
  },
  watch:{
    name: {
        handler: function(newV, oldV) {
        ...
        },
        deep: true
    }
  }
}).mount("#app")
```

在上面的代码中，尝试修改 this.obj.num 的值，会发现并不会触发 watch 监听的方法，当添加 deep:true 时，watch 监听的方法便会触发。另外，这种直接监听 obj 对象的写法会给 obj 的所有属性都加上这个监听器，当对象属性较多时，每个属性值的变化都会执行 handler 方法。如果只需要监听对象中的一个属性值，则可以进行优化，使用字符串的形式监听对象属性，代码如下：

```
watch:{
  'obj.num': {
      handler: function(newNum, oldNum) {
      ...
      },
  }
}
```

此时，就无须设置 deep:true 选项了。在 Vue 3 中，如果需要监听 data 某个数组的变化，分为两种情况：

- 直接重新赋值数组。
- 调用数组的 push()、pop()等方法。

```
const vmWatch = Vue.createApp({
  data() {
    return {
      names: ['Jack','Tom']
    }
  },
  watch:{
    names: {
```

```
      handler: function(newV, oldV) {
        console.log('watch')
      },
      deep: true
    }
  }
}).mount("#app")

vmWatch.names = ['John']
vmWatch.names.push('John') // 添加了 deep 才会触发
```

2.3.6 监听器和计算属性

虽然计算属性 computed 和监听属性 watch 都可以监听属性的变化，而后执行一些逻辑处理，但是它们都有各自适用的场合。例如需求是实时地改变 fullName，我们采用监听器来实现，如示例代码 2-3-10 所示。

示例代码 2-3-10 watch 与 computed 对比

```
<div id="app">{{ fullName }}</div>

const vm = Vue.createApp({
  data() {
    return {
      firstName: 'Foo',
      lastName: 'Bar',
      fullName: 'Foo Bar'
    }
  },
  watch: {
    firstName (val) {
      this.fullName = val + ' ' + this.lastName
    },
    lastName (val) {
      this.fullName = this.firstName + ' ' + val
    }
  }
}).mount("#app")
```

在上面的代码中，使用插值表达式在页面上渲染 fullName 的值，想要实现的效果是：当 firstName 的值或者 lastName 的值中有任何一个改变时，就动态地更新 fullName 的值，于是就利用监听属性 watch 来监听 lastName 和 firstName。

然后运行下面的代码，试一下是否生效：

```
vm.firstName = 'Petter';
vm.lastName = 'Jackson';
```

可以看到页面上的 fullName 动态改变了，表明监听属性 watch 可以满足要求。下面接着使用计算属性 computed 来完成这个需求，如示例代码 2-3-11 所示。

示例代码 2-3-11　watch 对比 computed

```
<div id="app">{{ fullName }}</div>

const vm = Vue.createApp({
  data() {
    return {
      firstName: 'Foo',
      lastName: 'Bar'
    }

  },
  computed: {
    fullName () {
      return this.firstName + ' ' + this.lastName
    }
  }
}).mount("#app")
```

同样，在运行上面的代码之后，可以看到 fullName 也实时更新了。但是，比较这两段代码可以看到，后面的这段代码更加清晰，使用更加合理一些。

所以，对于计算属性 computed 和监听属性 watch，它们在什么场合使用，以及使用时需要注意哪些地方，应当遵循以下原则：

- 当只需要监听一个定义在 data 中的属性是否变化时，需要在 watch 中设置一个同样的属性 key 值，然后在 watch 对应的 function 方法中去执行响应逻辑，而不需要在 computed 中另外定义一个值，然后让这个值依赖于在 data 中定义的这个属性，这样反倒绕了一圈，代码逻辑结构并不清晰。
- 如果需要监听一个属性的改变，并且在改变的回调方法中有一些异步的操作或者数据量比较大的操作，这时应当使用监听属性 watch。而对于简单的同步操作，使用计算属性 computed 更加合适。

建议各位读者在编写相关代码时遵循这样的原则，切勿随意使用。

2.4　案例：Vue 3 留言板

掌握了基本的 Vue.js 语法基础后，可以将这些内容结合起来，开发一个简易的留言板程序，实现效果如图 2-17 所示。

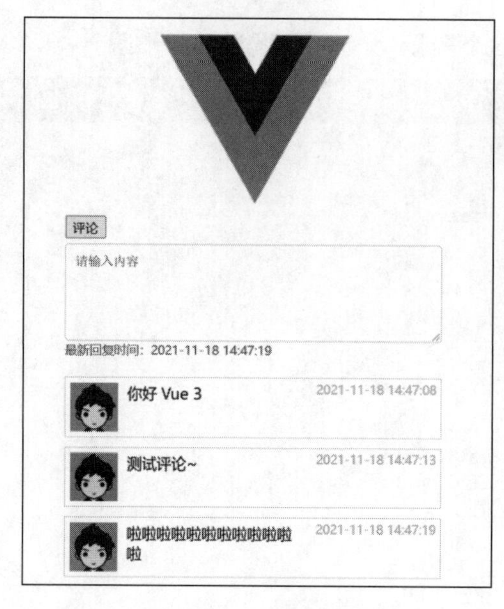

图 2-17 Vue 3 留言板

2.4.1 功能描述

该项目主要由一个输入框和评论列表组成，在输入框内输入文字，单击“评论”按钮或者按回车键可以将评论内容渲染到页面中。评论主要由头像、内容、评论日期构成。

在代码方面，借助@keyup、@click 指令完成用户交互事件的监听，利用 v-for 指令来渲染评论列表，借助计算属性 computed 实时获取最新的评论时间，使用 methods 来格式化时间展示和单击回调方法等。

2.4.2 案例完整代码

本案例完整源码：/案例源码/Vue.js 基础。

2.5 小结与练习

本章主要讲解了 Vue.js 的基础内容，其中包括：Vue.js 实例和组件 Vue.js 模板语法，Vue.js 的 data 属性、方法、计算属性、监听器，这些部分涉及的知识点都是开启一个 Vue 项目必须要掌握的。本章中的示例代码比较多，希望读者亲自编写并运行，以此来加深理解。

下面来检验一下读者对本章内容的掌握程度：

- Vue.js 中的实例和组件分别是什么，它们之间有什么区别？
- Vue.js 中的单文件组件指的是什么？
- Vue.js 中的插值表达式有哪些常见的使用方法？
- Vue.js 中渲染一个列表最适合使用哪个指令？
- Vue.js 中的计算属性和监听器的使用场景是什么，它们有什么区别？

第 3 章 Vue.js 组件

就像程序员有初级程序员和高级程序员之分，学习一个框架也要有一个循序渐进的过程，在学习了 Vue.js 的基础知识之后，本章开始学习 Vue.js 的核心——组件（Component）。

组件是 Vue.js 最强大的功能之一，在之前的章节中，我们了解了一些基本的组件用法，包括组件注册、局部组件、全局组件、单文件组件等。我们知道每个 Vue 应用都是由若干个组件组成的，这些组件构成了 Vue 庞大的组件系统，抽象出来就是一棵组件树，有了组件系统，我们的代码才得以有更加规范的组织结构，整体提升项目的可维护性。

3.1 组件生命周期

在 Vue 中，每个组件都有自己的生命周期，所谓生命周期，指的是组件自身的一些方法（或者叫作钩子函数），这些方法在特殊的时间点或遇到一些特殊的框架事件时会被自动触发。Vue 组件的生命周期如图 3-1 所示。

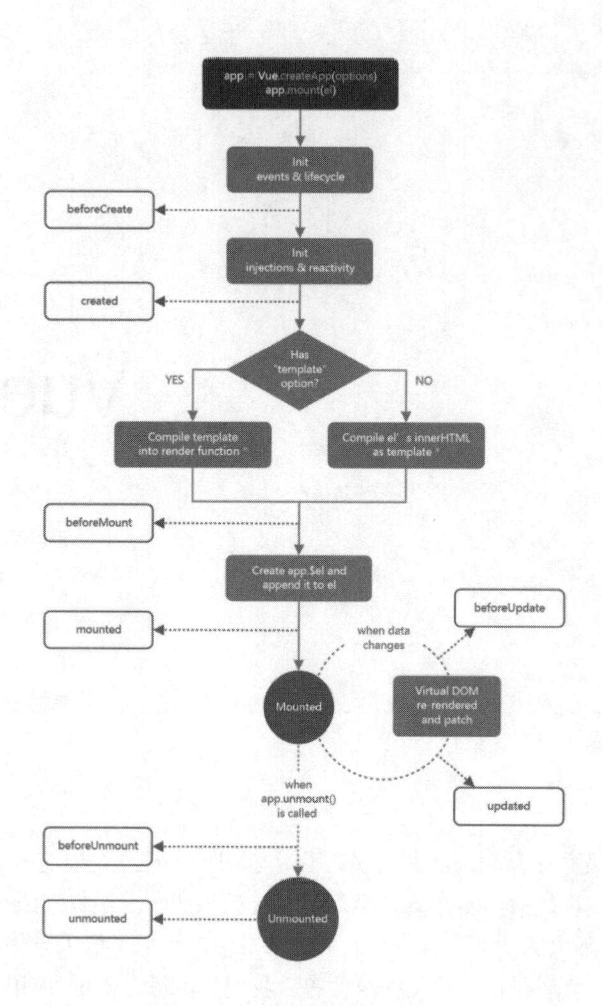

图 3-1　Vue 组件的生命周期

可以看到，在 Vue 组件的整个生命周期中会有很多钩子函数可供使用，在生命周期不同的时刻可以执行不同的操作。下面列出所有的钩子函数：

```
beforeCreate      beforeUpdate      activated          errorCaptured
created           updated           deactivated
beforeMount       beforeUnmount     renderTriggered
mounted           unmounted         renderTracked
```

在学习组件的生命周期之前，建议读者先编写一个简单的页面，以实际体验每个钩子函数的触发顺序和时机。运行之后，可以在控制台中看到具体的触发时机，当然某些方法在特定的场景才会触发。以下是具体的示例：

```
const vm = Vue.createApp({
  data(){
    return {
      message: 'Vue 组件的生命周期'
    }
  },
  beforeCreate() {
```

```
    console.log('------beforeCreate------');
  },
  created() {
    console.log('------created------');
  },
  beforeMount() {
    console.log('------beforeMount------');
  },
  mounted() {
    console.log('------mounted------');
  },
  beforeUpdate () {
    console.log('------beforeUpdate------');
  },
  updated () {
    console.log('------updated------');
  },
  beforeUnmount () {
    console.log('------beforeUnmount------');
  },
  unmounted () {
    console.log('------unmounted------');
  },
  activated () {
      console.log('------activated------');
  },
  deactivated () {
    console.log('------deactivated------');
  },
  errorCaptured() {
    console.log('------errorCaptured------');
  },
}).mount("#app")
```

下面将详细介绍组件的生命周期内各个方法的含义和用法。

3.1.1　beforeCreate 和 created

1. beforeCreate 方法

这个阶段在实例初始化之后，数据观测（Data Observer）和 event/watcher 事件配置之前被调用。需要注意的是，这个阶段无法获取到 Vue 组件 data 中定义的数据，官方也不推荐在这里操作 data，如果确实需要获取 data，可以从 this.$options.data()获取。

2. created 方法

在 beforeCreate 执行完成之后，Vue 会执行一些数据观测和 event/watcher 事件的初始化工作，将数据和 data 属性进行绑定以及对 props、methods、watch 等进行初始化，另外还要初始化一些 inject 和 provide。

可以从图 3-2 来了解 beforeCreate 方法和 created 方法的主要流程与执行逻辑。

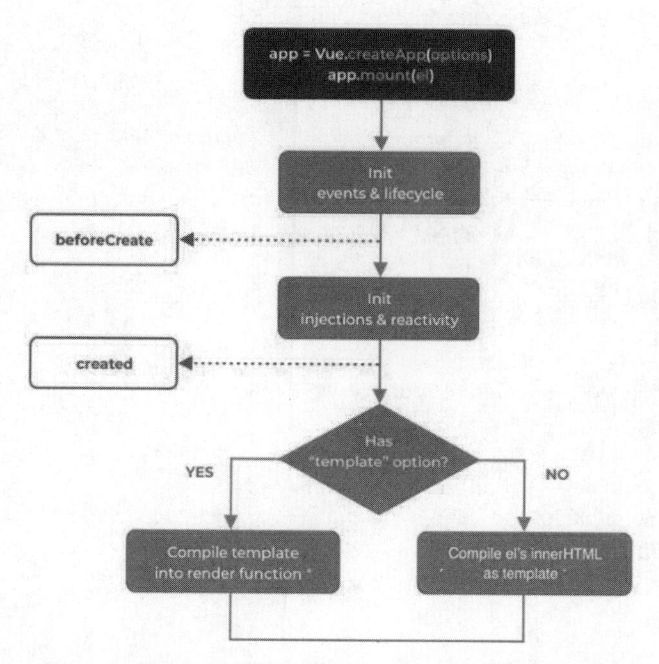

图 3-2 beforeCreate 方法和 created 方法的主要流程与执行逻辑

从图 3-2 可以得知，在 created 方法执行时，template 也是一个关键设置，如果当前 Vue 组件设置了 template 属性，则将其作为模板编译成 render 函数，即 template 中的 HTML 内容会渲染到 el 节点内部。如果当前 Vue 组件没有设置 template 属性，则将当前 el 节点所在的 HTML 元素（即 el.outerHTML）作为模板进行编译。因此，如果组件没有设置 template 属性，就相当于设置了内容是 el 节点的 template。需要注意的是，这个阶段并没有真正地把 template 或者 el 渲染到页面上，只是先将内容准备好（即把 render 函数准备好）。

在使用 created 钩子函数时，通常执行一些组件的初始化操作或者定义一些变量，如果是一个表格组件，那么在 created 时就可以调用 API 接口，开始发送请求来获取表格数据等。

3.1.2 beforeMount 和 mounted

1. beforeMount 方法

前文提到了 el 和 template 属性以及 render 函数，render 函数用于给当前 Vue 实例挂载 DOM（Vue 组件渲染 HTML 内容），这里的 beforeMount 就是渲染前要执行的程序逻辑。

2. mounted 方法

这个阶段开始真正地执行 render 方法进行渲染，之前设置的 el 会被 render 函数执行的结果所替换，也就是说将结果真正渲染到当前 Vue 实例的 el 节点上，这时就会调用 mounted 方法。从图 3-3 可以看到 beforeMount 方法和 mounted 方法的主要流程与执行逻辑。

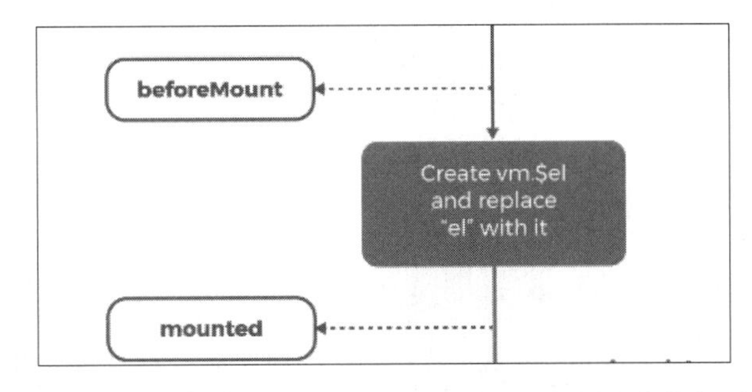

图 3-3　beforeMount 方法和 mounted 方法的主要流程与执行逻辑

mounted 这个钩子函数的使用频率非常高，当触发这个函数时，就代表组件的用户界面已经渲染完成，可以在 DOM 中获取这个节点。通常用这个方法执行一些用户界面节点获取的操作，例如在 Vue 中使用一个 jQuery 插件，在这个方法中就可以获得插件所依赖的 DOM，从而进行初始化。

但是需要注意的是，mounted 不会保证所有的子组件也都一起被挂载。如果读者希望等到整个视图都渲染完毕，可以在 mounted 内部使用 this.$nextTick，代码如下：

```
mounted() {
  this.$nextTick(function () {
    // 仅在渲染整个视图之后运行的代码
  })
}
```

3.1.3　beforeUpdate 和 updated

前面讲解的生命周期函数在调用 Vue.createApp({})和 mount(el)方法时就会触发，我们可以把它们归类成实例初始化时自动调用的钩子函数，而 beforeUpdate 和 updated 这两个方法若要触发，则需要特定的场景。

1. beforeUpdate 方法

当 Vue 实例 data 中的数据发生了改变，就会触发对应组件的重新渲染，这是双向绑定的特性之一，所以数据改变就会触发 beforeUpdate 方法。

2. updated 方法

当执行完 beforeUpdate 方法后，就会触发当前组件挂载 DOM 内容的修改，当前 DOM 修改完成后，便会触发 updated 方法，在 updated 方法中可以获取更新之后的 DOM。

下面用代码来模拟 beforeUpdate 和 updated 的触发时机，如示例代码 3-1-1 所示。

示例代码 3-1-1　updated 方法和 beforeUpdate 方法

```
<div id="app">
    {{message}}
    <button @click="clickCallback">点击</button>
</div>

const vm = Vue.createApp({
  data() {
```

```
    return {
      message: 'I am Tom'
    }
  },
  beforeCreate() {
    console.log('------beforeCreate------');
  },
  created() {
    console.log('------created------');
  },
  beforeMount() {
    console.log('------beforeMount------');
  },
  mounted() {
    console.log('------mounted------');
  },
  beforeUpdate () {
    console.log('------beforeUpdate------');
  },
  updated () {
    console.log('------updated------');
  },
  methods:{
    clickCallback: function(){
      this.message = 'I am Jack'
    }
  }
}).mount('#app')
```

运行这段代码后，会依次看到beforeCreate、created、beforeMount和mounted方法打印在Chrome浏览器的控制台上；单击按钮，会看到文字由“I am Tom”变成了“I am Jack”；然后在控制台上可以看到依次打印了beforeUpdate和updated，如图3-4所示。

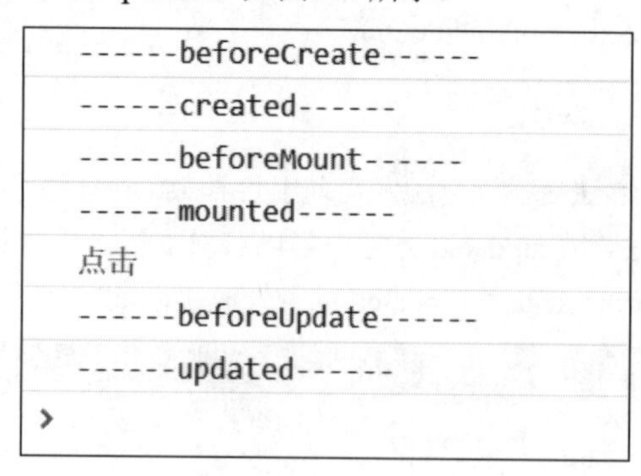

图3-4　beforeUpdate和updated的触发时机

由此可知，这两个方法是可以触发或者执行多次的，所以在Vue组件的生命周期中，每当data中的值被修改都会执行这两个方法。执行流程如图3-5所示。

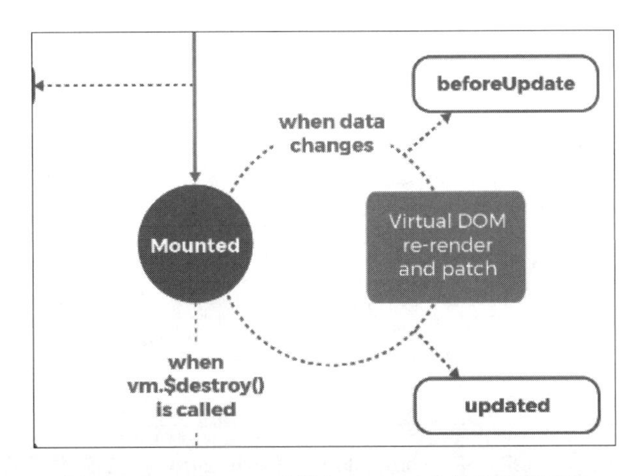

图 3-5　beforeUpdate 方法和 updated 方法的执行流程

前面讲解了双向绑定中 Model 影响 DOM 的具体体现，在 MVVM 模式的 Model，也就是 Vue 中 data 的值发生改变时，会触发 beforeUpdate 和 updated 这两个方法。下面就来演示双向绑定中 DOM 影响 Model 的具体体现，同样也会触发这两个方法，如示例代码 3-1-2 所示。

示例代码 3-1-2　updated 方法和 beforeUpdate 方法

```
<div id="app">
  <input type="text" v-model="message">
</div>
const vm = Vue.createApp({
  data() {
    return {
      message: 'I am Tom'
    }
  },
  beforeUpdate () {
    console.log(this.message)
    console.log('------beforeUpdate------');
  },
  updated () {
    console.log(this.message)
    console.log('------updated------');
  }
}).mount('#app')
```

在上面的代码中，使用了<input>标签，并给<input>设置了 v-model 指令，表示与 data 中的 message 进行关联，这时修改<input>中的内容就是修改了 DOM 的内容，可以在控制台中看到会触发 beforeUpdate 和 updated 这两个方法，同时 message 的值也在实时变动，这就是双向绑定中 DOM 影响 Model 的具体体现。Chrome 浏览器的控制台如图 3-6 所示。

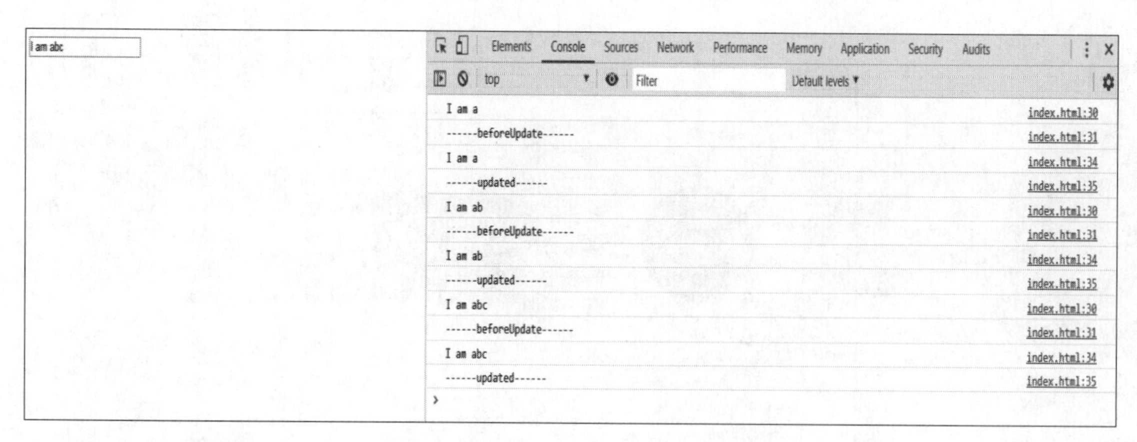

图 3-6　双向绑定中 beforeUpdate 方法和 updated 方法的触发时机

v-model 指令不仅可以作用在<input>上，还可以作用在自定义组件上，我们会在后面讲解。

3.1.4　beforeUnmount 和 unmounted

组件卸载，正如万物有生有灭一样，既然组件有创建，也就必然有消亡。如果频繁调用创建的代码，但是一直没有清除，就会造成内存飙升，而且一直不释放，还有可能导致“内存泄漏”问题，这也是卸载组件的意义。

1. beforeUnmount 方法

beforeUnmount 方法在组件卸载之前调用。在这一步，实例仍然完全可用。

2. unmounted 方法

unmounted 方法在 Vue 组件卸载后调用。调用后，Vue 组件关联的所有事件监听器都会被移除，所有的当前组件的子组件也会被销毁。

在触发卸载操作之后，首先会将当前组件从其父组件中清除，然后清除当前组件的事件监听和数据绑定，清除一个 Vue 组件可以简单理解为将 Vue 对象关联的一些数据类型的变量清空或者置为 null。

一般来说，卸载组件常发生在采用 v-if 指令进行逻辑判断时，如示例代码 3-1-3 所示。

示例代码 3-1-3　beforeUnmount 方法和 unmounted 方法

```
<div id="app">
  <button @click="flag = 2">点我</button>
  <componenta v-if="flag == 1"></componenta>
  <componentb v-else></componentb>
</div>

const componenta = {
  template: '<h2>myComponent a</h2>',
  beforeUnmount(){
    console.log('------componenta:beforeUnmount------');
  },
  unmounted(){
```

```
    console.log('------componenta:unmounted------');
  }

}
const componentb = {
  template: '<h2>myComponent b</h2>',
  beforeMount(){
    console.log('------componentb:beforeMount------');
  },
  mounted(){
    console.log('------componentb:mounted------');
  }
}

const app = Vue.createApp({
  data(){
    return {
      flag: 1
    }
  },
  components: {
    componenta:componenta,
    componentb:componentb
  }
}).mount('#app')
```

当我们单击按钮时，flag 值被设置为 2，这就触发了 v-if 指令的逻辑，<componenta>组件卸载，<componentb>组件挂载，控制台打印的日志如图 3-7 所示。

```
------componenta:beforeUnmount------
------componentb:beforeMount------
------componenta:unmounted------
------componentb:mounted------
>
```

图 3-7　beforeUnmount 和 unmounted 方法

可以看到<componenta>组件卸载时，触发了 beforeUnmount 和 unmounted，<componentb>组件挂载时触发了 beforeMount 和 mounted。如果想要主动触发对根组件的卸载，可以调用根实例的 unmount()方法，调用之后就会清理与其他实例的联系，解绑它的全部指令及事件监听器。

3.1.5　errorCaptured

该方法表示当捕获一个来自当前子孙组件的错误时被触发，注意当前组件报错不会触发。这里的报错一般只会限制在当前 Vue 根实例下代码所抛出的 DOMException 或者异常 Error 对象（new Error()）等错误，如果是 Vue 之外的代码，是不会触发的。该方法会收到三个参数：错误对象、发生错误的组件实例以及一个包含错误来源信息的字符串。在某个子孙组件的 errorCaptured 返回 false 时，可以阻止该错误继续向上传播。

另外，也可以在全局配置 errorCaptured，这样就可以监听到所有属于该根实例的报错信息，配置如示例代码 3-1-4 所示。

示例代码 3-1-4 errorCaptured 方法

```
const app = Vue.createApp({
  mounted(){
    throw new Error('err')
  }
})

app.config.errorHandler = (err, vm, info) => {
    console.error(err)
    console.log(vm)
    // 'info' 是 Vue 特定的错误信息，比如错误所在的生命周期钩子
    console.log(info)
}
app.mount('#app')
```

在浏览器控制台查看打印的报错信息，如图 3-8 所示。

```
▶Error: err
    at Proxy.mounted (index.html:207)
    at callWithErrorHandling (vue.global.js:8407)
    at callWithAsyncErrorHandling (vue.global.js:8416)
    at Array.hook.__weh.hook.__weh (vue.global.js:3770)
    at flushPostFlushCbs (vue.global.js:8602)
    at render (vue.global.js:6587)
    at mount (vue.global.js:4966)
    at Object.app.mount (vue.global.js:10824)
    at index.html:218
▶Proxy {…}
mounted hook
>
```

图 3-8 errorCaptured 捕捉错误信息

如果某个子孙组件 errorCaptured 方法返回 false 以阻止错误继续向上传播，那么它会阻止其他任何会被这个错误唤起的 errorCaptured 方法和全局的 config.errorHandler 的触发。

3.1.6 activated 和 deactivated

这两个方法并不是标准的 Vue 组件的生命周期方法，它们的触发时机需要结合 vue-router 及其属性 keep-alive 来使用。

在这里先简单讲解一下。activated 表示当 vue-router 的页面被打开时，会触发这个钩子函数。deactivated 表示当 vue-router 的页面被关闭时，会触发这个钩子函数。

3.1.7 renderTracked 和 renderTriggered

这两个方法主要是跟踪虚拟 DOM 重新渲染和触发时调用，由于处于比较底层，使用得不多，在这里就不过多介绍了。

至此，与 Vue 组件的生命周期相关的内容都介绍完了。通过本节的学习，希望读者对生命周期有一个比较清楚的认识，知道每个生命周期钩子函数触发的时机，并且知道使用这些钩子函数可以执行哪些操作。总之，掌握好这些知识是学习 Vue 的基础。

3.2　组件通信

在 Vue.js 基础内容的讲解中，我们知道了什么是 Vue 组件，了解了它的功能，那么在实际的项目开发中，实现的页面是如何和组件对应起来的呢？下面举一个例子来说明这个问题。

以常见的登录页面为例，一般由用户名输入框、密码输入框以及登录按钮所组成。在用户输入完信息后，可以单击“登录”按钮进行登录，注意“登录”按钮一开始是不可单击的。

我们可以把输入框抽离成一个组件，“登录”按钮也抽离成一个组件，它们共同存在于登录页面这个父组件中。这样，这些组件就有了关联，当我们在输入框中输入登录信息之后，就可以告诉“登录”按钮组件去更新自己的不可单击状态，当我们单击“登录”按钮时，就需要拿到输入框的登录信息来进行登录。所以，我们会发现，组件之间并不是孤立的，它们之间是需要通信的，正是这种组件间的相互通信才构成了页面上用户行为交互的过程。

3.2.1　组件通信概述

我们可以把所有页面都抽象成若干个组件，它们之间有父子关系的组件、兄弟关系的组件，可以使用图 3-9 来表示组件之间的关系。

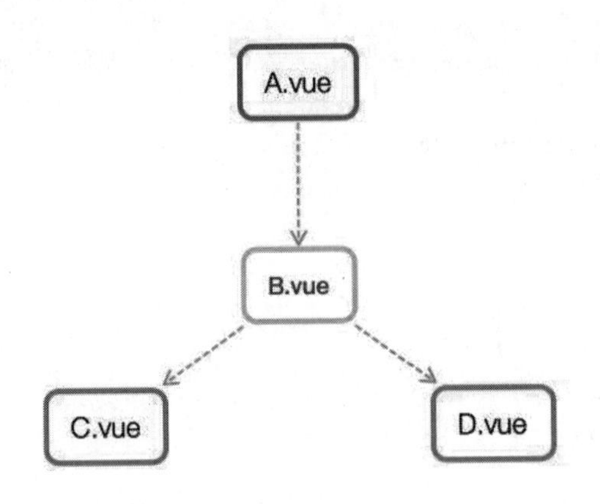

图 3-9　组件之间的关系

所有 Vue 组件的关系：

- A 组件和 B 组件、B 组件和 C 组件、B 组件和 D 组件形成了父子关系。
- C 组件和 D 组件形成了兄弟关系。
- A 组件和 C 组件、A 组件和 D 组件形成了隔代关系（其中的层级可能是多级，即隔了多代）。

在明确了它们之间的关系之后，就需要理解它们之间如何通信，或者叫作如何传值。下面就来逐一讲解。

先使用代码来实现上面的 A、B、C、D 四组组件的关系，如示例代码 3-2-1 所示。

示例代码 3-2-1 组件通信

```
<!DOCTYPE html>
<html lang="en">

<head>
  <meta charset="utf-8">
  <meta name="viewport" content="width=device-width, initial-scale=1.0,
maximum-scale=1.0, user-scalable=no" />
  <title>组件通信</title>
  <script src="https://unpkg.com/vue@3.2.28/dist/vue.global.js"></script>
  <style type="text/css">
   #app {
     text-align: center;
     line-height: 2;
   }
  </style>
</head>

<body>
  <!-- 根实例挂载的 DOM 对象 app -->
  <div id="app">
    {{str}}
    <component-b />
  </div>
  <script type="text/javascript">

    // 定义一个名为 componentC 的局部子组件
    const componentC = {
      data() {
        return {
          str: 'I am C'
        }
      },
      template: '<span>{{str}}</span>'
    }

    // 定义一个名为 componentD 的局部子组件
    const componentD = {
      data() {
        return {
          str: 'I am D'
        }
      },
      template: '<span>{{str}}</span>'
    }
```

```
// 定义一个名为 componentB 的父组件，也是一个局部组件
const componentB = {
  data() {
    return {
      str: 'I am B'
    }
  },
  template: '<div>'+
            '{{str}}'+
            '<div>'+
              '<component-c />,'+
              '<component-d />'+
            '</div>'+
          '</div>',
  // 利用 components 可以将之前定义的 C、D 组件挂载到 B 组件上，component-c 和
component-d 是 C、D 组件的名称，对应 template 中的<component-c />和<component-d />
  components: {
    'component-c': componentC,
    'component-d': componentD
  }
}

// 定义一个根实例 vmA
const vmA = Vue.createApp({
    data(){
        return {str: "I am A"}
    },
    // 将父组件 B 挂载到实例 A 中 component-b 对应的#app 内的<component-b />
    components: {
      'component-b': componentB
    }
}).mount("#app")

  </script>
</body>

</html>
```

为了便于理解，上面的代码为完整的 index.html 代码，读者可以直接在浏览器中运行这段代码，运行结果如图 3-10 所示。

I am A

I am B

I am C,I am D

图 3-10 组件通信

3.2.2 父组件向子组件通信

父组件向子组件通信可以理解成：

- 父组件向子组件传值。
- 父组件调用子组件的方法。

1. props

利用 props 属性可以实现父组件向子组件传值，如示例代码 3-2-2 所示。

示例代码 3-2-2　props 通信

```
const componentC = {
  props:['info'],// 在子组件中使用 props 接收
  data() {
    return {
      str: 'I am C'
    }
  },
  template: '<span>{{str}} :{{info}}</span>'
}
...
// 定义一个名为 componentB 的父组件，也是一个局部组件
const componentB = {
  data() {
    return {
      str: 'I am B',
      // 传给子组件的值
      info: 'data from B'
    }
  },
  template: '<div>'+
            '{{str}}'+
            '<div>'+
              '<component-c :info=\'info\'/>,'+
              '<component-d />'+
            '</div>'+
          '</div>',
  components: {
    'component-c': componentC,
    'component-d': componentD
  }
}
```

在上面的代码中，B 组件内的 data 中定义了 info 属性，准备好数据，在 template 中使用 C 组件时，通过<component-c :info=\'info\'/>将值传给 C 组件。这里采用的是 v-bind 的简写指令，等号后面的 info 就是在 data 中定义的 info，它被称为动态值，它是响应式的。当然，props 也可以直接接收一个静态值，代码如下：

```
<component-c info='data from B' />
```

需要注意的是，如果静态值是一个字符串，则可以省去 v-bind（即可以不用冒号），但是如果静态值是非字符串类型的值，则必须采用 v-bind 来绑定传入。

然后，在 C 组件中使用 props 接收 info，props:['info']是一个由字符串组成的数组，表示可以接收多个 props，数组中的每个值和传入时的值要对应。然后，在子组件中使用 this.info 得到这个值，无须在 data 中定义，最后就可以使用插值表达式{{info}}来显示。

props 不仅可以传字符串类型的值，像数组、对象、布尔值都可以传递，在传递时 props 也可以定义成数据校验的形式，以此来限制接收的数据类型，提升规范性，避免得到意想之外的值，代码如下：

```
props: {
  info: {
    type: String,  // 限制为字符串类型
    default: ''    // 默认值
  }
}
```

当 props 验证失败时，控制台将会产生一个警告。所以，要么就是用 props:['info']来接收，要么添加数据格式校验，以严格的数据格式来传值。

type 可以是下列原生构造函数中的一个：

- String
- Boolean
- Object
- Function
- Number
- Array
- Date
- Symbol

另外，type 还可以是一个自定义的构造函数，并且通过 instanceof 来进行检查确认。例如，给定下列现成的构造函数，如示例代码 3-2-3 所示。

示例代码 3-2-3 props 类型

```
class Person (firstName, lastName) {
  constructor {
    this.firstName = firstName
    this.lastName = lastName
  }
}

// 在 props 接收时，这样设置
props: {
  author: Person
}
```

另外，需要说明的是，如果 props 传递的是一个动态值，每次父组件的 info 发生更新时，子组件中接收的 props 都将会刷新为最新的值。这意味着，我们不应该在一个子组件内部改变 props，如果这样做了，Vue 会在浏览器的控制台中发出警告。例如，在子组件的 mounted 方法中调用：

```
this.info= 'abc'
```

可以看到控制台上的警告，如图 3-11 所示。

```
▸[Vue warn]: Avoid mutating a prop directly since the value will be overwritten whenever the parent component vue.js:634
re-renders. Instead, use a data or computed property based on the prop's value. Prop being mutated: "info"

found in

---> <ComponentC>
       <ComponentB>
         <Root>
```

图 3-11　控制台上的警告信息

Vue 中父传子的方式形成了一个单向下行绑定，叫作单向数据流。父级 props 的更新会向下流动到接收这个 props 的子组件中，触发对应的更新，但是反过来则不行。这样可以防止有多个子组件的父组件内的值被修改时，无法查找到哪个子组件修改的场景，从而导致应用中的数据流向无法清晰地追溯。

如果需要在子组件中监听 props 的变化，可以直接在子组件中使用监听器 watch，代码如下：

```
props: ['info'],
watch: {
  info(v) {
    console.log(v)
  }
}
```

如果遇到确实需要改变 props 值的应用场合，则可以采用下面的解决办法：

- 使用 props 来传递一个初始值，该子组件接下来希望将其作为一个本地的 props 数据来使用，在这种情况下，最好定义一个本地的 data 属性，并将这个 props 用作其初始值，代码如下：

```
props: ['info'],
data() {
  return {
    myInfo: this.info
  }
}
```

- 使用 props 时，把它当作初始值，使用的时候需要进行一下转换。在这种情况下，最好使用这个 props 的值来定义一个计算属性：

```
props: ['info'],
computed: {
  myInfo() {
    return this.info.trim().toLowerCase()
  }
}
```

props 机制是在 Vue 中非常常用的传值方法，所以掌握好是非常重要的，那么如何实现父组件调用子组件的方法呢？

2. $refs

利用 Vue 实例的$refs 属性可以实现父组件调用子组件的方法，在之前的完整代码中，我们只修改部分代码，如示例代码 3-2-4 所示。

示例代码 3-2-4　$refs 通信

```
const componentD = {
  data () {
    return {
      str: 'I am D'
    }
  },
  template: '<span>{{str}}</span>',
  methods:{
    dFunc(){
      console.log('D 的方法')
    }
  }
}

const componentB = {
  data () {
    return {
      str: 'I am B',
      info: 'data from B'
    }
  },
  template: '<div>'+
            '{{str}}'+
            '<div>'+
              '<component-c :info=\'info\'/>,'+
              // 在调用 component-d 时，给其设置一个 ref 为 componentD
              '<component-d ref=\'componentD\'/>'+
            '</div>'+
          '</div>',
  components: {
    'component-c': componentC,
    'component-d': componentD
  },
  mounted(){
    // 通过$refs 可以找到在上面设置的 componentD，就可以拿到 D 组件的实例，然后调用 dFunc()方法
    this.$refs.componentD.dFunc()
  }
}
```

当运行这段代码时，若在控制台上看到 console.log('D 的方法')，就说明运行正常。当父组件想要调用子组件的方法时，首先需要给子组件绑定一个 ref 值（即 componentD），然后就可以在父组件当前的实例中通过 this$refs.componentD 得到子组件的实例，拿到子组件的实例之后，就可以调用子组件定义在 methods 中的方法了。

需要说明的是，在 Vue 中，也可以给原生的 DOM 元素绑定 ref 值，这样通过 this.$refs 拿到的就是原生的 DOM 对象。代码如下：

```
<button ref="btn"></button>
```

3.2.3 子组件向父组件通信

在前面的代码中，我们曾经尝试了直接修改父组件的 props，但是会报错，所以需要有一个新的机制来实现子组件向父组件通信，可以理解为下面两点：

- 子组件向父组件传值。
- 子组件调用父组件的方法。

与父组件向子组件通信不同的是，子组件调用父组件方法的同时就可以向父组件传值，使用 $emit 方法和自定义事件。

1. $emit

$emit 方法的主要作用是触发当前组件实例上的事件，所以子组件调用父组件方法就可以理解成子组件触发了绑定在父组件上的自定义事件。在之前的完整代码中，我们只修改部分代码，如示例代码 3-2-5 所示。

示例代码 3-2-5 $emit 通信

```
const componentC = {
  data () {
    return {
      str: 'I am C'
    }
  },
  template: '<span>{{str}} </span>',
  // 在子组件的 mounted 方法中调用 this.$emit 来触发自定义事件
  mounted(){
    this.$emit('myFunction','hi')
  }
}
const componentB = {
  template: '<div>'+
          '<div>'+
            // 将 myFunction 方法通过 v-on 传入子组件
            '<component-c @myFunction=\'myFunction\' />,'+
          '</div>'+
        '</div>',

  components: {
    'component-c': componentC
  },
  methods:{
    // 定义父组件需要被子组件调用的方法
    myFunction(data){
      console.log('来自子组件的调用',data)
```

```
      }
    }
  }
```

首先需要在父组件的 methods 中定义 myFunction 方法，然后在 template 中使用<component-c/>组件时，将 myFunction 传入子组件，这里采用的是 v-on 指令（即简写@myFunction）。在前面的章节中，我们使用 v-on 来监听原生 DOM 绑定的事件，例如@click，这里的@myFunction 实际上就是一个自定义事件。

然后，在子组件 C 中，通过 this.$emit('myFunction','hi')就可以通知父组件对应的 myFunction 方法，第一个参数就是父组件中 v-on 指令的参数值（即@myFunction），第二个参数是需要传给父组件的数据。如果在控制台中看到有 console.log('来自子组件的调用','hi')，就说明调用成功了。

这样，在完成子组件调用父组件方法的同时，也向父组件传递了数据，这里是使用$emit 方法来实现的。子组件调用父组件还可以用其他方式来实现，接下来继续介绍。

2. $parent

这种方法比较直观，可以直接操作父子组件的实例，在子组件中直接通过 this.$parent 获取父组件的实例，从而调用父组件中定义的方法，类似于前文介绍的通过$refs 获取子组件的实例。在之前的完整代码中，我们只修改部分代码，如示例代码 3-2-6 所示。

示例代码 3-2-6　$parent 方法的使用

```
  const componentC = {
    data () {
      return {
        str: 'I am C'
      }
    },
    template: '<span>{{str}}</span>',
      mounted(){
        // 直接采用$parent 方法进行调用
        this.$parent.myFunction('$parent 方法调用')
      }
    }

  const componentB = {
    template: '<div>'+
              '<div>'+
                '<component-c />'+
              '</div>'+
            '</div>',
    components: {
      'component-c': componentC,
    },
    methods:{
      myFunction(data){
        console.log('来自子组件的调用',data)
      }
    }
  }
```

需要注意的是，采用$parent 方法调用时，在父组件的 template 中使用<component-c />时，无须采用 v-on 方法传入 myFunction，因为 this.$parent 可以获取父组件的实例，所以其内定义的方法都可以调用。

但是，Vue 并不推荐以这种方法来实现子组件调用父组件，由于一个父组件可能会有多个子组件，因此这种方法对父组件中的状态维护是非常不利的，当父组件的某个属性被改变时，无法以循规溯源的方式去查找到底是哪个子组件改变了这个属性。因此，请有节制地使用$parent 方法，它的主要目的是作为访问组件的应急方法。推荐使用$emit 方法实现子组件向父组件的通信。

下面使用一张图来大致总结一下父子组件通信的方式，如图 3-12 所示。

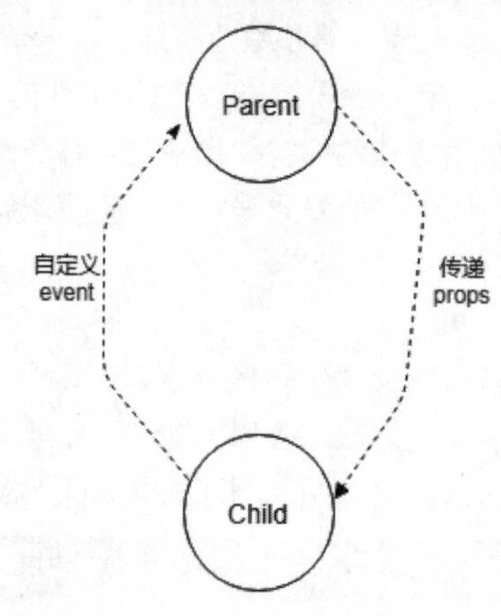

图 3-12　父子组件之间的通信

3.2.4　父子组件的双向数据绑定与自定义 v-model

在前面的章节中我们曾经讲过，父组件可以使用 props 给子组件传值，当父组件 props 更新时也会同步给子组件，但是子组件无法直接修改父组件的 props，这其实是一个单向的过程。但是在一些情况下，我们可能会需要对一个 props 进行“双向绑定”，即子组件的值更改后，父组件也同步进行更改。

在之前的 2.2 节中，我么了解到 v-model 指令主要是结合一些原生的表单元素<input>等使用，对于我们自定义的组件，也可以用 v-model 来实现组件通信，在之前的完整代码中，我们只修改部分代码，如示例代码 3-2-7 所示。

示例代码 3-2-7　自定义组件 v-model

```
// 子组件
const componentD = {
  props:['info'],

  template: '<span>'+
            '子组件的 info:{{info}}'+
            '<button @click="clickCallback">点我换 Tom</button>'+
          '</span>',
  methods:{
    clickCallback(){
      this.$emit('update:info','Tom')
```

```
    }
  }
}
// 父组件
const componentB = {
  data () {
    return {
      info: 'Jack'
    }
  },
  template: '<div>'+
              '父组件的 info:{{info}}'+
              '<div>'+
                '<component-d v-model:info="info" />'+
              '</div>'+
            '</div>',
  components: {
    'component-d': componentD
  },
}
```

在父组件的 data 中定义了 info 属性，并且通过 v-model 的方式传给了子组件，代码如下：

```
<component-d v-model:info="info" />
```

这里使用了$emit 方法，在子组件中，给按钮 button 绑定了一个单击事件，在事件回调函数中，采用如下代码：

```
this.$emit('update:info','Tom')
```

这样更新就会同步到父组件的 props 中，调用$emit 方法实际上就是触发一个父组件的方法，这里的 update 是固定写法，代表更新，而:info 表示更新 info 这个 prop，第二个参数 Tom 表示更新的值。其中，v-model 的配置含义如图 3-13 所示。

图 3-13　v-model 的配置

在单击按钮之后，可以看到父组件中的 info 被更新成了 Tom，子组件的 info 也更新成了 Tom，这就完成了父子组件的“双向绑定”。

3.2.5　非父子关系组件的通信

对于父子组件之间的通信，前面介绍的两种方式是完全可以实现的，但是对于不是父子关系的两个组件，那么又该如何实现通信呢？非父子关系组件的通信分为两种方式：

- 拥有同一父组件的两个兄弟组件的通信。
- 没有任何关系的两个独立组件的通信。

1. 兄弟组件的通信

对于具有同一个父组件 B 的兄弟组件 C 和 D 而言，可以借助父组件 B 这个桥梁，实现兄弟组件的通信。在之前的完整代码中，我们只修改部分代码，如示例代码 3-2-8 所示。

示例代码 3-2-8　兄弟组件的通信

```
// 子组件
const componentC = {
  props:['infoFromD'],
  template: '<span>收到来自 D 的消息：{{infoFromD}}</span>',
}

// 子组件
const componentD = {

  template: '<span><button @click="clickCallback">点我换通知
C</button></span>',
  methods:{
    clickCallback(){
      // 先通知父元素
      this.$emit('saidToC','I am D')
    }
  }
}

// 父组件
const componentB = {
  data () {
    return {
      infoFromD: ''
    }
  },
  template: '<div>'+
            '<div>'+
              '<component-c :infoFromD="infoFromD"/>,'+
              '<component-d @saidToC="saidToC" />'+
            '</div>'+
          '</div>',
  components: {
    'component-c': componentC,
    'component-d': componentD
  },
  methods:{
```

```
      saidToC(data){
        console.log('来自 D 组件的调用',data)
        // 在父元素中通过 props 的更新来更新 C 组件的数据
        this.infoFromD = data;
      }
    }
  }
```

在 D 组件中通过$emit 调用父组件的方法，同时在父组件中修改 data 中的 infoFromD，同时也影响到了作为 props 传递给 C 组件的 infoFromD，这就实现了兄弟组件的通信。

但是，这种方法总让人觉得比较绕，假如两个组件没有兄弟关系，那么又该采用什么方法来通信呢？

2. 事件总线 EventBus 和 mitt

在 Vue 2 中，可以采用 EventBus 这种方法，实际上就是将沟通的桥梁换成自己，同样需要有桥梁作为通信中继。就像是所有组件共用相同的事件中心，可以向该中心发送事件或接收事件，所有组件都可以上下平行地通知其他组件。在之前的完整代码中，我们只修改部分代码，并用 Vue 2 的语法来写，如示例代码 3-2-9 所示。

示例代码 3-2-9　EventBus 通信

```
  // 子组件
  var componentC = {
    data: function () {
      return {
        infoFromD: ''
      }
    },
    template: '<span>收到来自 D 的消息：{{infoFromD}}</span>',
    mounted:function(){
      this.$EventBus.$on('eventBusEvent',function(data){
        this.infoFromD = data;
      }.bind(this))
    }
  }
  ...
  // 子组件
  var componentD = {
    template: '<span><button @click="clickCallback">点我换通知
C</button></span>',
    methods:{
      clickCallback:function(){
        this.$EventBus.$emit('eventBusEvent','I am D')
      }
    }
  }
  // 父组件
```

```
var componentB = {

  template: '<div>'+
            '<component-c />'+
            '<component-d />'+
          '</div>',
  components: {
    'component-d': componentD,
    'component-c': componentC
  },
}
...
//定义中央事件总线
var EventBus = new Vue();

// 将中央事件总线赋值给 Vue.prototype，这样所有组件都能访问到了
Vue.prototype.$EventBus = EventBus;

// 定义一个根实例 vmA
var vmA = new Vue({
  el: '#app',
  components: {
    'component-b': componentB
  }
})
```

在上面的代码中用到的 C、D 组件，它们之间没有任何关系，在 C 组件的 mounted 方法中通过 this.$EventBus.$on('eventBusEvent',function(){...})实现了事件的监听，然后在 D 组件的单击回调事件中通过 this.$EventBus.$emit('eventBusEvent')实现了事件的触发，eventBusEvent 是一个全局的事件名。

接着，通过 new Vue()实例化了一个 Vue 的实例，这个实例是一个没有任何方法和属性的空实例，称其为：中央事件总线（EventBus），然后将其赋值给 Vue.prototype.$EventBus，使得所有的组件都能够访问到。

$on 方法和$emit 方法其实都是 Vue 实例提供的方法，这里的关键点就是利用一个空的 Vue 实例来作为桥梁，实现事件分发，它的工作原理是发布/订阅方法，通常称为 Pub/Sub，也就是发布和订阅的模式。

在 Vue 3 中，由于取消了 Vue 中全局变量 Vue.prototype.$EventBus 这种写法，所以采用 EventBus 这种事件总线来进行通信已经无法使用，取而代之，可以采用第三方事件总线库 mitt。

在页面中引入 mitt 的 JavaScript 文件或者在项目中采用 import 方式引入 mitt，代码如下：

```
<script src="https://unpkg.com/mitt/dist/mitt.umd.js"></script>
或
import mitt from 'mitt'
```

mitt 的使用方法和 EventBus 非常类似，同样是基于 Pub/Sub 模式，并且更加简单，可以在需要进行通信的地方直接使用，如示例代码 3-2-10 所示。

示例代码 3-2-10　mitt 的使用

```
const emitter = mitt()

// 子组件
const componentC = {
  data () {
    return {
      infoFromD: ''
    }
  },
  template: '<span>收到来自 D 的消息：{{infoFromD}}</span>',
  mounted(){
    emitter.on('eventBusEvent',(data)=>{
      this.infoFromD = data;
    })
  }
}
// 子组件
const componentD = {

  template: '<span><button @click="clickCallback">点我换通知
C</button></span>',
  methods:{
    clickCallback(){
      emitter.emit('eventBusEvent','I am D')
    }
  }
}
```

从上面的代码可以看到，与 EventBus 相比，mitt 的方式无须创建全局变量，使用起来更加简单。

事件总线的方式进行通信使用起来非常简单，可以实现任意组件之间的通信，其中没有多余的业务逻辑，只需要在状态变化组件触发一个事件，随后在处理逻辑组件监听该事件即可。这种方法非常适合小型的项目，但是对于一些大型的项目，要实现复杂的组件通信和状态管理，就需要使用 Vuex 了。

3.2.6　provide / inject

通常，当需要从父组件向子组件传递数据时，我们使用 props。想象一下这样的结构：有一些深度嵌套的组件，深层的子组件只需要父组件的部分内容。在这种情况下，如果仍然将 props 沿着组件链逐级传递下去，可能会很麻烦。

对于这种情况，我们可以使用一对 provide（提供）和 inject（注入）。无论组件层次结构有多深，父组件都可以作为其所有子组件的依赖提供者。这个特性有两个部分：父组件有一个 provide 选项来提供数据，子组件有一个 inject 选项来开始使用这些数据，如图 3-14 所示。

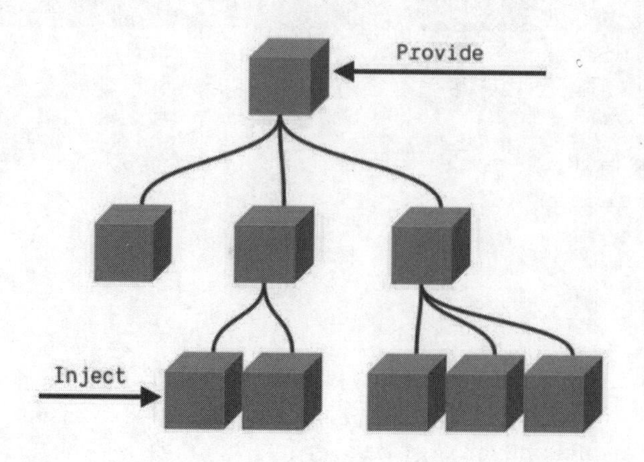

图 3-14 provide 和 inject

我们有这样的层次结构：

```
Root
└── TodoList
    ├── TodoItem
    └── TodoListFooter
        ├── ClearTodosButton
        └── TodoListStatistics
```

如果要将 Todo-iTem 的长度直接传递给 TodoListStatistics，则要将 prop 逐级传递下去：TodoList→TodoListFooter→TodoListStatistics。通过 provide/inject 方法，我们可以直接执行以下操作，如示例代码 3-2-11 所示。

示例代码 3-2-11 provide/inject 方法 1

```
const app = Vue.createApp({})

app.component('todo-list', {
  data() {
    return {
      todos: ['Feed a cat', 'Buy tickets']
    }
  },
  provide: {
    user: 'John Doe'
  },
  template: `
    <div>
      {{ todos.length }}
      <!-- 模板的其余部分 -->
    </div>
  `
})
```

```
app.component('todo-list-statistics', {
  inject: ['user'],
  created() {
    console.log(this.user) // 注入 property: John Doe
  }
})
```

但是，如果我们尝试在此处提供一些组件的实例 data 属性，将是不起作用的，代码如下：

```
app.component('todo-list', {
  data() {
    return {
      todos: ['Feed a cat', 'Buy tickets']
    }
  },
  provide: {
    todoLength: this.todos.length
    // 将会导致错误 `Cannot read property 'length' of undefined`
  },
  ...
})
```

要访问组件实例 data 中的属性，我们需要将 provide 转换为返回对象的函数，代码如下：

```
app.component('todo-list', {
  data() {
    return {
      todos: ['Feed a cat', 'Buy tickets']
    }
  },
  provide() {
    return {
      todoLength: this.todos.length
    }
  },
  ...
})
```

这使我们能够更安全地继续开发该组件，而不必担心可能会更改/删除子组件所依赖的某些内容。这些组件之间的接口仍然是明确定义的，就像 props 一样。

实际上，可以将 inject 注入看作是 long range（跨组件）props，除了：

- 父组件不需要知道哪些子组件使用它提供的 data 属性。
- 子组件不需要知道注入的 data 属性来自哪里。

在上面的例子中，如果我们更改了 todos 的列表，这个变化并不会反映在注入 todoLength 属性中。这是因为默认情况下，provide/inject 绑定并不是响应式的。我们可以通过传递一个 ref 属性或 reactive 对象给 provide 来改变这种行为。在我们的例子中，如果想对祖先组件中的更改做出响应，则需要为提供的 todoLength 分配一个组合式 API computed 属性，如示例代码 3-2-12 所示。

示例代码 3-2-12 provide/inject 方法 2

```
app.component('todo-list', {
  ...
  provide() {
    return {
      todoLength: Vue.computed(() => this.todos.length)
    }
  }
})

app.component('todo-list-statistics', {
  inject: ['todoLength'],
  created() {
    console.log(this.todoLength.value) // Injected property: 5
  }
})
```

在这种情况下，任何对 todos.length 的改变都会被正确地反映在注入 todoLength 的组件中，我们会在后面的章节详细介绍组合式 API 的使用。

3.3 组件插槽

在使用 Vue.js 的过程中，有时需要在组件中预先设置一部分内容，但是这部分内容并不确定，而是依赖于父组件的设置，这种情况俗称为“占坑”。在 Vue.js 中有一个专有名词 slot，或者是组件<slot>，翻译成中文叫作“插槽”。如果用生活中的物体形容插槽，它就是一个可以插入插销的槽口，比如插座的插孔。如果用专用术语来理解，插槽是组件的一块 HTML 模板，这块模板显示不显示以及怎样显示由父组件来决定。插槽主要分为默认插槽、具名插槽、动态插槽名、插槽后备、作用域插槽。

3.3.1 默认插槽

先来看一个简单的例子，如示例代码 3-3-1 所示。

示例代码 3-3-1 默认插槽的示例

```
  <!DOCTYPE html>
<html lang="en">
<head>
  <meta charset="utf-8">
  <meta name="viewport" content="width=device-width, initial-scale=1.0,
maximum-scale=1.0, user-scalable=no" />
  <title>vue 插槽</title>
  <script src="https://unpkg.com/vue@3.2.28/dist/vue.global.js"></script>
</head>
<body>
```

```
<div id="app">
  <children>
     <span>abc</span>
  </children>
</div>
<script>
  Vue.createApp({
    components: {
    children: {
    template:
       "<div id='children'>"+
           "<slot></slot>"+
       "</div>"
     }
   }
  }).mount("#app")
 </script>
</body>
</html>
```

上面的代码是完整的 HTML 代码，可以直接在浏览器中运行，本节后面的代码都会以此为基础。下面定义一个子组件 children，children 的 template 设置了插槽，同时在根实例中使用了 children 组件，当程序运行时，#app 的 HTML 内容会被替换成：

```
<div id="app">
  <div id="children">
    <span>abc</span>
  </div>
</div>
```

插槽理解起来很简单，<slot></slot>预先占了“坑”，未被父元素导入时，并不确定这里要显示什么。当这段代码运行时，这里的内容就被替换成了<span>abc</span>，这就是一个简单的默认插槽。

3.3.2　具名插槽

有时需要多个插槽，需要标识出每个插槽替换哪部分内容，给每个插槽指定名字（name），这就是具名插槽，如示例代码 3-3-2 所示。

示例代码 3-3-2　具名插槽的声明

```
Vue.createApp({
  components: {
    children: {
      template:
      "<div id='children'>"+
         "<slot name='one'></slot>"+
         "<slot name='two'></slot>"+
      "</div>"
```

```
      }
    }
  });
```

在向具名插槽提供内容时，可以在一个<template>元素上使用 v-slot 指令，并以 v-slot 的参数的形式提供其名称，如示例代码 3-3-3 所示。

示例代码 3-3-3 具名插槽的使用

```
<div id="app">
  <children>
    <template v-slot:one><p>Hello One Slot!</p></template>
    <template v-slot:two><p>Hello Two Slot!</p></template>
  </children>
</div>
```

当然，具名插槽和默认插槽也可以一起使用，如果有些内容没有被包裹在带有 v-slot 的<template>中，这些内容就会被视为默认插槽的内容，如示例代码 3-3-4 所示。

示例代码 3-3-4 具名插槽和默认插槽的混合使用

```
<div id="app">
  <children>
    <template v-slot:one><p>Hello One Slot!</p></template>
    <template v-slot:two><p>Hello Two Slot!</p></template>
    <p>Hello Default Slot!</p>
  </children>
</div>
Vue.createApp({
  components: {
    children: {
      template:
      "<div id='children'>"+
        "<slot name='one'></slot>"+
        "<slot name='two'></slot>"+
        "<slot></slot>"+
      "</div>"
    }
  }
}).mount("#app");
```

<slot></slot>会被替换成<p>Hello Default Slot!</p>，当然也可以明确给<template>指定 default 名字来显示默认插槽。代码如下：

```
<template v-slot:default>
  <p>Hello Default Slot!</p>
</template>
```

与 v-on 和 v-bind 一样，v-slot 也有缩写，即把参数之前的所有内容（v-slot:）替换为字符“#”。例如 v-slot:one 可以被重写为#one，代码如下：

```
<template #one><p>Hello One Slot!</p></template>
```

```
<template #two><p>Hello Two Slot!</p></template>
```

这样看起来更加简单便捷。

3.3.3　动态插槽名

在之前的章节中讲解过指令的动态参数，也就是用方括号括起来的 JavaScript 表达式作为一个 v-slot 指令的参数，因此我们可以把需要导入的插值 name 通过写在组件的 data 属性中来动态设置插槽名，如示例代码 3-3-5 所示。

示例代码 3-3-5　动态插槽名

```
<div id="app">
   <children>
     <template v-slot:[slotname]><p>Hello One Slot!</p></template>
   </children>
</div>
Vue.createApp({
  data(){
    return {
      slotname:'one'
    }
  },
  components: {
    children: {
      template:
      "<div id='children'>"+
         "<slot name='one'></slot>"+
      "</div>"
    }
  }
}).mount("#app")
```

需要注意的是，在指定动态参数时，slotname 要保持全部小写，其中的原因在 2.2.2 节讲解过，这里不再赘述。

3.3.4　插槽后备

有时为一个插槽设置具体的后备（也就是默认的）内容是很有用的，它只会在没有提供内容的时候被渲染。可以把后备理解成写在<slot></slot>中的内容，例如在一个自定义的 text 组件中：

```
const text = {
  template: '<p><slot></slot></p>',
}
```

若希望这个 text 组件内在绝大多数情况下都渲染文本“default content”，为了将“default content”作为后备内容，可以将它放在<slot>标签中：

```
const text = {
```

```
  template: '<p><slot>default content</slot></p>',
}
```

倘若在一个父级组件中使用 text 组件，并且不提供任何插槽内容，后备内容“default content”将会被渲染，代码如下：

```
<text></text>

// 渲染为
<p>
  default content
</p>
```

如果我们提供了内容，则提供的内容将会被渲染从而取代后备内容，代码如下：

```
<text>Hello Text! </text>

// 渲染为
<p>
  Hello Text!
</p>
```

在大多数场合下，插槽后备要结合作用域插槽来使用。下面来讲解一下作用域插槽。

3.3.5　作用域插槽

作用域插槽比之前两个插槽相对要复杂一些。虽然 Vue 官方称它为作用域插槽，实际上我们可以把它理解成“带数据的插槽”。

例如，有时让插槽能够访问当前子组件中才有的数据是很有用的，以此来定义自己的渲染逻辑。例如上面的 text 组件，我们将 person.name 作为后备，代码如下：

```
const text = {
  data(){
    return {
      person: {
        age: 20,
        name: 'Jack'
      }
    }
  },
  template: '<p><slot>{{person.name}}</slot></p>',
}
```

插槽在当前的 text 组件中是可以正常使用的，但是有时我们需要将 person 数据带给使用 text 组件的父组件，以便让父组件也可以使用 person，可以进行如下设置，完整的示例代码如 3-3-6 所示。

示例代码 3-3-6　作用域插槽的设置

```
<div id="app">
```

```
  <children>
      <template v-slot:default="slotProps">
        {{ slotProps.person.age }}
      </template>
  </children>
</div>
const text = {
  data(){
    return {
      person: {
        age: 20,
        name: 'Jack'
      }
    }
  },
  template: '<p><slot v-bind:person="person"></slot></p>',
}

Vue.createApp({
  components: {
    children: text
  }
}).mount("#app")
```

首先，在<slot>中使用 v-bind 来绑定 person 这个值，我们称这个值为插槽的 props，就是标识出这个插槽想要将 person 带给外部父组件使用。同时，在父组件上，可以给<template>设置 v-slot:default="slotProps"，其中冒号后面的是参数，因为是默认插槽，没有指定名字，所以使用 default，而等号后面的值 slotProps 用于定义我们提供的插槽 props 的名字。在上面的代码段运行后，将会显示出 person.age 的值 20。另外，对于默认插槽还可以采用更简单的方法，直接省略:default，代码如下：

```
<template v-slot="slotProps"></template>
```

上面我们采用的是没有名字的默认插槽，当然也可以使用多个作用域插槽来设置作用域，如示例代码 3-3-7 所示。

示例代码 3-3-7　多个作用域插槽

```
<p><slot :person="person">{{person.name}}</slot></p>

<p><slot name="one" :person="person">{{person.name}}</slot></p>

<p><slot name="two" :person="person">{{person.name}}</slot></p>

...

<template v-slot:default="slotProps">
  {{ slotProps.person.age }}
</template>
```

```
<template v-slot:one="oneProps">
  {{ oneProps.person.age }}
</template>

<template v-slot:two="twoProps">
  {{ twoProps.person.age }}
</template>
```

注意，在多个具名插槽的作用域下，就不能使用极简的 v-slot="slotProps"写法了，否则会导致作用域不明确。

3.3.6 解构插槽 props

在之前的章节中，我们了解了 ES 6 的解构，同样，插槽 props 也支持解构。作用域插槽的内部工作原理是将用户的插槽内容包括在一个传入单个参数的函数中，代码如下：

```
function (slotProps) {
  ...// 插槽内容
}
```

这意味着 v-slot 的值实际上可以是任何能够作为函数定义中的参数的 JavaScript 表达式，就可以使用 ES 6 解构来传入具体的插槽 prop，如示例代码 3-3-8 所示。

示例代码 3-3-8 解构插槽 props 1

```
<div id="app">
  <children>
    <template v-slot:default="{ person }">
      {{ person.age }}
    </template>
  </children>
</div>
const text = {
  data(){
    return {
      person: {
        age: 20,
        name: 'Jack'
      }
    }
  },
  template: '<p><slot :person="person"></slot></p>',
}

Vue.createApp({
  components: {
    children: text
  }
}).mount("#app")
```

这样，可以省略掉 slotProps，直接获取到 person。另外，如果传递多个 props，也可以用一个 v-slot 来接收，如示例代码 3-3-9 所示。

示例代码 3-3-9　解构插槽 props 2

```
<div id="app">
  <children>
     <template v-slot:default="{ person,info }">
        {{ person.age }}
        {{ info.title }}
     </template>
  </children>
</div>
const text = {
  data(){
    return {
     person: {
       age: 20,
       name: 'Jack'
     },
     info:{
       title:'title'
     }
    }
  },
  template: '<p><slot :person="person" :info="info"></slot></p>',
}
```

至此，关于插槽相关的知识已经基本讲解完毕了。总结一下，就是把插槽理解成一个用来“占坑”的特殊组件，这样比较容易理解。

3.4　动态组件

Vue.js 提供了一个特殊的内置组件<component>来动态地挂载不同的组件，主要利用 is 属性，同时可以结合 v-bind 来动态绑定。关于动态组件的使用如示例代码 3-4-1 所示。

示例代码 3-4-1　动态组件的运用

```
<div id="app">
  <span>点击切换：</span>
  <button @click="name = 'one'">组件 1</button>
  <button @click="name = 'two'">组件 2</button>
  <button @click="name = 'three'">组件 3</button>
  <component :is="name"></component>
</div>
Vue.createApp({
   data(){
```

```
      return {
        name: 'one'
      }
    },
    components: {
      one: {template: '<div>我是组件一:<input></input></div>'},
      two: {template: '<div>我是组件二:<input></input></div>'},
      three: {template: '<div>我是组件三:<input></input></div>'}
    }
}).mount("#app")
```

在上面的代码中，将 data 的 name 属性进行了动态绑定，当分别修改 name 的值时（one、two、three），<component>便会分别替换成对应的组件。动态组件的特点总结如下：

- 动态组件就是把几个组件放在一个挂载点下，然后根据父组件的某个变量来决定显示哪个，或者都不显示。
- 在挂载点使用<component>标签，然后使用 is = "组件名"，同时可以结合 v-bind 来动态绑定，它会自动去找匹配的组件名。

<component>默认不会保存上一次的组件状态，例如上面的代码运行时，如果我们在<input>中输入一些值，当组件被替换时，这些内容就消失了，如果需要保留组件状态，可以使用内置组件<keep-alive>，如示例代码 3-4-2 所示。

示例代码 3-4-2　动态组件的运用<keep-alive>

```
<div id="app">
  <span>点击切换：</span>
  <button @click="name = 'one'">组件 1</button>
  <button @click="name = 'two'">组件 2</button>
  <button @click="name = 'three'">组件 3</button>
  <keep-alive>
    <component :is="name"></component>
  </keep-alive>
</div>
Vue.createApp({
    data(){
      return {
        name: 'one'
      }
    },
    components: {
      one: {template: '<div>我是组件一:<input /></div>'},
      two: {template: '<div>我是组件二:<input /></div>'},
      three: {template: '<div>我是组件三:<input /></div>'}
    }
}).mount("#app")
```

使用<keep-alive>之后，我们再次切换组件，这时组件的状态就可以得到保留，在后面的章节中会讲到 Vue Router，其中的<router-view>就是动态组件的一种形式。

3.5　异步组件和<suspense>

在大型应用的 Vue 中，可能会有成百上千个组件，但是对于单个用户来说，所访问的页面不需要用到所有组件的代码，可能只需要其中一部分，或者说在当前页面不需要，而在下一个页面需要，所以我们需要有一种机制能够做到只在需要的时候才去加载一个组件。这些组件需要在一些异步的逻辑判断之后才能加载，称这些组件为异步组件。Vue 有一个 defineAsyncComponent 方法可以创建异步组件，如示例代码 3-5-1 所示。

示例代码 3-5-1　异步组件

```
<div id="app">
  <async-example />
</div>
const app = Vue.createApp({})
const AsyncComp = Vue.defineAsyncComponent(
  () =>
    new Promise((resolve, reject) => {
      setTimeout(()=>{
        resolve({
          template: '<div>I am async!</div>'
        })
      },3000)

    })
)
app.component('async-example', AsyncComp)
app.mount("#app")
```

上面的代码运行后，在页面中 3s 后会出现<async-example>组件的内容，模拟了需要异步操作的场景。defineAsyncComponent 方法也可以接收一个对象，提供更加丰富的配置，代码如下：

```
const AsyncComp = defineAsyncComponent({
  // 工厂函数
  loader: () => import('./Foo.vue'),
  // 加载异步组件时要使用的组件
  loadingComponent: LoadingComponent,
  // 加载失败时要使用的组件
  errorComponent: ErrorComponent,
  // 在显示 loadingComponent 之前的延迟 | 默认值：200（单位为 ms）
  delay: 200,
  // 如果提供了 timeout ，并且加载组件的时间超过了设定值，将显示错误组件
  // 默认值：Infinity（即永不超时，单位为 ms）
  timeout: 3000,
  // 定义组件是否可挂起 | 默认值：true
  suspensible: false,
  /**
   *
```

```
     * @param {*} error 错误信息对象
     * @param {*} retry 一个函数，用于指示当 promise 加载器 reject 时，加载器是否应该重试
     * @param {*} fail  一个函数，指示加载程序结束退出
     * @param {*} attempts 允许的最大重试次数
     */
    onError(error, retry, fail, attempts) {
      if (error.message.match(/fetch/) && attempts <= 3) {
        // 请求发生错误时重试，最多可尝试 3 次
        retry()
      } else {
        // 注意，retry/fail 就像 promise 的 resolve/reject 一样
        // 必须调用其中一个才能继续错误处理
        fail()
      }
    }
  })
```

在等待异步结果时，页面展示空白总是体验不太好，这时就可以借助 Vue 3 中的<suspense>，如示例代码 3-5-2 所示。

示例代码 3-5-2 异步组件和<suspense>

```
<div id="app">
  <suspense>
    <template #default>
      <async-example />
    </template>
    <template #fallback>
      <div>
        Loading...
      </div>
    </template>
  </suspense>
</div>
const app = Vue.createApp({})
const AsyncComp = Vue.defineAsyncComponent(
  () =>
    new Promise((resolve, reject) => {
      setTimeout(()=>{
        resolve({
          template: '<div>I am async!</div>'
        })
      },3000)

    })
)
app.component('async-example', AsyncComp)
app.mount("#app")
```

上面的代码中，在<async-example>组件加载之前，页面会首先展示 Loading...，以此来提升等待时的用户体验。

<suspense>组件有两个插槽，它们都只接收一个子组件。default 插槽里的内容会优先展示，前提是里面的内容被全部解析，而如果是异步组件，则需要异步逻辑执行完成之后才能解析，这时先展示 fallback 插槽里的内容。

需要说明的是，default 插槽里的<async-example>可以是异步组件，也可以本身不是异步组件，但是其子组件是异步组件，这种情况下也需要所有子组件的异步逻辑全部执行完之后才会完成解析。

<suspense>也可以和动态组件结合使用，例如 Vue Router 中的<router-view>和动画组件<transition>等，如示例代码 3-5-3 所示。

示例代码 3-5-3　异步组件和<router-view>、<transition>

```
<router-view v-slot="{ Component }">
  <template v-if="Component">
    <transition mode="out-in">
      <keep-alive>
        <suspense>
          <component :is="Component"></component>
          <template #fallback>
            <div>
              Loading...
            </div>
          </template>
        </suspense>
      </keep-alive>
    </transition>
  </template>
</router-view>
```

上面代码中的场景是，采用 Vue Router 切换页面时，添加过渡动画，在动画的间隙展示 Loading...来提升用户体验，我们会在后面的章节详细讲解 Vue Router 和动画的使用。

3.6 <teleport>

<teleport>是 Vue 3 引入的新内置组件，其主要功能是可以自由定制组件内容将要渲染在页面 DOM 中的位置。举一个常见的例子，当我们需要在某段逻辑中添加一个弹窗 modal 组件，并且这个弹窗组件只有个别组件会用到时，要在设计这个弹窗组件，一般如示例代码 3-6-1 所示。

示例代码 3-6-1　弹窗

```
<body>
  <div id="app">
    <!--main page content here-->
  </div>
  <!--modal here-->
</body>
```

按照传统思路，需要将弹窗的 UI 代码放在 body 底部，然后通过原生 JavaScript 和 CSS 来修改 UI，这并不是很规范，并且弹窗组件的父组件没法放在使用该弹窗的组件的内部，而是必须放在根组件#app 同级（受限于弹窗一般需要模态遮罩，该遮罩需要覆盖在完整的 body 上面并通过 CSS 样式设置）。

使用<teleport>则可以在当前使用者组件的代码中，将弹窗组件相关的逻辑进行引入，只需要指定渲染到哪个 DOM 节点即可，如示例代码 3-6-2 所示。

示例代码 3-6-2 <teleport>组件

```
// modal.vue
<template>
  <teleport to="body">
    <div class="modal__mask">
      <div class="modal__main">
        ...// 弹窗内容
      </div>
    </div>
  </teleport>
</template>

// user.vue
<template>
  <div>子组件 User</div>
  <modal />
</template>
```

如上面的代码所示，将弹窗内容放入<teleport>内，并设置 to 属性为 body，表示弹窗组件每次渲染都会作为 body 的子级，这样之前的问题就能得到解决。

<teleport>组件接收两个 props，第一个 to 是字符串类型，表示将要渲染的节点选择器，支持常用的 CSS 选择器，代码如下：

```
<!-- 正确 -->
<teleport to="#some-id" />
<teleport to=".some-class" />
<teleport to="[data-teleport]" />

<!-- 错误 -->
<teleport to="h1" />
<teleport to="some-string" />
```

第二个 props 是 disabled，布尔类型，表示禁用<teleport>的功能，这意味着<teleport>的内容将不会渲染到任何位置，而是用户在周围父组件中指定了<teleport>的位置渲染。

多个<teleport>可以指定同一个 DOM 节点，顺序是简单地追加，后面渲染的内容将会在之前渲染的内容之后，代码如下：

```
<teleport to="#modals">
  <div>A</div>
</teleport>
```

```
<teleport to="#modals">
  <div>B</div>
</teleport>

<!-- 结果-->
<div id="modals">
  <div>A</div>
  <div>B</div>
</div>
```

总之，<teleport>内置组件在代码层面提供了一种很便捷的方法，允许我们控制在 DOM 中哪个父节点下渲染 HTML，而不必求助于全局状态或原生 JavaScript 来设置内容这种蹩脚的写法。

3.7 Mixin

在日常的项目开发中，有一个很常见的场景，有两个非常相似的组件，它们的基本功能是一样的，但它们之间又存在着足够的差异性，此时用户就像是来到了一个岔路口：我是把它拆分成两个不同的组件呢，还是保留为一个组件，然后通过 props 传值来创造差异性从而进行区分呢？

两种解决方案都不够完美：如果拆分成两个组件，用户就不得不冒着一旦功能变动就要在两个文件中更新代码的风险。反之，太多的 props 传值会很快变得混乱不堪，从而提升维护成本。

Vue 中提供了 Mixin（混入）对象，它可以将这些公共的组件逻辑抽离出来，从而使这些功能类似的组件公用这部分逻辑而不会影响公用之外的逻辑。

Mixin 对象是一个类似 Vue 组件但又不是组件的对象，当组件使用 Mixin 对象时，所有 Mixin 对象的选项将被“混合”进入该组件本身的选项，如示例代码 3-7-1 所示。

示例代码 3-7-1 Mixin 的使用

```
const myMixin = {
  created() {
    this.hello()
  },
  methods: {
    hello() {
      console.log('hello from mixin!')
    }
  }
}

// 组件引入 Mixin
const componentC = {
  mixins:[myMixin],
  data() {
    return {
      str: 'I am C'
    }
```

```
  },
  template: '<span>{{str}}</span>'
}

const componentD = {
  mixins:[myMixin],
  data() {
    return {
      str: 'I am D'
    }
  },
  template: '<span>{{str}}</span>'
}
```

上面的代码中，组件 componentC 和组件 componentD 公用了 myMixin 中的逻辑，可以看到打印出 console.log('hello from mixin!')。

3.7.1 Mixin 合并

由于 Mixin 和组件有着类似的选项，因此当遇到同名的选项时，需要针对这些选项进行合并，主要分为：

- data 函数中属性的合并。
- 生命周期钩子的合并。
- methods、components 和 directive 等值为对象的合并。
- 自定义选项的合并。

每个 Mixin 都可以拥有自己的 data 函数，每个 data 函数都会被调用，并将返回结果合并。在数据的 property 发生冲突时，会以组件自身的数据优先，如示例代码 3-7-2 所示。

示例代码 3-7-2　Mixin data 合并

```
const myMixin = {
  data() {
    return {
      message: 'hello',
      foo: 'abc'
    }
  }
}

const vm = Vue.createApp({
  mixins: [myMixin],
  data() {
    return {
      message: 'goodbye',
      bar: 'def'
    }
```

```
  },
  created() {
    console.log(this.message) // => goodbye
  }
}).mount("#app")
```

上面的代码中，data 函数中相同的 message 属性会以自身组件的 message 优先合并，覆盖掉 Mixin，从而打印出 goodbye。

当 Mixin 的生命周期钩子和组件自身的生命周期钩子同名时，将会依次调用，先调用 Mixin，再调用组件自身的钩子，如示例代码 3-7-3 所示。

示例代码 3-7-3　Mixin 生命周期钩子合并

```
const myMixin = {
  created() {
    console.log('mixin 对象的钩子被调用')
  }
}

const vm = Vue.createApp({
  mixins: [myMixin],
  created() {
    console.log('组件钩子被调用')
  }
}).mount("#app")
```

上面的代码中，会优先打印出 console.log('mixin 对象的钩子被调用')，然后打印 console.log('组件钩子被调用')。

当 methods、components 和 directive 等值为对象进行合并时，两个对象如果键名不一样，则合并为同一个对象，如果键名一样，则取组件自身的键值对，如示例代码 3-7-4 所示。

示例代码 3-7-4　Mixin 其他合并 1

```
const myMixin = {
  methods: {
    foo() {
      console.log('foo')
    },
    conflicting() {
      console.log('from mixin')
    }
  }
}

const vm = Vue.createApp({
  mixins: [myMixin],
  methods: {
    bar() {
      console.log('bar')
```

```
    },
    conflicting() {
      console.log('from self')
    }
  }
}).mount("#app")

vm.foo() // => 打印"foo"
vm.bar() // => 打印"bar"
vm.conflicting() // => 打印"from self"
```

最后，对于自定义选项，是指在组件的第一层级中添加的自定义选项，当然 Mixin 也可以有自己的自定义选项，虽然自定义选项使用得并不多，但是当选项同名时，也可以定义合并策略，如示例代码 3-7-5 所示。

示例代码 3-7-5　Mixin 其他合并 2

```
const myMixin = {
  custom: 'hello!'
}

const app = Vue.createApp({
  mixins: [myMixin],
  custom: 'goodbye!',
  created(){
    console.log(this.$options.custom)
  }
})

app.config.optionMergeStrategies.custom = (toVal, fromVal) => {
  // 优先组件自身
  // return fromVal || toVal
  // 优先 Mixin
  return toVal || fromVal
}

app.mount("#app")
```

自定义选项在合并时，默认策略为简单地覆盖已有值，也可以采用 optionMergeStrategies 配置自定义属性的合并方案，fromVal 表示自身，toVal 表示 Mixin，如上面的代码所示，可以通过设置不同的返回值来定义合并策略。

3.7.2　全局 Mixin

Mixin 也可以进行全局注册。使用时要格外小心，一旦使用全局 Mixin，它将影响每个之后创建的组件，例如每个子组件，如示例代码 3-7-6 所示。

示例代码 3-7-6　全局 Mixin

```
<div id="app">
  <test-component />
</div>
const app = Vue.createApp({
  myOption: 'hello!'
})

// 为自定义的选项 'myOption' 注入一个处理器
app.mixin({
  created() {
    const myOption = this.$options.myOption
    if (myOption) {
      console.log(myOption)
    }
  }
})

// 将 myOption 也添加到子组件
app.component('test-component', {
  myOption: 'hello from component!',
  template:'<div></div>'
})

app.mount('#app')
```

上面的代码中，子组件<test-component>会打印出 hello!。

3.7.3　Mixin 取舍

在 Vue 2 中，Mixin 是将部分组件逻辑抽象成可重用块的主要工具，在一定程度上解决了多个组件的逻辑公用问题，但是也有几个问题：

- Mixin 很容易发生冲突：因为每个 Mixin 的属性都被合并到同一个组件中，所以相同的 property 名会冲突。
- 可重用性是有限的：我们不能向 Mixin 传递任何参数来改变它的逻辑，这降低了它在抽象逻辑方面的灵活性。

为了解决这些问题，Vue 3 提供了组合式 API，添加了一种通过逻辑关注点组织代码的新方法，从而达到更加极致的逻辑共享和复用，让组件化更加完美，我们会在后面的章节深入讲解。

3.8　案例：Vue 3 待办事项

学习完本章的 Vue.js 组件内容之后，读者基本上可以掌握大部分 Vue 的理论知识，可以做一

些较为复杂的项目，同时结合组件化和工程化，我们将会开发一个待办事项系统，界面如图 3-15 所示。

图 3-15　Vue 3 待办事项

3.8.1　功能描述

该项目是一个响应式的单页面管理系统，结合 Vue Cli 工具来生成项目脚手架，主要有以下几个功能：

- 创建一个事项。
- 将事项标记为已完成。
- 将事项标记为未完成。
- 删除一个事项。
- 恢复一个删除的事项。

该项目主要使用 Vue.js 的基础知识和 Vue 的组件知识，比较适合初学者，主要知识包括：

- Vue.js 单文件组件的使用。
- Vue.js 常用指令的使用。
- Vue.js 组件的通信方式。
- Vue.js 的生命周期方法和事件方法的使用。
- Vue.js 监听属性。
- mitt 跨组件通信。

同时也包括移动端布局以及离线存储等相关知识，其中用到了 Vue Cli 工具，这部分内容读者可以先跳过，我们会在后面的章节讲解。

3.8.2　案例完整代码

和之前案例不同的是，本项目采用前端工程化构建，Vue Cli 生成基本的目录结构，并采用单文件组件构成整体的业务逻辑，基本目录结构如图 3-16 所示（有些目录结构不在本章使用）。

```
├── public                    // 静态文件目录
│   ├── index.html            // 首页HTML
├── dist                      // 打包输出目录（首次打包之后生成）
├── src                       // 项目源码目录
│   ├── assets                // 图片等第三方资源
│   ├── components            // 公共组件
│   ├── views                 // 页面组件
│   ├── router                // 路由配置
│   ├── store                 // Vuex配置
│   ├── App.vue
│   ├── main.js
├── .editorconfig              // 编辑器配置项
├── .eslintrc.js               // eslint 配置项
├── postcss.config.js          // postCss配置项（如果选择postcss）
├── babel.config.js            // babel配置项
├── vue.config.js              // 项目配置文件，用来配置或者覆盖默认的配置
└── package.json               // package.json
```

图 3-16　代码目录结构

在 views 文件夹下创建 todo.vue 组件和 recycle.vue 组件，分别表示待办事项页面和回收站页面，这两个组件的初始化代码如下：

todo.vue 组件：

```
<template>
  <div class="todo"></div>
</template>
<script>
  /**
   * 待办事项页面组件
   */
  module.exports = {
    name: 'todo',          // 组件的名称尽量和文件名一致
    components: {},        // 子组件的设置
    data() {},             // 组件的数据
    mounted() {},          // 组件的生命周期方法
    methods: {}            // 组件的方法
  }
</script>
<style>
...
</style>
```

recycle.vue 组件：

```
<template>
  <div class="recycle"></div>
</template>
<script>
  /**
   * 回收站页面组件
```

```
   */
  module.exports = {
    name: 'recycle',      // 组件的名称尽量和文件名一致
    components: {},       // 子组件的设置
    data() {},            // 组件的数据
    mounted() {},         // 组件的生命周期方法
    methods: {}           // 组件的方法
  }
</script>
<style>
...
</style>
```

在 components 目录创建 navheader.vue 文件作为标题按钮组件，初始化代码如下：

navheader.vue 组件：

```
<template>
  <div class="nav-header">

  </div>
</template>
<script>
  /**
   * 标题按钮组件
   */
  module.exports = {
    name: 'navheader',
    props: {
      page: {// 接收父组件传递的页面名称
        type: String
      }
    }
  }
</script>
<style>

</style>
```

在 components 目录创建 titem.vue 文件作为单条事项组件，初始化代码如下：

titem.vue 组件：

```
<template>
  <div class="todo-item">

  </div>
</template>
<script>
  /**
   * 单条事项组件
   */
  module.exports = {
    name: 'titem',
```

```
    props: {
      item: { // 接收父组件传递的事项数据
        type: Object,
      }
    },
  }
</script>
<style>

</style>
```

在 components 目录创建 ritem.vue 文件作为单条已删除事项组件，初始化代码如下：

ritem.vue 组件：

```
<template>
  <div class="recycle-item">

  </div>
</template>
<script>
  /**
   * 单条已删除事项组件
   */
  module.exports = {
    name: 'ritem',
    props: {
      item: { // 接收父组件传递的事项数据
        type: Object,
      }
    },
  }
</script>
<style>

</style>
```

本项目的数据持久化也采用 LocalStorage 这种方案。创建 utils 文件夹，同时新建 dataUtils.js 文件，该文件作为对 LocalStorage 的封装，完整代码如下：

```
/**
 * 创建存储器，基于 LocalStorage 的封装
 * 允许存储基于 JSON 格式的数据
 */
export default {
  /**
   * 通过 key 获取值
   * @param {String} key - key 值
   */
  getItem(key) {
    let item = window.localStorage.getItem(key)
    // 获取数据后，直接转换成 JSON 对象
    return item ? window.JSON.parse(item) : null
```

```
  },
  /**
   * 通过 key 存储数据
   * @param {String} key - key 值
   * @param {*} value - 需要存储的数据将会转换成字符串
   */
  setItem(key, value) {
    window.localStorage.setItem(key, window.JSON.stringify(value))
  },
  /**
   * 删除指定 key 的数据
   * @param {string} key
   */
  removeItem(key) {
    window.localStorage.removeItem(key)
  },
  /**
   * 清空当前系统的存储
   */
  clearAllItems() {
    window.localStorage.clear()
  }
}
```

以上只是项目的基本框架和组件初始代码，具体的业务逻辑代码不再列举，读者可参考完整源码，执行 npm run serve 命令，即可启动完整源码程序。

本案例完整源码：/案例源码/Vue.js 组件。

3.9 小结与练习

本章讲解了 Vue.js 更深入的组件知识，主要内容包括：组件生命周期、组件通信、组件插槽、动态组件、异步组件和组件 Mixin。其中组件生命周期赋予了代码逻辑更多的切入点，组件通信是 Vue.js 应用众多组件沟通的桥梁，组件插槽提供了父子组件更加多样化的调用方式，动态组件、异步组件和组件 Mixin 让组件功能更加多样化。这些更深入的知识能让开发者充分利用 Vue.js 的功能实现更加复杂、用户交互更加丰富的应用。

与之前的 Vue.js 基础知识一样，建议读者自行运行一下本章提供的示例代码，以便加深对本章知识的理解。

下面来检验一下读者对本章内容的掌握程度：

- Vue.js 中组件共有哪些生命周期钩子函数，它们的区别是什么？
- Vue.js 中父子组件如何通信？
- Vue.js 中非父子组件如何通信？
- Vue.js 中的插槽有哪些类型，它们的区别和使用场景是什么？
- 请用通俗易懂的话来解释什么是 Vue.js 插槽。
- Mixin 的使用场景是什么？

第 4 章

Vue.js 组合式 API

所谓组合式，就是我们可以自由地组合逻辑，即剥离公共逻辑，差异化个性逻辑，维护整体逻辑。我们知道一个大型的 Vue 应用就是业务逻辑的综合体，而 Vue 组件就是组成这个综合体的个体。

通过创建 Vue 组件，我们可以将界面中重复的部分连同其功能一起提取为可重用的代码段。仅此一项就可以使我们的应用在可维护性和灵活性方面走得相当远。然而，经验证明，只靠这一点可能并不够，尤其是当用户的应用变得非常大的时候，例如几百个组件。处理这样的大型应用时，共享和重用代码变得尤为重要。

组合式 API 给我们提供了更加高效的代码逻辑组合能力，可整体提升项目的可维护性，这也是函数式编程的重要体现。

4.1 组合式 API 基础

通常，一个 Vue 组件对象大概包括一些 data 属性、生命周期钩子函数、methods、components、props 等配置项的 Object 对象，如示例代码 4-1-1 所示。

示例代码 4-1-1 配置式 API

```
export default {
  name: 'test',
  components: {},
  props: {},
  data () {
    return {}
  },
  created(){},
```

```
  mounted () {},
  watch:{},
  methods: {}
}
```

这种通过选项来配置 Vue 组件的方式称作配置式 API，大部分的业务逻辑都是写在这些配置对应的方法或者配置里，这种方式使得每个配置各司其职，data、computed、methods、watch 每个组件选项都有自己的业务逻辑。然而，当我们的组件开始变得更大时，逻辑关注点的列表也会增长。尤其对于那些一开始没有编写这些组件的人来说，这会导致组件难以阅读和理解。

比如一个逻辑很复杂的大型组件，当我们想要注一条流程逻辑时，可能需要来回地在 data、computed、methods、watch 之间切换滚动这些代码块，这种碎片化使得理解和维护复杂组件变得困难，虽然在之前的章节讲过 Mixin 在一定程度上可以抽离出一些组件中的代码，但始终不是最高效的。

为了能够将同一个逻辑关注点的相关代码更好地收集在一起，Vue 3 引入了与配置式 API 相对应的组合式 API，将上面的配置式 API 代码转换成组合式 API 代码，如示例代码 4-1-2 所示。

示例代码 4-1-2 组合式 API

```
import {onMounted,reactive,watch} from 'vue'
export default {
    props: {
      name: String,
    },
    name: 'test',
    components: {},
    setup(props,ctx) {
      console.log(props.name)
      console.log('created')
      const data = reactive({
        a: 1
      })
      watch(
        () => data.a,
        (val, oldVal) => {
          console.log(val)
        }
      )
      onMounted(()=>{

      })
      const myMethod = (obj) =>{

      }

      retrun {
          data,
          myMethod
```

```
        }
      }
    }
```

可以看到，组合式 API 的代码逻辑都可以写在 setup 方法中，这使得逻辑更加集中、更加原子化，从而提升了可维护性。

4.2　setup 方法

为了开始使用组合式 API，我们首先需要一个可以实际使用它的地方。在 Vue 3 的组件中，我们将此位置称为 setup 方法，如示例代码 4-2-1 所示。

示例代码 4-2-1　setup 方法

```
<div id="app">
  <component-b user="John" />
</div>
const componentB = {
  props: {
    user: {
      type: String,
      required: true
    }
  },
  template:'<div></div>',
  setup(props,context) {
    console.log(props.user) // 打印'John'
    return {} // 这里返回的任何内容都可以用于组件的其余部分
  }
}
Vue.createApp({
  components: {
    'component-b': componentB
  }
}).mount("#app")
```

4.2.1　setup 方法的参数

setup 方法接收两个参数，一个参数是 props，它和之前讲解的组件通信中的 props 一样，可以接收到父组件传递的数据，同样，如果 props 是一个动态值，那么它就是响应式的，会随着父组件的改变而更新。

但是，因为 props 是响应式的，用户不能使用 ES 6 解构，它会消除 props 的响应性。如果需要解构 props，可以在 setup 方法中使用 toRefs 函数来完成此操作，代码如下：

```
setup(props,context) {
  const { user } = Vue.toRefs(props)
```

```
    console.log(user.value) // 打印'John'
}
```

注意，如果采用 npm 来管理项目，可以采用如下 import 方式引入 toRefs，包括后续的组合式 API 相关的方法：

```
import { toRefs } from 'vue'
```

如果 user 是可选的 props，则传入的 props 中可能没有 user。在这种情况下，需要使用 toRef 替代它，代码如下：

```
setup(props,context) {
    const { user } = Vue.toRef(props,'user')
    console.log(user.value) // 打印'John'
}
```

setup 方法的另一个参数是 context 对象，context 是一个普通的 JavaScript 对象，它暴露组件的三个属性，分别是 attrs、slots 和 emit，并且由于是普通的 JavaScript 对象，因此使用 ES 6 解构，如示例代码 4-2-2 所示。

示例代码 4-2-2　setup 方法

```
<div id="app">
  <component-b attrone="one" @emitcallback="emitcallback">
    <template v-slot:slotone>
      <span>slot</span>
    </template>
  </component>
</div>
const componentB = {

  template:'<div></div>',
  setup(props, { attrs, slots, emit }) {

    // Attribute (非响应式对象)
    console.log(attrs) // 打印 { attrone: 'one' } 相当于 this.$attrs

    // 插槽 (非响应式对象)
    console.log(slots.slotone) // 打印{ slotone: function(){} }，相当于
this.$slots

    // 触发事件 (方法)
    console.log(emit) // 可调用 emit('emitcallback')相当于 this.$emit

  },

}
const vm = Vue.createApp({
  components: {
    'component-b': componentB
```

```
  },
  methods:{
    emitcallback(){
      console.log('emitcallback')
    }
  }
}).mount("#app")
```

其中，attrs 对象是父组件传递给子组件且不在 props 中定义的静态数据，它是非响应式的，相当于在没有使用 setup 方法时调用的 this.$attrs 效果。

slots 对象主要是父组件传递的插槽内容，注意 v-slot:slotone 需要配置插槽名字，这样 slots 才能接收到，它是非响应式的，相当于在没有使用 setup 方法时调用的 this.$slots 效果。

emit 对象主要用来和父组件通信，相当于在没有使用 setup 方法时调用的 this.$emit 效果。

4.2.2　setup 方法结合模板使用

如果 setup 方法返回一个对象，那么该对象的属性以及传递给 setup 的 props 参数中的属性都可以在模板中访问，如示例代码 4-2-3 所示。

示例代码 4-2-3　setup 返回对象

```
<div id="app">
  <component-b user="John" />
</div>
const componentB = {
  props: {
    user: {
      type: String,
      required: true
    }
  },
  template:'<div>{{user}} {{person.name}}</div>',
  setup(props) {

    const person = Vue.reactive({ name: 'Son' })
    // 暴露给 template
    return {
        person
    }
  },

}
Vue.createApp({
  components: {
    'component-b': componentB
  }
}).mount("#app")
```

注意，props 中的数据不必在 setup 中返回，Vue 会自动暴露给模板使用。

4.2.3 setup 方法的执行时机和 getCurrentInstance 方法

setup 方法在组件的 beforeCreate 之前执行，此时由于组件还没有实例化，是无法像配置式 API 一样直接使用 this.xx 访问当前实例的上下文对象的，例如 data、computed 和 methods 都没法访问，因此 setup 在和其他配置式 API 一起使用时可能会导致混淆，需要格外注意。

但是，Vue 还是在组合式 API 中提供了 getCurrentInstance 方法来访问组件实例的上下文对象，如示例代码 4-2-4 所示。

示例代码 4-2-4　getCurrentInstance 方法

```
Vue.createApp({
  setup() {
    Vue.onMounted(()=>{
      const internalInstance = Vue.getCurrentInstance()
      internalInstance.ctx.add()// 打印'methods add'
    })
  },
  methods:{
    add(){
      console.log('methods add')
    }
  }
}).mount("#app")
```

需要注意的是，不要把 getCurrentInstance 当作在配置式 API 中的 this 的替代方案来随意使用，另外 getCurrentInstance 方法只能在 setup 或生命周期钩子中调用，并且不建议在业务逻辑中使用该方法，可以在开发一些第三方库时使用。

4.3 响应式类方法

在配置式 API 中，我们一般将需要响应式的变量定义在 data 选项的属性里面，而在 Vue 3 的组合式API的setup方法中，我们还无法访问data属性，但是也可以定义响应式变量，主要用到toRef、toRefs、ref、reactive 和一些其他方法，其中有一些我们之前的代码中已经用过了，下面就来详细介绍一下它们的用法和区别。

4.3.1 ref 和 reactive

1. ref 方法

ref 方法用于为数据添加响应式状态，既可以支持基本的数据类型，也可以支持复杂的对象数据类型，是 Vue 3 中推荐的定义响应式数据的方法，也是基本的响应式方法。需要注意的是：

- 获取数据值的时候需要加.value。

- ref 的本质是原始数据的拷贝，改变简单类型数据的值不会同时改变原始数据。

使用方法如示例代码 4-3-1 所示。

示例代码 4-3-1 ref 方法

```
<div id="app">
  <component-b />
</div>
const componentB = {
  template:'<div>{{name}}</div>',
  setup(props) {

    // 为基本数据类型添加响应式状态
    const name = Vue.ref('John')

    let obj = {count : 0};

    // 为复杂数据类型添加响应式状态
    const state = Vue.ref(obj)

    console.log(name.value) // 打印 John

    console.log(state.value.count)// 打印 0

    let newobj = Vue.ref(obj.count)

    // 修改响应式数据不会影响原数据
    newobj.value = 1

    console.log(obj.count)// 打印 0

    return {
      name
    }
  }
}
Vue.createApp({
  components: {
    'component-b': componentB
  }
}).mount("#app")
```

需要注意的是，改变的这个数据必须是简单数据类型，即一个具体的值，这样才不会影响原始数据，如上面的代码中的 obj.count。

2. reactive 方法

reactive 方法用于为复杂数据添加响应式状态，只支持对象数据类型，需要注意的是：

- 获取数据值的时候不需要加.value。
- reactive 的参数必须是一个对象，包括 JSON 数据和数组都可以，否则不具有响应式。
- 和 ref 一样，reactive 的本质也是原始数据的拷贝。

ref 本质也是 reactive，ref(obj)等价于 reactive({value: obj})，使用方法如示例代码 4-3-2 所示。

示例代码 4-3-2　reactive 方法

```
<div id="app">
  <component-b />
</div>
const componentB = {
  template:'<div>{{state.count}}</div>',
  setup(props) {

    // 为复杂数据类型添加响应式状态
    const state = Vue.reactive({count : 0})

    console.log(state.count)// 打印 0

    return {
      state
    }
  }
}
Vue.createApp({
  components: {
    'component-b': componentB
  }
}).mount("#app")
```

reactive 和 ref 都是用来定义响应式数据的。reactive 更推荐定义复杂的数据类型，不能直接解构，ref 更推荐定义基本类型。ref 可以简单地理解为是对 reactive 的二次包装，ref 定义数据访问的时候要多一个.value。

4.3.2　toRef 和 toRefs

1. toRef 方法

toRef 方法我们在之前的 setup 方法中对 props 操作时已经使用过了，其一种使用场景是为原响应式对象上的属性新建单个响应式 ref，从而保持对其源对象属性的响应式连接。其接收两个参数：原响应式对象和属性名，返回一个 ref 数据。例如使用父组件传递的 props 数据时，要引用 props 的某个属性且要保持响应式连接时就很有用。其另一种使用场景是接收两个参数：原普通对象和属性名，此时可以对单个属性添加响应式 ref，但是这个响应式 ref 的改变不会更新界面。需要注意的是：

- 获取数据值的时候需要加.value。

- toRef 后的 ref 数据不是原始数据的拷贝，而是引用，改变结果数据的值也会同时改变原始数据。
- 对于原始普通数据来说，新增加的单个 ref 改变，数据会更新，但是界面不会自动更新。

使用方法如示例代码 4-3-3 所示。

示例代码 4-3-3 toRef 方法

```
<div id="app">
  <component-b user="John" />
</div>
const componentB = {

  template:'<div>{{statecount.count}}</div>',
  setup(props) {

    const state = Vue.reactive({
      foo: 1,
      bar: 2
    })

    const fooRef = Vue.toRef(state, 'foo')

    fooRef.value++
    console.log(state.foo) // 打印 2 会影响原始数据

    state.foo++
    console.log(fooRef.value) // 打印 3 会影响 fooRef 数据

    const statecount = {// 普通数据
      count: 0,
    }

    const stateRef = Vue.toRef(statecount,'count')

    setTimeout(()=>{
      stateRef.value = 1 // 界面不会更新
      console.log(statecount.count) // 打印 1 会影响原始数据
    },1000)

    return {
      statecount,
    }
  }
}
Vue.createApp({
  components: {
    'component-b': componentB
```

```
  }
}).mount("#app")
```

toRef 更多的使用场景是为对象添加单个响应式属性，而 toRefs 则是对完整的响应式对象进行转换。

2. toRefs 方法

toRefs 方法将原响应式对象转换为普通对象（可解构，但不丢失响应式），其中结果对象的每个属性都是指向原始对象相应 属性的 ref，同时可以将 reactive 方法返回的复杂响应式数据进行 ES 6 解构。需要注意的是：

- 获取数据值的时候需要加.value。
- toRefs 后的 ref 数据不是原始数据的拷贝，而是引用，改变结果数据的值也会同时改变原始数据。
- 如果我们直接对 reactive 返回的数据进行解构，这样会丢失响应式机制，采用 toRefs 包装并返回则会避免这个问题。
- toRefs 只接收响应式对象参数，不可接收普通对象参数，否则会发出警告。

使用方法如示例代码 4-3-4 所示。

示例代码 4-3-4　toRefs 方法

```
<div id="app">
  <component-b />
</div>
const componentB = {
  template:'<div>{{max}},{{count}}</div>',
  setup(props) {

    let obj = {
      count: 0,
      max: 100
    }

    const statecount = Vue.reactive(obj)

    const {count,max} = Vue.toRefs(statecount) // 方便解构

    setTimeout(()=>{

      statecount.max++
      console.log(obj.max) // 打印 101 会影响原始数据，同时界面更新
    },1000)

    return {
      count,
      max
    }
  }
}
Vue.createApp({
```

```
  components: {
    'component-b': componentB
  }
}).mount("#app")
```

目前用得最多的还是使用 ref 和 reactive 来创建响应式对象，使用 toRefs 来转换成可以方便使用的解构的对象。

4.3.3 其他响应式类方法

1. shallowRef 方法、shallowReactive 方法和 triggerRef 方法

对于复杂对象而言，ref 和 reactive 都属于递归嵌套监听，也就是数据的每一层都是响应式的，如果数据量比较大，则非常消耗性能，而 shallowRef 和 shallowReactive 是非递归监听，只会监听数据的第一层，如示例代码 4-3-5 所示。

示例代码 4-3-5　shallowRef 方法、shallowReactive 方法和 triggerRef 方法

```
<div id="app">
  <component-b />
</div>
const componentB = {

template:'<div>{{shallow1.person.name}}{{shallow2.person.name}}{{shallow2.gree
t}}</div>',
    setup(props) {

      const shallow1 = Vue.shallowReactive({
        greet: 'Hello, world',
        person:{
          name:'John'
        }
      })

      const shallow2 = Vue.shallowRef({
        greet: 'Hello, world',
        person:{
          name:'John'
        }
      })

      setTimeout(()=>{
        // 这不会触发更新，因为 shallowReactive 是浅层的，只关注第一层数据
        shallow1.person.name = 'Ted'
      },2000)

      setTimeout(()=>{
        // 这不会触发更新
```

```
        shallow2.value.person.name = 'Ted'
        // 这也不会触发更新
        shallow2.value.greet = 'Hi'
        // 只有当调用 triggerRef 会强制更新
       Vue.triggerRef(shallow2)
      },1000)

      return {shallow1,shallow2}

    }
  }
  Vue.createApp({
    components: {
      'component-b': componentB
    }
  }).mount("#app")
```

注意：如果是通过 shallowRef 创建的数据，那么 Vue 监听的是.value 变化，并不是第一层的数据的变化。因此如果要更改 shallowRef 创建的数据可以调用 xxx.value = {}，也可以使用 triggerRef 可以强制触发之前没有被监听到的更新。另外 Vue 3 中没有提供 triggerReactive，所以 triggerRef 不能触发 shallowReactive 创建的数据更新。

2. readonly 方法、shallowReadonly 方法和 isReadonly 方法

从字面意思上来理解，readonly 表示只读，可以将响应式对象标识成只读，当尝试修改时会抛出警告，shallowReadonly 方法设置第一层只读，isReadonly 方法判断是否为只读对象，如示例代码 4-3-6 所示。

示例代码 4-3-6　readonly 方法、shallowReadonly 方法和 isReadonly 方法

```
  <div id="app">
    <component-b />
  </div>
  const componentB = {
    template:'<div></div>',
    setup(props) {

      const obj = Vue.readonly({ foo: { bar: 1 } })

      console.log(Vue.isReadonly(obj)) // true

      obj.foo.bar = 2 // 失败警告：Set operation on key "bar" failed: target is readonly.
      const sobj = Vue.shallowReadonly({ foo: { bar: 1 } })

      sobj.foo.bar = 2 // 第二层可以修改

      return {}
```

```
    }
  }
  Vue.createApp({
    components: {
      'component-b': componentB
    }
  }).mount("#app")
```

3. isRef 方法、isReactive 方法和 isProxy 方法

isRef 方法用于判断是否是 ref 方法返回对象，isReactive 方法用于判断是否是 reactive 方法返回对象，isProxy 方法用于判断是否是 reactive 方法或者 ref 方法返回对象。

4. toRaw 方法和 makeRaw 方法

toRaw 方法可以返回一个响应式对象的原始普通对象，可用于临时读取数据而无须承担代理访问/跟踪的开销，也可用于写入数据而避免触发更改。

makeRaw 方法可以标记并返回一个对象，使其永远不会成为响应式对象，如示例代码 4-3-7 所示。

示例代码 4-3-7　toRaw 方法和 makeRaw 方法

```
<div id="app">
  <component-b />
</div>
const componentB = {
  template:'<div>{{reactivecobj.bar}}</div>',
  setup(props) {
    const obj = { foo : 1}
    const reactivecobj = Vue.reactive(obj)
    const rawobj = Vue.toRaw(reactivecobj)

    console.log(obj === rawobj) // true

    setTimeout(()=>{
      rawobj.bar = 2 // 不会触发响应式更新
    },1000)

    const foo = {a:1} // foo 无法通过 reactive 成为响应式对象

    console.log(isReactive(reactive(foo))) // false

    return {reactivecobj}
  }
}
Vue.createApp({
  components: {
    'component-b': componentB
```

```
  }
}).mount("#app")
```

4.4　监听类方法

监听（侦听）类方法的作用类似于配置式 API 中使用的 watch 方法、computed 方法等。监听类方法主要的使用场景是提供对于响应式数据改变的追踪和影响，并提供一些钩子函数。本节主要介绍组合式 API 中的 computed 方法、watchEffect 方法和 watch 方法。

4.4.1　computed 方法

在配置式 API 中，computed 是指计算属性，在计算属性中可以完成各种复杂的逻辑，包括运算、函数调用等，只要最终返回一个结果就可以。计算属性是基于它们的响应式依赖进行缓存的，只在相关响应式依赖发生改变时它们才会重新求值。组合式 API 中的 computed 也是类似的，使用方法如示例代码 4-4-1 所示。

示例代码 4-4-1　toRaw 方法和 makeRaw 方法

```
<div id="app">
  {{info}}
</div>
Vue.createApp({
  setup() {
    const state = Vue.reactive({
      name: "John",
      age: 18
    });
    const info = Vue.computed(() => { // 创建一个计算属性，依赖 name 和 age
      console.log('computed')
      return state.name + ',' + state.age
    });

    info.value = 1       // 抛出警告
   setTimeout(()=>{
      state.age = 20     // info 动态修改
    },1000)

    setTimeout(()=>{
      state.age = 20     // 取上一次修改后的数据，即缓存的数据
    },2000)

    return {info}

  }
}).mount("#app")
```

上面的代码中，计算属性 info 依赖 state 中的 age 和 name，当它们发生变化时，会导致 info 变化，同时如果每次变化的值相同，则取上次修改后的缓存数据，不会再次执行 computed 中的方法，这和配置式 API 中的 computed 是一致的。同时，info 也是一个不可变的响应式对象，尝试修改会抛出警告。

computed 方法也可以接收一个对象，分别配置 get 和 set 方法，这样分别设置读对应 get 方法和写对应调用 set 方法的返回值，代码如下：

```
const info = Vue.computed({
  get: () => state.name + ',' + state.age,
  set: val => {
    state.age = val - 1
  }
});
info.value = 21
```

4.4.2　watchEffect 方法

watchEffect 方法可以监听响应式对象的改变，参数是一个函数，这个函数中所依赖的响应式对象如果发生变化，都会触发这个函数，如示例代码 4-4-2 所示。

示例代码 4-4-2　watchEffec 方法

```
<div id="app">
  {{info}}
</div>
Vue.createApp({
  setup() {
    const state = Vue.reactive({
      name: "John",
      age: 18
    });
    const count = Vue.ref(0)
    const countNo = Vue.ref(0)
    const info = Vue.computed(() => { // 创建一个计算属性，依赖 name 和 age
      return state.name + ',' + state.age
    });

    Vue.watchEffect(()=>{
      console.log('watchEffect')
      console.log(info.value) // 依赖了 info
      console.log(count.value) // 依赖了 count

    })
    setTimeout(()=>{
      state.age = 20 // 触发 watchEffect
    },1000)
    setTimeout(()=>{
      count.value = 3 // 触发 watchEffect
```

```
    },2000)
    setTimeout(()=>{
      countNo.value = 5 // 不触发 watchEffect
    },3000)

    return {info}
  }
}).mount("#app")
```

当 watchEffect 在组件的 setup 方法或生命周期钩子被调用时，侦听器会被链接到该组件的生命周期，并在组件卸载时自动停止，在一些情况下，也可以显式地调用返回值以停止侦听，代码如下：

```
const stop = watchEffect(() => {
  /* ... */
})

...
stop()
```

4.4.3 watch 方法

在配置式 API 中，watch 是指监听器，组合式 API 中同样提供了 watch 方法，其使用场景和用法是一致的，主要是对响应式对象变化的监听。其和 watchEffect 相比有些类似，主要区别是：

- watch 需要监听特定的数据源，并执行对应的回调函数，而 watchEffect 不需要指定监听属性，它会自动收集依赖，只要回调函数中使用了响应式的属性，那么当这些属性变更的时候，这个回调都会执行。
- watch 在默认情况下，watch 是惰性的，即只有当被监听的源发生变化时才执行回调。
- watch 可以访问监听状态变化前后的新旧值。

watch 监听单个数据源，第一个参数可以是返回值的 getter 函数，也可以是一个响应式对象，第二个参数是触发变化的回调函数，如示例代码 4-4-3 所示。

示例代码 4-4-3　watch 监听单个数据源

```
Vue.createApp({
  setup() {
    // 侦听一个 getter
    const state = Vue.reactive({ count: 0 })

    Vue.watch(() => state.count,
      (count, prevCount) => {
        console.log(count, prevCount)
      }
    )
    // 直接侦听 ref
    const count = Vue.ref(0)
```

```
    Vue.watch(count, (count, prevCount) => {
      console.log(count, prevCount)
    })

    setTimeout(()=>{
      state.count = 1
      count.value = 2
    })

    return {}
  }
}).mount("#app")
```

watch 监听多个数据源，第一个参数是多个响应式对象的数组，第二个参数是触发变化的回调函数，如示例代码 4-4-4 所示。

示例代码 4-4-4　watch 监听多个响应式对象

```
Vue.createApp({
  setup() {
    const state = Vue.reactive({ name: 'John' })
    const count = Vue.ref(0)

    Vue.watch([count,state], (count, prevCount) => {
      console.log(count, prevCount)
      // [2,{name:"Ted"}]  [0,{name:"John"}]
    })

    setTimeout(()=>{
      state.name = 'Ted'
      count.value = 2
    })

    return {}
  }
}).mount("#app")
```

watch 监听复杂响应式对象时，如果要完全深度监听，则需要添加 deep:true 配置，同时第一个参数需要为一个 getter 方法，并采用深度复制，如示例代码 4-4-5 所示。

示例代码 4-4-5　watch 监听复杂响应式对象

```
Vue.createApp({
  setup() {
    const state = Vue.reactive({
      name: "John",
      age: 18,
      attributes: {
        attr: 'efg',
      }
```

```
  });

  Vue.watch(()=>JSON.parse(JSON.stringify(state)),// 利用深度复制
  (currentState, prevState) => {
        console.log(currentState.attributes.attr)// abc
        console.log(prevState.attributes.attr)// efg
      },{ deep: true })

    setTimeout(()=>{
        state.attributes.attr = 'abc'
    },1000)

    return {}
  }
}).mount("#app")
```

需要注意，深度监听需要对原始 state 进行深度复制并返回，可以采用 JSON.parse()，JSON.stringify()等方法进行复制，也可以采用一些第三方库，例如 lodash.cloneDeep 方法。

4.5　生命周期类方法

生命周期方法通常叫作生命周期钩子，在配置式 API 中我们已经了解了具体的生命周期方法，在组合式 API 的 setup 方法中同样有对应的生命周期方法，它们的对应关系如下：

```
beforeCreate -> 使用 setup()替代

created -> 使用 setup()替代

beforeMount -> onBeforeMount

mounted -> onMounted

beforeUpdate -> onBeforeUpdate

updated -> onUpdated

beforeUnmount -> onBeforeUnmount

unmounted -> onUnmounted

errorCaptured -> onErrorCaptured

renderTracked -> onRenderTracked

renderTriggered -> onRenderTriggered
```

```
activated -> onActivated

deactivated -> onDeactivated
```

由于 setup 方法在组件的 beforeCreate 和 created 之前执行，因此不再提供对应的钩子方法，这些生命周期钩子注册函数只能在 setup 方法内同步使用，因为它们依赖于内部的全局状态来定位当前活动的实例（此时正在调用其 setup 的组件实例），在没有当前活动实例的情况下，调用它们将会出错。同时，在这些生命周期钩子内同步创建的侦听器和计算属性也会在组件卸载时自动删除，这点和配置式 API 是一致的，如示例代码 4-5-1 所示。

示例代码 4-5-1 生命周期类方法

```
const MyComponent = {
  setup() {
    Vue.onMounted(() => {
      console.log('mounted!')
    })
    Vue.onUpdated(() => {
      console.log('updated!')
    })
    Vue.onUnmounted(() => {
      console.log('unmounted!')
    })
  }
}
```

4.6 methods 方法

除了上面所讲解的方法之外，还有一类使用最多的对应配置式 API 中的 methods 类方法，这类方法主要结合模板中的一些回调事件使用，如示例代码 4-6-1 所示。

示例代码 4-6-1 click 事件绑定 methods

```
<div id="app">
  {{count}}
  <button @click="add">点我+1</button>
</div>
Vue.createApp({
  setup() {
    const count = Vue.ref(0)

    const add = ()=>{
      count.value++
    }

    return { count,add }
  }
```

```
}).mount("#app")
```

上面的代码中，在 setup 方法中返回了 add 方法，这样在模板中就可以进行绑定，当 click 事件触发时，会进入这个方法。

当结合配置式 API 使用时，如果在组件的 methods 中也配置了同名的方法，那么会优先执行 setup 中定义的，methods 中定义的方法将不会执行，代码如下：

```
Vue.createApp({
  setup() {
    const count = Vue.ref(0)

    const add = ()=>{
      count.value++
    }

    return { count,add }
  },
  methods:{
    add(){} // 不会触发
  }
}).mount("#app")
```

同样，在进行组件通信时，如果遇到同名的方法，则优先以 setup 中定义并返回的方法为主，如示例代码 4-6-2 所示。

示例代码 4-6-2　同名 methods

```
<div id="app">
  <component-b @add="add"/>
</div>
const componentB = {
  template:'<div></div>',
  setup(props,{emit}) {
    emit('add') // 通知父组件
  }
}
Vue.createApp({
  components: {
    'component-b': componentB
  },
  setup() {
    const add = ()=>{
      console.log('setup add')
    }
    return { add }
  },
  methods:{
    add(){
      console.log('methods add') // 不会触发
```

```
    }
  }
}).mount("#app")
```

上面的代码中，当子组件调用 emit 通知父组件时，会调用父组件 setup 方法中的 add 方法，而不会调用 methods 中定义的。

4.7　provide / inject

provide（提供）和 inject（注入）也可以在组合式 API 的 setup 方法中使用，以实现跨越层级的组件通信。

provide 方法接收两个参数，一个是提供数据的 key；另一个是值 value，也可以是对象、方法等，如示例代码 4-7-1 所示。

示例代码 4-7-1　provide 方法

```
<div id="app">
  <component-b />
</div>
Vue.createApp({
  components: {
    'component-b': componentB
  },
  setup() {
    Vue.provide('location', 'North Pole')
    Vue.provide('geolocation', {
      longitude: 90,
      latitude: 135
    })
  }
}).mount("#app")
```

inject 方法接收两个参数，一个是需要注入的数据的 key，另一个是默认值（可选），如示例代码 4-7-2 所示。

示例代码 4-7-2　inject 方法

```
const componentB = {
  template:'<div>{{userLocation}}</div>',
  setup() {
    const userLocation = Vue.inject('location', 'The Universe')
    const userGeolocation = Vue.inject('geolocation')

   console.log(userGeolocation)
    return {
      userLocation,
      userGeolocation
    }
```

```
  },
}
```

和之前的配置式API不同的是，我们可以在provide值时使用ref或reactive方法，来增加provide值和 inject 值之间的响应性。这样，当 provide 的数据发生变化时，inject 也能实时接收到，如示例代码 4-7-3 所示。

示例代码 4-7-3　响应式 provide 数据

```
const componentB = {

  template:'<div>{{userLocation}}</div>',
  setup() {

    const userLocation = Vue.inject('location', 'The Universe')
    const userGeolocation = Vue.inject('geolocation')

    console.log(userGeolocation)

    return {
      userLocation,
      userGeolocation
    }
  },

}
Vue.createApp({
  components: {
    'component-b': componentB
  },
  setup() {
    const location = Vue.ref('North Pole')
    const geolocation = Vue.reactive({
      longitude: 90,
      latitude: 135
    })

    Vue.provide('location', location)
    Vue.provide('geolocation', geolocation)

    setTimeout(()=>{
      location.value = 'China'
    },1000)
  }
}).mount("#app")
```

通常情况下，只允许在 provide 的组件内去修改响应式的 provide 数据，但是如果需要在被 inject 的组件内去修改 provide 的值，则需要 provide 一个回调方法，然后在被 inject 的组件内调用，如示例代码 4-7-4 所示。

示例代码 4-7-4　响应式 provide 数据

```
const componentB = {
  template:'<div>{{userLocation}}</div>',
  setup() {
    const userLocation = Vue.inject('location', 'The Universe')
    const updateLocation = Vue.inject('updateLocation')

    setTimeout(()=>{
      updateLocation('China')
    },1000)

    return {
      userLocation,
    }
  },

}
Vue.createApp({
  components: {
    'component-b': componentB
  },
  setup() {
    const location = Vue.ref('North Pole')

    const updateLocation = (v) => {
      location.value = v
    }

    Vue.provide('location', location)
    Vue.provide('updateLocation', updateLocation)

  }
}).mount("#app")
```

最后，如果要确保通过 provide 传递的数据不会被 inject 的组件更改，则可以使用 readonly 方法，代码如下：

```
const location = Vue.ref('North Pole')

Vue.provide('location', Vue.readonly(location))
```

4.8　单文件组件<script setup>

单文件组件主要是指.vue 结尾的文件，其内容主要由<template>标签、<script>标签、<style>标签等构成，在使用<script>标签时可以直接配置 setup 属性来标识使用组合式 API，相比于普通的

<script>语法，它具有更多优势：

- 更少的样板内容，更简洁的代码。
- 能够使用纯 TypeScript 声明 props 和抛出事件。
- 更好的运行时性能（其模板会被编译成与其同一作用域的渲染函数，没有任何的中间代理）。
- 更好的 IDE 类型推断性能（减少语言服务器从代码中抽离类型的工作）。

使用<script setup>方法的基本语法如示例代码 4-8-1 所示。

示例代码 4-8-1 <script setup>基本用法 1

```
<script setup>
console.log('hello script setup')
</script>
```

<script setup>中的代码会被编译成组件 setup()方法中的内容，这意味着与普通的<script>只在组件被首次引入的时候执行一次不同，<script setup>中的代码会在每次组件实例被创建的时候执行。

在<script setup>顶层的声明（包括变量、函数以及 import 引入的方法或者组件）都能在模板<template>中直接使用，相当于自动返回了这些内容，如示例代码 4-8-2 所示。

示例代码 4-8-2 <script setup>基本用法 2

```
<script setup>
// import 引入方法
import { capitalize } from './helpers'
// 组件
import MyComponent from './MyComponent.vue'
// 变量
const msg = 'Hello!'
// 响应式变量
const count = ref(0)

// 函数
function add() {
 count.value++
}
</script>

<template>
  <div @click="add">{{ msg }}</div>
  <div>{{ capitalize('hello') }}</div>
  <MyComponent />
</template>
```

从上面的代码中可以看出，使用<script setup>这种方式使代码更加简洁了，但是注意不需要的变量或者组件以及不需要的响应式逻辑就不要有这部分代码了。

如果不想默认全部变量都直接暴露给<template>使用，而是控制需要返回哪些数据给<template>使用，可以使用 defineExpose 方法来明确要暴露的属性，其用法如示例代码 4-8-3 所示。

示例代码 4-8-3　<script setup>基本用法 3

```
<script setup>
import { ref } from 'vue'
const a = 1
const b = ref(2)
// defineExpose 不需要引入，直接使用
defineExpose({a,b})
</script>

<template>
  <h1>{{a}}, {{b}}</h1>
</template>
```

注意，defineExpose 方法不需要引入，可以直接使用。

setup 方法接收两个参数，一个是 props，可以接收到父组件传递的数据；另一个是 context 对象，它暴露组件的三个属性，分别是 attrs、slots 和 emit，来实现一些组件数据的传递。因此在<script setup>中可以使用 defineProps 和 defineEmits 以及 useSlots 和 useAttrs 来实现等同于上述参数的功能，如示例代码 4-8-4 所示。

示例代码 4-8-4　<script setup>基本用法 4

```
<script setup>
// defineProps、 defineEmits 不需要引入
const props = defineProps({
  foo: String
})

const emit = defineEmits(['change', 'delete'])

// useSlots、 useAttrs 需要 import 引入
import { useSlots, useAttrs } from 'vue'

const slots = useSlots()
const attrs = useAttrs()
</script>
```

在使用这些方法时，需要注意以下几点：

- defineProps 和 defineEmits 在<script setup>使用时不需要导入，直接使用，useSlots、useAttrs 则需要导入使用。
- defineProps 接收与 props 参数相同的值，defineEmits 也接收与 setupContext.emits 选项相同的值，useSlots、useAttrs 在调用时会返回与 setupContext.slots 和 setupContext.attrs 等价的值。
- 传入 defineProps 和 defineEmits 的选项会从 setup 中提升到模块的范围。因此，传入的选项不能引用在 setup 范围中声明的局部变量，这样做会引起编译错误，但是它可以引用导入的绑定，因为导入的绑定也在模块范围内。

如以下代码所示，defineEmits 使用局部变量会报错：

```
<script setup>

const str = 'change' // 局部变量
// 传入 str 变量会报错
const emit = defineEmits([str, 'delete'])

</script>
```

报错信息如图 4-1 所示。

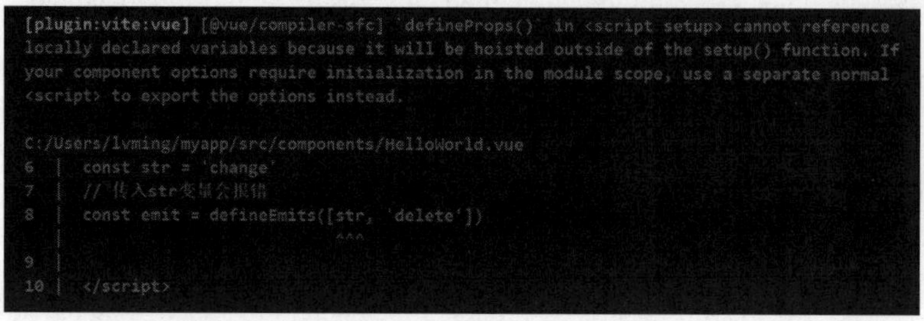

```
[plugin:vite:vue] [@vue/compiler-sfc] `defineProps()` in <script setup> cannot reference
locally declared variables because it will be hoisted outside of the setup() function. If
your component options require initialization in the module scope, use a separate normal
<script> to export the options instead.

C:/Users/lvming/myapp/src/components/HelloWorld.vue
6  |  const str = 'change'
7  |  // 传入str变量会报错
8  |  const emit = defineEmits([str, 'delete'])
   |                            ^^^
9  |
10 |  </script>
```

图 4-1　报错信息

<script setup>可以和普通的<script>一起使用。普通的<script>在有以下需要的情况下或许会被使用到：

- 无法在<script setup>声明的选项，例如一些通过插件启用的自定义选项。
- 声明命名导出。
- 运行副作用或者创建只需要执行一次的对象。

代码如下：

```
<script>
// 普通 <script>， 在模块范围下执行（只执行一次）
runSideEffectOnce()

// 声明额外的选项
export default {
  customOptions: {}
}
</script>

<script setup>
// 在 setup() 作用域中执行 （对每个实例皆如此）
</script>
```

注意，由于模块执行语义的差异，<script setup>中的代码依赖单文件组件的上下文。当将其移动到外部的.js 或者.ts 文件中的时候，对于开发者和工具来说都会感到混乱。因而<script setup>不能和<script src>属性一起使用。

<script setup>使得组合式 API 代码看起来简单了很多，开发效率大大提高，在 Vue 3 且使用组合式 API 的项目中，非常推荐使用。

4.9　案例：组合式 API 待办事项

学习完组合式 API 的内容之后，可以把上一章的待办事项系统重构为采用 Vue 3 组合式 API 的语法。

4.9.1　功能描述

主要功能和 3.8 节的待办事项系统功能一致，这里不再赘述。

4.9.2　案例完整代码

这里举几个配置式 API 转换成组合式 API 的代码示例。

例如，在 todo.vue 中将 data 中定义的响应式变量替换为 setup 方法中的响应式变量，代码如下：

```
export default {
  name: 'todo',                     // 组件的名称，尽量和文件名一致
  components: {
    titem
  },
  data(){
    return {
      newTodoContent: '',           // 输入框 input 的内容
      todoItems: []                 // 待办事项的列表
    }
  }
  ...
}
```

替换为组合式 API 对应的代码如下：

```
import {reactive} from 'vue'       //注意引入 reactive
export default {
  name: 'todo',                     // 组件的名称，尽量和文件名一致
  setup(){
    const state = reactive({
      newTodoContent: '',           // 输入框 input 的内容
      todoItems: []                 // 待办事项的列表
    })
    ...
  }
  ...
}
```

在 todo.vue 中，将 watch 监听逻辑转换为对应的 watch 方法，代码如下：

```
...
```

```
watch:{
  // 一旦有改动，立刻调用更新存储
  todoItems:{
    handler(val){
      this.storeItems(val)
    },
    deep:true
  }
},
...
```

替换为组合式 API 对应的代码如下：

```
import {watch} from 'vue'   //注意引入 reactive
setup(){
    ...
    watch(
       () => JSON.parse(JSON.stringify(state.recycleItems)),
       (val, oldVal) => {
         storeItems(val)     // 一旦有改动，立刻调用更新存储
       },{deep:true}
    )
}
```

注意，组合式 API 的 watch 方法采用深度监听 deep:true，对于复杂对象 recycleItems，需要 JSON.parse()、JSON.stringify()拷贝对象。

例如，在 titem.vue 中，将 props 接收的数据作为 data 的默认值，采用 computed 转换为在 setup 方法中接收默认的 props 值，代码如下：

```
export default {
    name: 'titem',
    props: {
      item: {                    // 接收父组件传递的事项数据
        type: Object
      }
    },
    data(){
      return {
        isCompleted: false    // 默认从事项数据中获取，否则为 false
      }
    },
    created(){
      this.isCompleted = this.item.isCompleted
    },
    computed:{
      // 利用 computed 存储 props 的默认值
      itemData(){
        return this.item
      }
```

```
    },
}
```

替换为组合式 API 对应的代码如下：

```
export default {
    name: 'titem',
    props: {
      item: { // 接收父组件传递的事项数据
        type: Object
      }
    },
    setup(props){
      const state = reactive({
        item: props.item,
        // 默认从事项数据中获取，否则为 false
       isCompleted: props.item.isCompleted || false
     })
      ...
    }
}
```

以上只是列举一些典型的配置式 API 转换成组合式 API 的代码场景，具体的业务逻辑代码不再列举，读者可参考完整源码，执行 npm run serve 命令即可启动完整源码程序。

本案例完整源码：/案例源码/Vue.js Composition API。

4.10　小结与练习

本章讲解了 Vue 3 引入的组合式 API 的相关知识，主要内容包括：组合式 API 基础、setup 方法、响应式类方法、监听类方法、生命周期类方法、methods 方法、provide 和 inject。其中 setup 方法是组合式 API 的重点，所有相关的组合式 API 新提供的接口都需要在 setup 中使用；响应式类方法中的 ref 方法和 reactive 方法常被用来定义响应式对象；监听类方法中的 computed 方法和 watch 方法则提供了监听到响应式对象变化的时机；生命周期类方法基本和配置式 API 中的使用类似；methods 方法则需要注意同名的情况；最后 provide 和 inject 是在 setup 方法中实现组件通信的重要工具。

在后续的实战项目中，我们会大量地使用组合式 API，所以学好本章内容非常重要。

下面来检验一下读者对本章内容的掌握程度：

- setup 方法中接收的两个参数，它们的作用分别是什么？Vue.js 中的父子组件如何通信？
- 如果需要定义基本类型数据为响应式，应该调用哪个方法？
- watch 和 watchEffect 的区别和各自的使用场景是什么？
- 如何在被 inject 的组件中修改 provide 的数据？
- 如果在模板中调用的 setup 方法和配置式 API 中 methods 定义的方法同名会怎么样？

第 5 章 Vue.js 动画

在日常的项目开发过程中，或多或少都会用到动画效果，而一个良好的动画效果，可以提升页面的用户体验，帮助用户更好地使用页面的功能。另外，对于一名前端工程师来说，能够开发出炫丽的动画效果不仅能够体现出自己的水平，也能让项目锦上添花。

5.1 从一个简单的动画开始

对于前端动画而言，动画出现的时机大多数出现在对 DOM 节点的插入、更新或者删除过程中。在 Vue 项目中，在插入、更新或者删除 DOM 时，可以使用多种不同方式来实现动画或者过渡效果，包括以下方式：

- 在 CSS 过渡和动画中自动应用 class。
- 可以配合使用第三方 CSS 动画库，如 Animate.css。
- 在过渡钩子函数中使用 JavaScript 直接操作 DOM。
- 可以配合使用第三方 JavaScript 动画库，如 Velocity.js[1]。

在 Vue 项目中实现动画时，首先需要明白一点，作为一个前端项目来说，使用原生的 CSS 3 动画，例如 transition（过渡）、animation（动画）来实现各种动画效果是完全可以的。同理，直接采用 JavaScript 来操作 DOM 实现动画也没问题，包括使用一些第三方的动画库。但是，针对动画本身，Vue 提供了一些新的 API，它能够结合传统的 CSS 3 动画，并搭配一些 Vue 内置组件和指令，来帮助开发者简化动画的开发流程，更加便捷地开发出高质量的动画效果。

下面先来看一个简单的 Vue 动画案例，如示例代码 5-1-1 所示。

---

1 Velocity.js 是一个简单易用、高性能、功能丰富的轻量级 JavaScript 动画库，它的特点是可以和 jQuery 完美搭配使用。

示例代码 5-1-1　一个简单的 Vue 动画

```
<html lang="en">
<head>
  <meta charset="utf-8">
  <title>vue 动画</title>
  <script src="https://unpkg.com/vue@3.2.28/dist/vue.global.js"></script>
</head>
<body>
  <div id="app">
   <button @click="clickCallback">切换</button>
    <div id="box" v-if="show">Hello!</div>
  </div>
  <script type="text/javascript">
    Vue.createApp({
      data {
        return {show: true}
      },
      methods:{
        clickCallback(){
          this.show = !this.show
        }
      }
    }).mount("#app")
  </script>
</body>
</html>
```

上面的代码是完整的 HTML 代码，可以直接在浏览器上运行，本章也会以这段代码为基础来进行讲解。

上面的代码含有一个简单的逻辑，通过单击切换按钮来控制 id#box 这个<div>的显示和隐藏，其中使用了 v-if 指令来进行控制。在体验这段代码的交互操作时，<div>的显示和隐藏比较突兀，因此添加了一个“渐隐渐现”的过渡效果，以提升用户的体验，这个过渡效果的实现使用了 Vue 的内置动画组件 transition，如示例代码 5-1-2 所示。

示例代码 5-1-2　transition 动画组件的运用

```
<div id="app">
  <button @click="clickCallback">切换</button>
  <transition name="fade">
    <div v-if="show">Hello!</div>
  </transition>
</div>
```

用<transition>组件对<div>元素进行包裹，同时设置 name 属性为 fade，即表示对包裹的这个 div 采用 fade 这个动画效果。当然，fade 动画效果需要使用 CSS 3 来实现。继续看下面的代码，在 style 中添加样式，如示例代码 5-1-3 所示。

示例代码 5-1-3　transition 和 CSS 3 过渡

```
<style type="text/css">
.fade-enter-from {
  opacity: 0
}
.fade-enter-active {
```

```
  transition: opacity 2s
}
</style>
```

在这段代码中设置了两个 CSS 样式，分别以 fade-开头设置透明度 opacity 属性的 CSS 3 过渡效果。这时再次单击切换按钮时，会发现 Hello 出现的过程中有一个过渡的“渐现”效果。

Vue 中的动画效果主要分为两类，一类是 transition，另一类是 animation。上面的示例实现了简单的过渡效果，接下来具体讲解一下<transition>是如何实现这两种效果的。

5.2 transition 组件实现过渡效果

要理解过渡（transition）实现的原理，首先需要了解过渡实现的流程，先来看一下图 5-1。

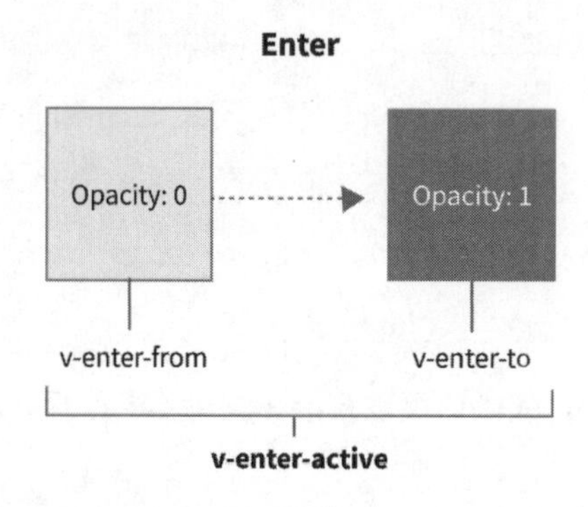

图 5-1 过渡实现的流程 1

当使用<transition>组件来包裹 Vue 组件的 template 片段时，这部分内容片段所包括的元素就会形成一个可执行动画组件区域，结合前面的代码，我们来梳理一下实现一个动画的流程：

- 渐现，就是元素被插入 DOM 并逐渐显示的过程，在插入动画即将开始的一瞬间，<transition>组件会给其包裹的<div>元素两个 class 类，分别是 v-enter-from 和 v-enter-active，这里的 v 代表在<transition>中设置的 name，也就是 fade。这时元素的 opacity（透明度）是 0。
- 当动画的第一帧执行完毕之后，会将 v-enter-from 去除，还保留 v-enter-active，同时新增一个 class 类 v-enter-to，这时 opacity 就会变成初始值 1，CSS 3 的 transition 就会生效，并开始一个过渡动画。
- 当动画整体执行完成之后，transition 组件会给其包裹的<div>元素去除 v-enter-active 这个 class 类，同时也去除 v-enter-to。

通过上面的流程，对于每一时刻的 class 状态，可以使用图 5-2 来总结。

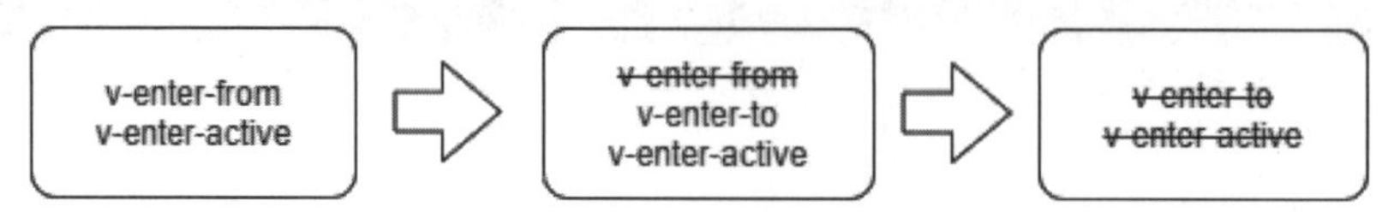

图 5-2 过渡实现的流程 2

利用这个原理，就可以针对每个阶段对应的 class 来设置动画需要的 CSS 样式，以此来实现动画效果。在实现了一个<div>元素的“渐现”效果之后，接下来将“渐隐”效果的实现完善一下，只需要新增两个 CSS 样式即可：

```
.fade-enter-from {
  opacity: 0
}
.fade-enter-active {
  transition: opacity 2s
}
/*新增两个样式*/
.fade-leave-to {
  opacity: 0
}
.fade-leave-active {
  transition: opacity 2s
}
```

再次单击切换按钮，就会同时出现“渐隐”和“渐现”效果。同样，使用一张图来展示“渐隐”效果实现的流程，如图 5-3 所示。

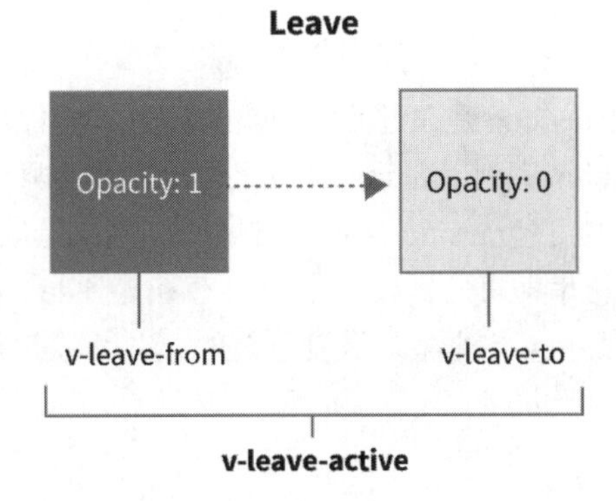

图 5-3　过渡实现的流程 3

- 渐隐，就是指组件被移除并逐渐消失的过程，在移除动画即将执行的一瞬间，transition 组件会给其包裹的<div>元素两个 class 类，分别是 v-leave-from 和 v-leave-active，这里的 v 代表在<transition>中设置的 name，也就是 fade。这时元素的 opacity 为 1（上面渐现时结局的状态）。
- 当动画的第一帧执行完毕之后，会将 v-leave-from 去除，保留 v-leave-active，同时新增一个 class 类 v-leave-to，这时 opacity 就会套用这个样式，值变成 0，CSS 3 的 transition 就会生效，并开始一个过渡动画。
- 当动画整体执行完成之后，会去除 v-leave-active 这个 class 类，同时也去除 v-leave-to。

上面的流程对于每一时刻的 class 状态，可以使用图 5-4 来总结。

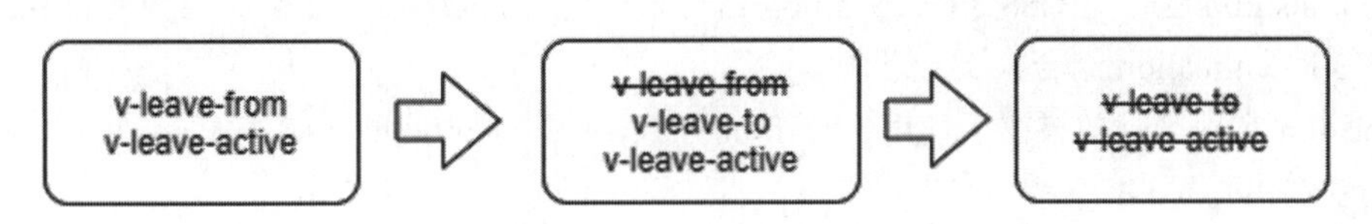

图 5-4　过渡实现的流程 4

上面的代码通过 v-if 和<transition>给一个元素添加了“渐隐渐现”的过渡效果，实现过渡动画的核心是在元素进入、离开的时刻添加动画逻辑，在这些不同时刻细分了 6 个 class 类，下面来总结一下：

- v-enter-from: 定义进入过渡的开始状态。在元素被插入之前生效，在元素被插入之后的下一帧移除。
- v-enter-active: 定义进入过渡生效时的状态。在整个进入过渡的阶段中应用，在元素被插入之前生效，在过渡/动画完成之后移除。这个类可以被用来定义进入过渡的过程、延迟和曲线函数。
- v-enter-to: 定义进入过渡的结束状态。在元素被插入之后的下一帧生效（与此同时 v-enter-from 被移除），在过渡/动画完成之后移除。
- v-leave-from: 定义离开过渡的开始状态。在离开过渡被触发时立刻生效，下一帧被移除。
- v-leave-active: 定义离开过渡生效时的状态。在整个离开过渡的阶段中应用，在离开过渡被触发时立刻生效，在过渡/动画完成之后移除。这个类可以被用来定义离开过渡的过程、延迟和曲线函数。
- v-leave-to: 定义离开过渡的结束状态。在离开过渡被触发之后的下一帧生效（与此同时 v-leave-from 被删除），在过渡/动画完成之后移除。

另外，在代码中使用的 fade-xxx 是在过渡中切换的类名，类名的定义要遵循一定的规则，如果使用一个没有名字的<transition>，则 v-是这些类名的默认前缀，只能使用默认且通用的 v-xxx 的 class 类。如果给<transition>指定了<transition name="fade">，则 v 可以使用 fade-xxx 的 class 类，只需要把 v 换成 name 指定的字符串即可，例如 v-enter 会替换为 fade-enter。

除了在元素插入/离开时使用 v-if 来增加过渡效果外，也可以在下面的场景中使用<transition>组件：

- 条件显示（使用 v-show）。
- 动态组件（<route-view>）。
- 组件根节点。

只要组件所渲染的内容有变化，这些时机都可以添加过渡效果，结合 vue-router 和<transition>可以在页面切换时添加我们想要的过渡效果。

5.3　transition 组件实现动画效果

在 CSS 3 动画中，transition 是一个方案，animation 是另一个方案。在前面的演示代码中讲解了如何将 transition 组件与 CSS 3 的 transition 结合来实现过渡效果。下面来讲解如何将 transition 组件与 CSS 3 的 animation 结合来实现动画。

animation 实现动画效果在于使用@keyframes 来定义不同阶段的 CSS 样式。将前面的代码进行改造，如示例代码 5-3-1 所示。

示例代码 5-3-1 将 transition 组件与 CSS 3 的 animation 结合实现动画 1

```
@keyframes bounce-in {
  0% {
    transform: scale(0);
  }
  50% {
    transform: scale(1.5);
  }
  100% {
    transform: scale(1);
  }
}
.bounce-enter-active {
  animation: bounce-in .5s;
}
.bounce-leave-active {
  animation: bounce-in .5s reverse;
}
```

在上面的代码中定义了一个 bounce-in 的动画，效果就是元素在显示和隐藏时有一个“变大缩小”的效果。reverse 表示动画反向播放。同时，定义了.bounce-enter-active 和.bounce-leave-active 来使用这个动画。下面修改一下组件的相关代码，如示例代码 5-3-2 所示。

示例代码 5-3-2 将 transition 组件与 CSS 3 的 animation 结合实现动画 2

```
<div id="app">
  <button @click="clickCallback">切换</button>
  <transition name="bounce">
    <div v-if="show">Hello!</div>
  </transition>
</div>
Vue.createApp({
  data(){
    return {show: false}
  },
  methods:{
    clickCallback(){
      this.show = !this.show
    }
  }
}).mount("#app")
```

在这个例子中，使用 v-show 指令来实现元素的显示和隐藏，当我们单击按钮时，会看到 Hello! 的动画效果，具体在什么时机应用哪些动画 class 类，可以参考之前讲解的 6 个 class 类及含义。

使用 transition 组件实现 CSS 的动画原理和 CSS 的过渡效果类似，都需要在动画的关键时机制定对应的 CSS 样式，区别是：在动画中，v-enter 类名在节点插入 DOM 后不会立即被删除，而是在 animationend 事件触发时（动画结束时）被删除。在这个代码段中定义了一个 name 是 bounce 的 transition 组件，在显示动画生效时会套用.bounce-enter-active 的样式，在隐藏动画生效时会套用.bounce-leave-active 的样式。而隐藏时，动画效果就会反着播放。

5.4 transition 组件同时实现过渡和动画

在了解了 transition 组件实现 CSS 过渡效果和 CSS 动画效果之后，那么能否同时实现过渡和动画呢？这种应用场景确实存在，下面就来讲解一下如何给一个元素同时添加“渐隐渐现”和“变大缩小”的效果。

先来介绍一个知识点，在之前的代码中，通过给 transition 组件设置 name 属性来标识使用哪个动画或者过渡效果，除此之外，还可以通过以下特性来给<transition>设置属性来自定义过渡类名，这些属性分别是：

- enter-from-class
- enter-active-class
- enter-to-class
- leave-from-class
- leave-active-class
- leave-to-class

由于同时配置过渡效果和动画效果采用之前的默认方式 v-xxx 定义动画会有冲突，因此需要自定义类名，上面的 6 个类名分别对应 transition 组件实现过渡或者动画的 6 个时刻。接下来通过自定义类名来分别指定过渡和动画，如示例代码 5-4-1 所示。

示例代码 5-4-1 同时实现过渡和动画

```
<style>
@keyframes bounce-in {
  0% {
    transform: scale(0);
  }
  50% {
    transform: scale(1.5);
  }
  100% {
    transform: scale(1);
  }
}
.bounce-enter-active {
  animation: bounce-in 1s ;
}
.bounce-leave-active {
  animation: bounce-in 1s reverse;
}
.fade-enter-from,.fade-leave-to {
  opacity: 0
}
.fade-enter-active,.fade-leave-active {
  transition: opacity 1s
}
```

```
</style>
<div id="app">
  <button @click="clickCallback">切换</button>
  <transition enter-from-class="fade-enter-from"
              enter-to-class="fade-enter-to"
              leave-to-class="fade-leave-to"
              enter-active-class="bounce-enter-active fade-enter-active"
              leave-active-class="bounce-leave-active fade-leave-active">
    <div v-if="show" style="text-align: center;">Hello!</div>
  </transition>
</div>
```

在这段代码中，使用了 animation 的 CSS 样式和 transition 的 CSS 样式，然后在自定义类名时设置了多个 class，尤其是 enter-active-class 和 leave-active-class。这样就实现了同时套用两种过渡动画效果。

在代码中，也强制给过渡和动画设置了同样的时间，都为 1 秒（1s）。但是，在一些应用场景中，需要给同一个元素同时设置过渡和动画效果，比如 animation 很快被触发并完成了，而 transition 效果还没结束。对于这种情况，就需要使用 type 属性并设置 animation 或 transition 来明确声明需要 Vue 监听的类型。代码如下：

```
<transition type="animation"></transition>
```

这样，<transition>就会以动画结束的时间为主。

在大多数情况下，<transition>可以根据配置的 CSS 属性自动计算出过渡/动画效果的完成时机。这个时机是根据其在过渡/动画效果的根元素的第一个 transitionend 或 animationend 事件触发的时间点计算出来的。然而也可以不遵循这样的设定，例如，有一个精心编排的一系列过渡/动画效果，其中一些嵌套的内部元素相比于整体过渡/动画效果的根元素有延迟的或更长的过渡/动画效果。在这种情况下，就可以用<transition>组件上的 duration 属性定制一个显性的过渡/动画持续时间（以毫秒计），代码如下：

```
<transition :duration="1000">...</transition>
```

也可以更加细化地定制进入和移出的持续时间：

```
<transition :duration="{ enter: 500, leave: 800 }">...</transition>
```

5.5　transition 组件的钩子函数

除了使用 CSS 原生支持的 transitionend 事件和 animationend 事件来获取过渡/动画执行完成的时机外，在使用 transition 组件开发前端过渡/动画的同时，还可以调用 transition 组件提供的 JavaScript 钩子函数来添加业务相关的逻辑，例如可以直接在钩子函数中操作 DOM 来达到动画的效果。一共有下面几种钩子函数，如示例代码 5-5-1 所示。

示例代码 5-5-1　transition 组件钩子函数的定义

```
<transition
```

```
  @before-enter="beforeEnter"
  @enter="enter"
  @after-enter="afterEnter"
  @enter-cancelled="enterCancelled"
  @before-leave="beforeLeave"
  @leave="leave"
  @after-leave="afterLeave"
  @leave-cancelled="leaveCancelled"
  :css="false"
>
  <!-- ... -->
</transition>
```

动画执行过程中的每一个节点都可以在当前组件的 methods 中定义对应的钩子函数，如示例代码 5-5-2 所示。

示例代码 5-5-2　transition 组件钩子函数的使用

```
methods: {
  // --------
  // ENTERING
  // --------

  beforeEnter(el) {
  ...
  },
  // 当与 CSS 结合使用时
  // 回调函数 done 是可选的
  enter(el, done) {
  ...
    done()
  },
  afterEnter(el) {
  ...
  },
  enterCancelled(el) {
  ...
  },

  // --------
  // 离开时
  // --------

  beforeLeave(el) {
  ...
  },
  // 当与 CSS 结合使用时
  // 回调函数 done 是可选的
  leave(el, done) {
```

```
    ...
      done()
    },
    afterLeave(el) {
    ...
    },
    // leaveCancelled 只用于 v-show 中
    leaveCancelled(el) {
    ...
    }
}
```

这些钩子函数可以结合 CSS 3 的 transition 或 animation 来使用，也可以单独使用。其中 el 参数表示当前元素的 DOM 对象，当只用 JavaScript 过渡时，在 enter 和 leave 中必须使用 done()方法进行回调，如果只用 CSS 3 来实现，则不需要调用 done()方法。如果不遵循此规则，这些钩子函数将被同步调用，过渡会立即完成。

5.6　多个元素或组件的过渡/动画效果

在前面的演示代码中，使用 transition 组件实现过渡/动画效果时，都是只给 transition 组件内的一个<div>元素套用了动画效果。在 Vue 中，同样支持给多个元素添加过渡/动画效果。下面还是以之前的过渡/动画演示代码为例，如示例代码 5-6-1 所示。

示例代码 5-6-1　transition 组件多个元素的过渡/动画效果 1

```
.fade-enter,.fade-leave-to {
  opacity: 0
}

.fade-enter-active,.fade-leave-active {
  transition: opacity 2s
}
<div id="app">
  <button @click="clickCallback">切换</button>
  <transition name="fade">
    <div v-if="show">Hello!</div>
    <div v-else>World!</div>
  </transition>
</div>
```

从上面的代码可知，在 transition 组件中定义了两个<div>子元素，并分别使用 v-if 和 v-else 来控制显示和隐藏，同时将 fade 的过渡效果套用到这两个子元素中。但是，当运行代码时，并没有出现：Hello！显示、World！隐藏或者 Hello！隐藏、World！显示这些效果。这是为什么呢？

当有相同标签名的元素切换时，正如示例代码中的两个子元素都采用的是<div>，Vue 为了效率，只会替换相同标签内部的内容，而不会整体替换，需要通过 key 属性设置唯一的值来标记，以让 Vue 区分它们。所以，需要给每个 div 设置一个唯一的 key 值，代码如下：

```
<transition name="fade">
  <div v-if="show" key="a">Hello!</div>
  <div v-else key="b">World!</div>
</transition>
```

再次运行这段代码，就可以看到动画效果，但是目前的动画效果还不是最完美的效果。在 Hello！显示、World！隐藏或者 Hello！隐藏、World！显示时，两个元素会发生重叠，也就是说一个<div>元素在执行离开过渡，同时另一个<div>元素在执行进入过渡，这是 transition 组件的默认行为：进入和离开同时发生。针对这个问题，transition 组件提供了过渡模式 mode 的设置项：

- in-out：新元素先进行过渡，完成之后当前元素过渡离开。
- out-in：当前元素先进行过渡，完成之后新元素过渡进入。

可以尝试将 mode 设置成 out-in 来看看效果，代码如下：

```
<transition name="fade" mode="out-in">...</transition>
```

通过上面的配置，再次运行动画代码，就不会再发生重叠现象。<transition>不仅可以为多个<div>等原生的 HTML 元素添加过渡/动画效果，对于多个不同的自定义组件也可以使用。另外，切换组件除了使用 v-if 或者 v-show 之外，也可以使用动态组件<component>来实现不同组件的替换，如示例代码 5-6-2 所示。

示例代码 5-6-2　transition 多个组件的过渡/动画效果 2

```
<style type="text/css">
.component-fade-enter-active, .component-fade-leave-active {
  transition: opacity .3s ease;
}
.component-fade-enter-from, .component-fade-leave-to {
  opacity: 0;
}
</style>
...
<div id="app">
  <button @click="clickCallback">切换</button>
  <transition name="component-fade" mode="out-in">
    <component :is="view"></component>
  </transition>
</div>
...
Vue.createApp({
  data() {
    return {
      view: 'a',
      count: 0
    }
  },
  components: {
```

```
    'a': { // 子组件 A
      template: '<div>Component A</div>'
    },
    'b': {// 子组件 B
      template: '<div>Component B</div>'
    }
  },
  methods:{
    clickCallback(){
      if (this.count % 2 == 1) {
        this.view = 'a'
      } else {
        this.view = 'b'
      }
      this.count++
    }
  }
}).mount("#app")
```

上面的代码中，<transition>组件中只包含一个<component>组件，但是可以通过 v-bind 指令加 is 来实现不同组件的替换，并且应用上了过渡效果，读者可以在浏览器中运行体验。

5.7　列表数据的过渡效果

在 Vue 的实际项目中，有很多采用列表数据布局的页面，可以通过 v-for 指令来渲染一个列表页面，同时也可以结合 transition 组件来实现在列表渲染时的过渡效果。下面先来看一个简单的例子，如示例代码 5-7-1 所示。

示例代码 5-7-1　列表数据渲染

```
<div id="app">
  <div v-for="(item,index) in list" :key="item.id">{{item.id}}</div>
  <button @click="clickCallback">增加</button>
</div>
let count = 0;
Vue.createApp({
  data() {
    return {list: []}
  },
  methods:{
    clickCallback(){
      this.list.push({
        id: count++
      })
    }
  }
```

```
}).mount("#app")
```

在上面的代码中实现了简单的列表数据渲染。单击“增加”按钮会不断地向列表中添加数据。当然，在添加的过程中没有任何过渡或者动画效果。需要注意一下，使用 v-for 循环时，需要使用 key 属性来设置一个唯一的键值。

接下来，给增加的元素添加一个“渐现”的过渡效果，可以采用 transition-group 组件实现。这个组件的用法和 transition 组件类似，可以设置 name 属性为 listFade 来标识使用哪种过渡动画。接下来修改上面的部分代码，并添加相关的 CSS，如示例代码 5-7-2 所示。

示例代码 5-7-2　列表数据渲染过渡动画

```
.listFade-enter-from,.listFade-leave-to {
  opacity: 0;
}
.listFade-enter-to {
  opacity: 1;
}
.listFade-enter-active,.listFade-leave-active {
  transition: opacity 1s;
}
...
<transition-group name="listFade">
  <div v-for="(item,index) in list" :key="item.id">{{item.id}}</div>
</transition-group>
```

再次单击“增加”按钮，便可以体验到元素会有一个“渐现”的效果。在默认情况下，transition-group 组件在页面 DOM 中会以一个<span>标签的方式来包裹循环的数据，也可以设置一个 tag 属性来规定以哪种标签显示。代码如下：

```
<transition name="listFade" tag="div">...</transition>
```

使用了 transition-group 组件之后更形象一些，可以理解成 transition-group 组件给包裹的列表的每一个元素都添加了 transition 组件，当元素被添加到页面 DOM 中时，便会套用过渡动画效果。代码如下：

```
<transition-group name="listFade">
    ...
    <transition>
      <div>1</div>
    </transition>
    <transition>
      <div>2</div>
    </transition>
    <transition>
      <div>3</div>
    </transition>
    ...
</transition-group>
```

同理，有了“渐现”效果，也可以添加“渐隐”效果，直接操作 list 这个数组即可，如示例代码 5-7-3 所示。

示例代码 5-7-3　列表数据渐隐

```
<div id="app">
    <button @click="add">增加</button>
    <button @click="remove">减少</button>
    <transition-group name="listFade">
      <div v-for="(item,index) in list" :key="item.id">{{item.id}}</div>
    </transition-group>
</div>
let count = 1;
Vue.createApp({
  data() {
    return {list: []}
  },
  methods:{
    add(){
      this.list.push({
        id: count++
      })
    },
    remove(){
      count--;
      this.list.pop()// 将数组最后一个元素剔除
    }
  }
}).mount("#app")
```

这样，添加和删除操作都有了对应的过渡效果，整个列表就好似“活”了起来。

5.8　案例：魔幻的事项列表

学习完本章的 Vue.js 动画内容之后，就有能力改造我们的项目，使其变得多彩炫动，用户体验更加丰富。还是以前面的待办事项系统为例添加 Vue.js 动画效果，让其更加魔幻。

5.8.1　功能描述

主要功能和前面的待办事项系统功能一致，利用 Vue.js 元素的动画 API 和第三方 CSS 3 动画库 Animate.css 来实现，主要动画改造如下：

- 待办事项列表添加列表交错过渡和渐隐动画效果。
- 待办事项和回收站切换添加渐隐渐现动画效果。
- 弹跳的清空按钮。

- 通用布局和样式修改。

5.8.2 案例完整代码

这里举几个核心动画改造的例子。

例如，在添加待办事项时，给事项列表添加<transition-group>组件，并应用对应的CSS，修改todo.vue，代码如下：

```
...
<div class="s-wrap">
  <transition-group name="list-complete" tag="div">
    <div v-for="item in state.todoItems"
class="list-complete-item"  :key="item.id">
      <titem :item="item" @delete="deleteItem"
@complete="completeItem"></titem>
    </div>
  </transition-group>
</div>
...
.list-complete-item {
  transition: all 0.8s ease;/* 全状态添加过渡 */
}
/* 动画进入和离开时应用CSS样式 */
.list-complete-enter-from,
.list-complete-leave-to {
  opacity: 0;/* 渐隐效果 */
  transform: translateY(20px);/* 向下移动 */
}
...
```

在添加或者删除待办事项时，从数组头部添加，动画效果更明显，同时打乱数组顺序，即让列表交错动起来，代码如下：

```
/**
* 创建事项
*/
function saveTodo() {
  ...
 // 将事项从头部存入列表
  state.todoItems.unshift({
    id: Math.random().toString(36).substr(2, 5),// 获取随机ID值
    content: state.newTodoContent// 设置内容
  })
}
...
/**
* 打乱顺序
*/
function shuffleList() {
  state.todoItems = _.shuffle(state.todoItems)
}
```

上面的代码中，利用了 lodash 的 shuffle 方法，需要在 index.html 中引入 lodash.min.js。

例如，在事项列表和回收站切换时，添加渐隐渐现效果，需要对 app.vue 代码进行改造，代码如下：

```
  <transition enter-active-class="fadeIn animated faster"
leave-active-class="fadeOut animated faster">
    <component :is="currentPage"></component>
  </transition>
```

上面的代码中，直接使用了 Animate.css 的样式，即 fadeIn，并配置在<transition>中，同时采用了动态组件<component>来代替之前的 v-show 判断切换两个组件，需要在 index.html 中引入 animate.min.css。

例如，通用样式修改中，主要将 todo.vue 和 recycle.vue 的布局由原先的 block 改为 absolute，这样做的原因是切换时不会占用空间，使动画更加流畅，然后对于事项列表添加滚动条，代码如下：

```
    position: absolute;/* 绝对定位 */
    background: #ededed;/* 设置背景颜色 */
    left: 16px;/* 设置位置 */
    right: 16px;
    top:90px;
  }
  .s-wrap {
    overflow-y:auto;/* 设置可纵向滚动 */
    height: 208px;
  }
```

以上只列举了核心的动画源码，具体的业务逻辑代码不再列举，读者可参考完整源码，执行 npm run serve 命令即可启动完整源码程序。

本案例完整源码在：/案例源码/Vue.js 动画。

5.9　小结与练习

本章主要讲解了 Vue 实现动画的相关用法，主要包括过渡和动画效果的实现。

本章内容比较独立，对于使用 Vue 来实现动画效果是必须要掌握的，如果项目中没有用到动画，只需要了解即可。本章介绍的都是比较基础的知识，当然其中有一些相对来说比较复杂的内容，例如交错过渡、排序过渡、动态过渡等，这些在项目中应用得比较少，这里就不做过多讲解了，有兴趣的读者可以查阅 Vue 官网的动画部分自行学习。

下面来检验一下读者对本章内容的掌握程度：

- 如何实现一个按钮的“渐隐渐现”效果？
- transition 组件有哪些钩子函数？
- v-enter-from 和 v-enter-to 的出现时机是什么？

第 6 章 Vuex 状态管理

一个完整的 Vue 项目是由各个组件所组成的，每个组件在用户界面上的显示是由组件内部的属性和逻辑所决定的，我们把这种属性和逻辑叫作组件的状态。组件之间的相互通信可以用来改变组件的状态。

如果项目结构简单，父子组件之间的数据传递可以使用 props 或者$emit 等方式，但是对于大型应用来说，由于组件众多，状态零散地分布在许多组件和组件之间的交互操作中，复杂度也不断增长。为了解决这个问题，需要进行状态管理，Vuex 就是一个很好的 Vue 状态管理模式。使用 Vue 开发的项目，基本上都需要使用 Vuex。

需要注意的是，Vuex 是独立于 Vue.js 的插件库，有自己的版本，对于 Vue 3 版本来说，需要使用 Vuex 4 版本才可以搭配使用。本章我们基于 4.0.0 版本来介绍 Vuex 的概念及其使用。

6.1 什么是“状态管理模式”

先从一个简单的 Vue 计数应用开始介绍，如示例代码 6-1-1 所示。

示例代码 6-1-1 状态管理模式

```
Vue.createApp({
  // state
  data () {
    return {
      count: 0
    }
  },
  // view
  template: "<div>{{ count }}</div>",
  // actions
```

```
  methods: {
    increment () {
      this.count++
    }
  }
}).mount("#app")
```

在上面的代码中，完成了一个计数的逻辑，当 increment 方法不断被调用时，count 的值就会不断增加并显示在页面上，我们称其为“状态自管理”，其包含以下几个部分：

- state：驱动应用的数据源。对应到 Vue 实例中就是在 data 中定义的属性。
- view：以声明方式将 state 映射到视图。对应 Vue 实例中的 template。
- actions：响应在 view 上用户交互操作导致的状态变化。对应 Vue 实例中 methods 中定义的方法。

可以发现，上述过程是一个单向的过程，从 view 上触发 action 改变 state，state 的改变最终回到了 view 上，这种“单向数据流”的概念可以用图 6-1 来简单描述。

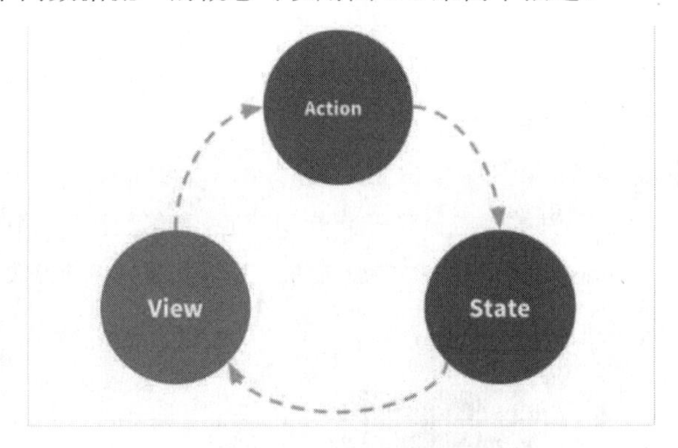

图 6-1　单向数据流

但是，当我们的应用遇到多个组件共享状态时，例如有另外 3 个 Vue 计数器实例都依赖于这个 state，并在 state 改变时做到同步的 UI 改变时，这种单向数据流的简洁性很容易被破坏，出现以下问题：

（1）多个组件依赖于同一状态。

（2）来自不同组件的行为需要变更同一状态。

对于问题（1），如果使用之前传参的方法来解决，对于多层嵌套的组件将会非常烦琐，并且对于兄弟组件之间的状态传递无能为力。

对于问题（2），可采用父子组件直接引用或者通过自定义事件来变更状态，并且在变更的同时将状态复制多份来共享给需要的组件来解决。

以上这些方案虽可以在一定程度上解决这些问题，但是非常脆弱，通常会导致出现很多无法维护的代码。

为什么不把组件的共享状态抽取出来，以一个全局单例模式管理呢？在这种模式下，所有的组件通过树的方式构成了一个巨大的“视图”，无论在树的哪个位置，任何组件都能获取状态或者触发事件。通过定义状态管理中的各种概念，并通过强制规则来维持视图和状态间的独立性，让代码变得更结构化且易于维护，这就是 Vuex 的设计思想。

6.2　Vuex 概述

6.2.1　Vuex 的组成

每一个 Vuex 应用都有一个巨大的“视图”，这个视图的核心叫作 store（仓库）。store 基本上就是一个数据的容器，它包含着应用中大部分的状态，所有组件之间的状态改变都需要告诉 store，再由 store 负责分发到各个组件。

抽象一点来说，store 就像是一个全局对象，可简单地理解成 window 对象下的一个对象，组件之间的通信和状态改变都可以通过全局对象来调用，但是 store 和全局对象还是有一些本质区别的，并且也更加复杂。下面先来看看 store 由哪些部分组成，Vuex 中有默认的 5 种基本的对象：

- state: 存储状态，是一个对象，其中的每一个 key 就是一个状态。
- getter: 表示在数据获取之前的再次编译和处理，可以理解为 state 的计算属性。
- mutation: 修改状态，并且是同步的。
- action: 修改状态，可以是异步操作。
- module: store 分割后的模块，为了开发大型项目，可以让每一个模块拥有自己的 state、mutation、action、getter，使得结构更加清晰，方便管理，但不是必须使用的。

上面这些对象之间的工作流程如图 6-2 所示。

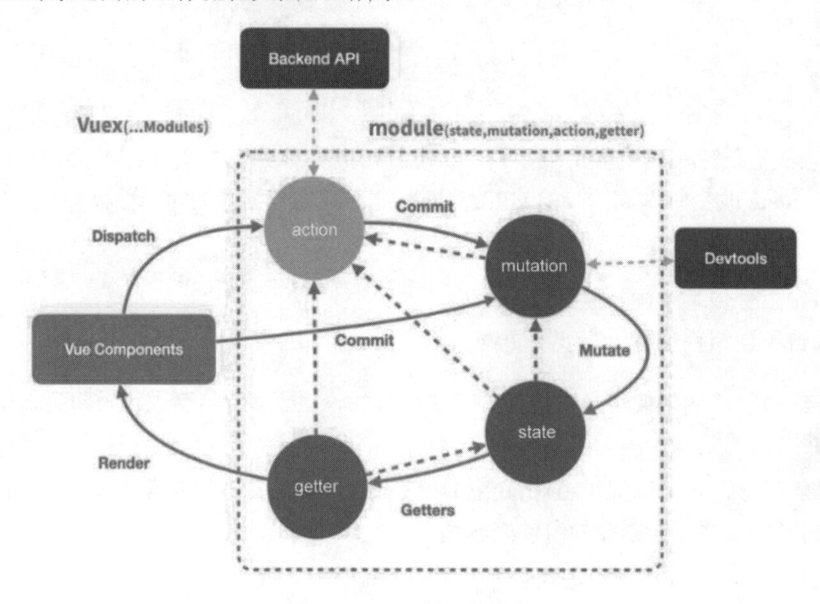

图 6-2　Vuex 的工作流程

上面的流程图中虽然没有标出 store，但是可以看出，Vuex 是一个抽象的概念，而 store 是一个表现形式，是具体的对象，在代码中真正使用的是 store，这个对象要比一般的全局对象要复杂很多。另外，Vuex 和单纯的全局对象具体有以下两点不同：

- Vuex 的状态存储是响应式的，所谓响应式，就是说当 Vue 组件从 store 中读取状态时，若 store 中的状态发生变化，则相应的组件也会得到高效更新。
- 不能直接改变 store 中的状态。改变 store 中状态的唯一途径就是显式地提交（commit）mutation（这是 Vuex 官方推荐的用法）。这样可以方便地跟踪记录每一个状态的变化，并且实现一些工具，帮助开发者更加全面地管理应用。

6.2.2　安装 Vuex

与使用 Vue.js 一样，可以在 HTML 页面中通过<script>标签的方式导入 Vuex，前提是必须要先导入 Vue.js，如示例代码 6-2-1 所示。

示例代码 6-2-1　导入 Vuex

```
<script src="https://unpkg.com/vue@3.2.28/dist/vue.global.js"></script>
<script src="https://unpkg.com/vuex@4.0.0/dist/vuex.global.js"></script>
```

当然，可以将这个链接指向的 JavaScript 文件下载到本地计算机中，而后再从本地计算机中导入。

在使用 Vuex 开发大型项目时，推荐使用 npm 方式来安装 Vuex。npm 工具能很好地和诸如 Webpack 或 Browserify 等模块打包器配合使用。安装方法如示例代码 6-2-2 所示。

示例代码 6-2-2　使用 npm 安装 Vuex

```
npm install vuex@next
```

6.2.3　一个简单的 store

在完成安装之后，下面来实际演示如何创建一个 store。创建过程直截了当，仅需要提供一个初始 state 对象和一些 mutation，如示例代码 6-2-3 所示。

示例代码 6-2-3　创建一个简单的 store

```
const store = Vuex.createStore({
  state: {
    count: 0
  },
  mutations: {
    increment (state) {
      state.count++
    }
  }
})
const app = Vue.createApp({})

app.use(store) // 可以在组件中通过 this.$store 调用
app.mount("#app")
```

在上面的代码中创建了一个简单的 store 实例，store 中的状态保存在 state 中，然后可以通过 store.commit('increment')来触发 state 状态的变更，注意 commit 方法的参数就是在 store 中定义的 mutations 的 key 值，打印 console.log(store.state.count)，可以看到打印出了“1”。

需要注意的是，通过提交 mutation 的方式，而不是直接改变 store.state.count 创建 store，这是因为我们想要更明确地追踪到状态的变化。这个简单的约定能够让我们的意图更加明显，这样即使其他开发者在阅读代码时也能更容易地解读应用内部的状态改变。此外，这样也便于实现一些能记录每次状态改变和保存状态快照的调试工具，例如 Chrome 浏览器的 Vue DevTools[1]。有了这些工具，可以实现如“时间穿梭机”般的调试体验。

通常情况下，如果在创建 store 时启用严格模式，那么就会绝对禁止采用直接修改 state 的方式，代码如下：

```
const store = createStore({
  ...
  strict: true
})
```

在严格模式下，无论何时发生了状态变更且不是由 mutation 引起的，都会抛出错误。这能保证所有的状态变更都能被 Chrome 浏览器的 Vue DevTools 工具跟踪到。

由于 store 中的状态是响应式的，因此在组件中获取 store 中的状态经常会用到计算属性，并在计算属性的方法中返回 store 里面的 state 值。触发变化也仅仅是在组件的 methods 中提交 mutation，使用起来简单便捷，代码如下：

```
  ...
  computed: {
    info() {
      return this.$store.state.info
    }
  },
  methods:{
    changeInfo(){
      this.$store.commit('changeInfo')
    }
  }
  ...
```

下一节将结合具体的 Vue 组件来使用 store，并分别说明 state、getters、mutation、action、module 的使用方法。

6.3 state

通过前文的讲解，我们知道 state 的主要作用是保存状态，通俗来讲，状态是由“键-值对”组

1 Vue DevTools 是一款基于 Chrome 游览器的插件，用于调试 Vue 及 Vuex 应用，更方便地管理 store，可极大地提高调试效率。

成的对象，那么在 Vue 的组件中，读取状态最简单的方法就是在计算属性中返回某个状态。下面先定义一个根实例，如示例代码 6-3-1 所示。

示例代码 6-3-1 store 注册根实例

```
<!-- 根实例挂载的 DOM 对象 app -->
<div id="app">
  <counter />
</div>
const app = Vue.createApp({
    components: {
      'counter': counter
    }
})
app.use(store)
app.mount("#app")
```

在上面的代码中，通过在根实例中注册 store 选项，该 store 实例会注入根组件下的所有子组件中，且子组件能通过 this.$store 访问 store 选项。然后，更新 store 和 counter 组件的实现，如示例代码 6-3-2 所示。

示例代码 6-3-2 获取 state 的值 1

```
const store = Vuex.createStore({
  state: {
    count: 3
  }
})

const counter = {
  template: '<div>{{ count }}</div>',
  computed: {
    count () {
      return this.$store.state.count // 通过 this.$store.state 可以获取到 state
    }
  }
}
```

在上面的代码中，counter 组件将 count 作为一个计算属性，然后通过 this.$store.state 就可以获取到 store 中的 state，得到 state 中的 count 值，并将 count 值赋值给计算属性中的 count，这样就构成了一条响应式的链路，一旦 store 中的 state 中的 count 值改变，就会触发计算属性中的 count 改变，进而达到动态地更新。

使用 mapState 可以直接将 store 中的 state 映射到局部的计算属性中，这样就可以直接在计算属性中使用 state，而无须定义一个 computed 的属性值，然后在属性值中获取 state 了，如示例代码 6-3-3 所示。

示例代码 6-3-3 获取 state 的值 2

```
const store = Vuex.createStore({
  state: {
```

```
    count: 3
  }
})

const counter = {
  template: '<div>{{ count }}</div>',
  computed: Vuex.mapState({
    count: state => state.count,
  })
}
```

6.4 getters

通过前面章节的学习，我们知道在 Vue 组件中，可以利用计算属性来获取 state 中定义的状态，但是如果需要对这些状态数据进行二次加工或者添加一些业务逻辑，那么这些业务逻辑就只能写在各自组件的 computed 方法中，如果各组件都需要这类逻辑，那么就需要重复多次，getters 就可以用于解决这个问题，如示例代码 6-4-1 所示。

示例代码 6-4-1 getters 的使用

```
const store = new Vuex.Store({
  state: {
    count: 3,
  },
  getters: {
    getFormatCount(state){
      // 对数据进行二次加工
      let str = '物料总价：' + (state.count * 10) + '元'
      return str;
    }
  }
})

const counter = {
  template: '<div>{{total}}</div>',
  computed: {
    total () {
      // this.$store.getters 获取
      return this.$store.getters.getFormatCount
    }
  }
}
```

参考上面的代码，我们可以把 getters 理解成 store 的“计算属性”，在 store 中添加 getters 设置，然后编写 getFormatCount 方法，接收一个 state 参数，就可以得到 state 的值，在该方法中对数据进行处理，最后把处理结果通过 return 返回。注意，在定义 getters 时是作为一个方法定义的，我们需要的是它的返回值，所以在使用 getters 时，要把它当作一个属性调用。在 counter 组件中，通过 this.$store.getters.getFormatCount 就可以获取处理之后的值。注意，这里的 getters 在通过属性 getFormatCount 访问时，如果 state 没有改变，那么每次调用都会从缓存中获取，这和组件的计算属性类似。

getFormatCount 方法除了有 state 参数之外，也可以接收另一个参数 getters，这样就可以调用其他 getters 的方法，达到复用的效果，代码如下：

```
getters: {
  otherCount(){ return '' },
  getFormatCount(state, getters) {
    return state.count + getters.otherCount
  }
}
```

使用 mapGetters 可以直接将 store 中的 getters 映射到局部的计算属性中，这样就可以直接在计算属性中使用 getter，而无须定义一个 computed 的属性值，然后在属性值中调用 getter 了，如示例代码 6-4-2 所示。

示例代码 6-4-2 getters 传参 1

```
const store = Vuex.createStore({
  state: {
    count: 3,
  },
  getters: {
    getFormatCount(state){
      const str = '物料总价: ' + (state.count * 10) + '元'
      return str;
    }
  }
})

const counter = {
  template: '<div>{{total}}</div>',
  computed: {
    ...Vuex.mapGetters({
      "total":"getFormatCount"
    })
  }
}
```

在 Vue 组件中使用 getters 时，也支持传参，需要在 store 中定义 getters 时，通过 return 返回一个函数 function，如示例代码 6-4-3 所示。

示例代码 6-4-3 getters 传参 2

```
const store = Vuex.createStore({
  state: {
    count: 3,
```

```
  },
  getters: {
    getFormatCount(state){
      // 返回一个 function
      return(unit)=>{
        const str = '物料总价：' + (state.count * unit) + '元'
        return str;
      }
    }
  }
})

const counter = {
  template: '<div>{{total}}</div>',
  computed: {
    total () {
      // this.$store.getters 调用 getFormatCount(20)传参
      return this.$store.getters.getFormatCount(20)
    }
  }
}
```

注意，getters 在通过方法访问时，每次都会调用方法，而不是读取缓存的结果。

6.5 mutation

通过 state 的学习，我们知道了如何在 Vue 组件中获取 state，那么如何在 Vue 组件中修改 state 呢？

如前文所述，更改 Vuex 的 store 中的状态的唯一方法是提交 mutation。Vuex 中的 mutation 类似于事件：每个 mutation 都有一个字符串作为事件类型（type）和一个回调函数（handler）。这个回调函数就是实际进行状态更改的地方，并且它会接收 state 作为第一个参数，如示例代码 6-5-1 所示。

示例代码 6-5-1 提交 mutation

```
const store = Vuex.createStore({
  state: {
    count: 3
  },
  mutations: {
    increment(state, params) {
      state.count = state.count + params.num
    }
  }
})
```

```
const counter = {
  template: '<div>{{ count }}<button @click="clb">增加</button></div>',
  computed: {
    count () {
      return this.$store.state.count // 通过 this.$store.state 可以获取 state
    }
  },
  methods:{
    clb(){
      // 通过 this.$store.commit 调用 mutations
      this.$store.commit('increment', {
        num: 4
      })
    }
  }
}
```

在调用 this.$store.commit 时，第一个参数是在 store 中定义的 mutations 的一个 key 值，即 'increment'；第二个参数是自定义传递的数据，然后在 store 的 mutations 方法中就可以获取该数据。

提交 mutation 的另一种方式是直接使用包含 type 属性的对象，代码如下：

```
...
this.$store.commit({
    type: 'increment',
    num: 4
})
...
```

同样会调用 increment 这个 handler 方法，然后可以从第二个参数中获取 num 值，整个 handler 方法没有变化：

```
...
increment(state, params) {
   state.count = state.count + params.num
}
...
```

同样，和 getters 一样，在组件中使用 mutations 时，可以用 mapMutations 辅助函数来快速在 methods 中映射，如示例代码 6-5-2 所示。

示例代码 6-5-2　mapMutations

```
const store = Vuex.createStore({
  state: {
    count: 3
  },
  mutations: {
    increment(state, params) {
      state.count = state.count + params.num
    }
  }
```

```
  })

  const counter = {
    template: '<div>{{ count }}<button @click="clb({num:4})">增加
</button></div>',
    computed: {
      count () {
        return this.$store.state.count // 通过 this.$store.state 可以获取 state
      }
    },
    methods:{
      ...Vuex.mapMutations({
        clb: 'increment' // 将 this.clb()映射为 this.$store.commit('increment')
      })
    }
  }
```

注意，mapMutations 只是将 clb 方法和 this.$store.commit('increment')进行映射，对于 increment 方法中的参数是没有改动的，clb 方法里面的参数可以直接进行传递，如 clb({num:4})。

另外，一条重要的原则就是要记住 mutation 必须是同步函数。如果这样编写，就会产生一个异步函数调用：

```
mutations: {
  someMutation (state) {
    setTimeout(()=> {
      state.count++
    },1000)
  }
}
```

在回调函数中触发 state.count++时，可以看到在延时了 1 秒之后，状态改变了，这看起来确实可以达到效果，但是 Vue 并不推荐这样做。

可以想象一下，当我们正在使用 DevTools 工具调试一个 Vuex 应用，并且正在观察 DevTools 中的 mutation 日志时，正常情况下每一条 mutation 都被正常记录，需要捕捉到前一个状态和后一个状态的快照。然而，在上面的例子中，mutation 中异步函数内的回调打破了这种机制，让调试工作不可能完成：因为当 mutation 触发时，回调函数还没有被调用，DevTools 不知道什么时候回调函数被真正调用，实质上任何在回调函数中进行的状态改变都是不可追踪的。

在 mutation 中混合异步调用会导致程序很难调试。例如，当调用了两个包含异步回调的 mutation 来改变状态时，我们无法知道什么时候回调和哪个先回调，这就是为什么要区分这两个概念的原因。在 Vuex 中，mutation 都是同步事务，为了解决异步问题，需要引入 action。

6.6 action

action 类似于 mutation，不同之处在于：

- action 提交的是 mutation，而不是直接变更状态。

- action 可以包含任意异步操作。

可以理解成，为了解决异步更改 state 的问题，需要在 mutation 前添加一层 action，我们直接操作 action，然后让 action 去操作 mutation，如示例代码 6-6-1 所示。

示例代码 6-6-1　提交 action

```
const store = Vuex.createStore({
  state: {
    count: 3,
  },
  mutations: {
    increment(state,params) {
      state.count = state.count + params.num
    }
  },
  actions: {
    incrementAction(context, params) {
      // 在 action 里面会去调用 mutations
      context.commit('increment',params)
    }
  }
})
const counter = {
  template: '<div>{{ count }}<button @click="clb">增加</button></div>',
  computed: {
    count () {
      return this.$store.state.count // 通过 this.$store.state 可以获取 state
    }
  },
  methods:{
    clb(){
      // 通过 this.$store.dispatch 调用 action
      this.$store.dispatch('incrementAction', {
        num: 4
      })
    }
  }
}
```

通过 this.$store.dispatch 可以在 Vue 组件中提交一个 action，同时可以传递自定义的参数，这和提交一个 mutation 很类似，乍一看感觉多此一举，直接提交 mutation 岂不是更方便？实际上并非如此，还记得 mutation 必须同步执行这个限制吗？action 则不受这个约束。因此可以在 action 内部执行异步操作：

```
...
incrementAction (context, params) {
  setTimeout(()=>{
    context.commit('increment',params)
```

```
  },1000)
}
...
```

虽然不能在 mutation 执行时进行异步操作，但是可以把异步逻辑放在 action 中，这样对于 mutation 其实是同步的，Chrome 浏览器的 Vue DevTools 也就可以追踪到每一次的状态改变了。

同时，可以在 action 中返回一个 Promise 对象，以便准确地获取异步 action 执行完成后的时间点：

```
...
incrementAction (context, params) {
    return new Promise((resolve, reject)=> {
      setTimeout(()=> {
        context.commit('increment',params)
        resolve()
      }, 1000)
    })
}
...
this.$store.dispatch('incrementAction').then(()=>{...})
```

当然，也可以在一个 action 内部获取当前的 state 或者触发另一个 action，也可以触发一个 mutation，代码如下：

```
...
actions: {
  incrementAction (context) {
     if (context.state.count > 1) {
       context.dispatch('actionOther')

       context.commit('increment1')
       context.commit('increment2')
     }
  },
  actionOther(){
    console.log('actionOther')
  }
}
...
```

同样，与 getters 和 mutations 一样，在组件中使用 actions 时，可以用 mapActions 辅助函数来快速在 methods 中映射，代码如下：

```
...
methods:{
  ...Vuex.mapActions({
      clb:'incrementAction'
  })
}
```

6.7 modules

由于使用单个状态树，应用的所有状态会集中到一个比较大的对象，当应用变得非常复杂时，store 对象就有可能变得相当臃肿。为了解决这个问题，Vuex 允许我们将 store 分割成模块（Module）。每个模块都拥有自己的 state、mutations、actions、getters，甚至是嵌套子模块。最后在根 store 采用 modules 这个设置项将各个模块汇集进来，如示例代码 6-7-1 所示。

示例代码 6-7-1 Modules

```
const moduleA = {
  state: { ... },
  mutations: { ... },
  actions: { ... },
  getters: { ... }
}

const moduleB = {
  state: { ... },
  mutations: { ... },
  actions: { ... }
}

const store = Vuex.createStore({
  modules: {
    a: moduleA,
    b: moduleB
  }
})

store.state.a // -> moduleA 的状态
store.state.b // -> moduleB 的状态
```

为了更好地理解，举个例子，对于大型的电商项目，可能有很多个模块，例如用户模块、购物车模块、订单模块等。如果将所有模块的程序逻辑都写在一个 store 中，肯定会导致这个代码文件过于庞大而难以维护，如果将用户模块、购物车模块和订单模块单独抽离到各自的 module 中，就会使代码更加清晰易读，便于维护。

可以在各自的 module 中定义自己的 store 内容，代码如下：

```
...
const moduleA = {
  state: { count: 0 },
  mutations: {
    increment(state) {
      // 'state' 可以获取当前模块的 state 状态数据
      state.count++
    }
  },
```

```
    getters: {
      doubleCount(state) {
        return state.count * 2
      }
    },
    actions:{
      incrementAction(context){
        context.commit('increment')
      }
    }
  }
  ...
```

在默认情况下，模块内部的 action、mutation 和 getters 注册在全局命名空间中，可以不受 module 限制，而 state 在 module 内部，它们可以通过下面这种方式获取到：

```
this.$store.state.moduleA.count              // 访问 state
this.$store.getters.doubleCount              // 访问 getters
this.$store.dispatch('incrementAction')      // 提交 action
this.$store.commit('increment')              // 提交 mutation
```

这样使得多个模块能够对同一个 getters、mutation 或 action 做出响应。如果多个 module 有相同名字的 getter、mutation 或 action，就会依次触发，这样可能会出现不是我们想要的结果。

如果希望模块具有更高的封装度和独立性，可以通过添加 namespaced: true 的方式使其成为带命名空间的模块。当模块被注册后，它的所有 getters、action 及 mutation 都会自动根据模块注册的路径调整命名，如示例代码 6-7-2 所示。

示例代码 6-7-2　modules 的命名空间

```
const moduleA = {
  namespaced: true,
  state: {
    count: 3,
  },
  mutations: {
    increment(state) {
      console.log('moduleA')
      state.count++
    }
  },
 getters: {
    doubleCount(state) {
      return state.count * 2
    }
  },
  actions: {
    incrementAction (context) {
      context.commit('increment')
    }
```

```
    }
  }

  const moduleB = {
    namespaced: true,
    state: {
      count: 3,
    },
    mutations: {
      increment(state) {
        console.log('moduleB')
        state.count++
      }
    },
   getters: {
      doubleCount(state) {
        return state.count * 2
      }
    },
    actions: {
      incrementAction (context) {
        context.commit('increment')
      }
    }
  }
```

在上面的代码段中定义了两个带有命名空间的 module，然后将它们集成到之前的计数器组件中，如示例代码 6-7-3 所示。

示例代码 6-7-3　调用命名空间下 module 的 action

```
  const counter = {
    template: '<div>{{ count }}<button @click="clickCallback">增加
</button></div>',
    computed: {
      count() {
        return this.$store.state.moduleA.count
  // 通过 this.$store.state.moduleA 可以获取 moduleA 的 state
      }
    },
    methods:{
      clickCallback(){
        // 通过 this.$store.dispatch 调用'moduleA/incrementAction'指定的 action
        this.$store.dispatch('moduleA/incrementAction')
      }
    }
  }

  const store = Vuex.createStore({
```

```
  modules: {
    moduleA: moduleA,
    moduleB: moduleB
  }
})
```

要调用一个 module 内部的 action 时，需要使用如下代码：

```
this.$store.dispatch('moduleA/incrementAction')
```

dispatch 方法参数由“空间 key+'/'+action 名”组成，除了调用指定命名空间的 action 外，当然也可以调用指定命名空间的 mutations，或者存取指定命名空间下的 getters，代码如下：

```
this.$store.commit('moduleA/increment')
this.$store.getters['moduleA/increment']
```

若要两个 module 之间进行交互调用，例如把 moduleA 的操作 action 或 mutation 通知到 moduleB 的 action 或 mutation 中，那么将{root: true}作为第三个参数传给 dispatch 或 commit 即可。代码如下：

```
...
const moduleB = {
  namespaced: true,
  actions: {
    incrementAction (context) {
      // 在 moduleB 中提交 moduleA 相关的 mutation
      context.commit('moduleA/increment',null,{root:true})
      // or
      // 在 moduleB 中提交 moduleA 相关的 action
      context.dispatch('moduleA/incrementAction',null,{root:true})
    }
  }
}
...
```

第一个参数必须由“空间 key+'/'+action 名（mutation 名）”组成，这样 Vuex 才可以找到对应命名空间下的 action 或者 mutation。第二个参数是自定义传递的数据，默认为空。第三个参数是{ root: true}。

如果需要在 moduleA 内部的 getters 或 action 中存取全局的 state 或 getters，可以利用 rootState 和 rootGetter 作为第三个和第四个参数传入 getters，同时也会通过 context 对象的属性传入 action，如示例代码 6-7-4 所示。

示例代码 6-7-4　rootState 和 rootGetter 参数的使用

```
const moduleA = {
  namespaced: true,
  state: {
    count: 3,
  },
  getters: {
    doubleCount(state,getters,rootState,rootGetters) {
      console.log(getters)          // 当前 module 的 getters
```

```
      console.log(rootState)     // 全局的 state->rootCount: 3
      console.log(rootGetters)   // 全局的 getters->rootDoubleCount
      return state.count * 2
    }
  },
  actions: {
    incrementAction (context) {
      console.log(context.rootState)     // 全局的 state->rootCount: 3
      console.log(context.rootGetters)   // 全局的 getters->rootDoubleCount
    }
  }
}
const store = Vuex.createStore({
  state:{
    rootCount: 3
  },
  getters:{
    rootDoubleCount(state) {
      return state.rootCount * 2
    }
  },
  modules: {
    moduleA: moduleA,
  }
})
```

若需要在带命名空间的模块注册全局 action(虽然这种应用场景较少遇到)，则可添加 root:true，将这个 action 的定义放在函数 handler 中。代码如下：

```
...
{
  actions: {
    someOtherAction(context) {
      context.dispatch('someAction')
    }
  },
  modules: {
    moduleC: {
      namespaced: true,
      actions: {
        someAction: {
          root: true,
          handler(namespace,params) { ... } // -> 'someAction'
        }
      }
    }
  }
}
```

```
...
```

可以看到 Vuex 的 module 机制非常灵活，不仅可以在各自的 module 之间相互调用，也可以在全局的 store 中相互调用。这种机制有助于处理复杂项目的状态管理，将单个 store 进行“组件化”，体现了拆分和分治的原则，这种思想可以借鉴到开发大型项目的架构中，保证代码的稳定性和可维护性，从而提升开发效率。

6.8 Vuex 插件

在创建 store 的时候，可以为其配置插件，插件的主要功能是提供一种面向切面（Aspect Oriented Programming，AOP）的钩子函数。例如，在 Vuex 中，修改 state 的主要操作来自于 mutation，如果需要监测到 mutation 的调用，可以在每个 mutation 前添加自己的监测逻辑，这其实不难，代码如下：

```
methods:{
  clb(){
    console.log('mutation 调用开始')
    this.$store.commit('increment', {
      num: 4
    })
    console.log('mutation 调用结束')
  }
}
```

但是对于一个大型的项目中有很多 mutation 的调用，我们能否监测到每次 mutation 的调用又不侵入业务逻辑呢？这就需要用到插件提供的钩子函数来实现，如示例代码 6-8-1 所示。

示例代码 6-8-1 rootState 和 rootGetter 参数的使用

```
const myPlugin = (store) => {
  // 当 store 初始化后调用
  store.subscribe((mutation, state) => {
    console.log('mutation 调用开始结束')
    // 每次 mutation 之后调用
    // mutation 的格式为 { type, payload }
  })
}

const store = Vuex.createStore({
  plugins: [myPlugin],
  state: {
    count: 3
  },
  mutations: {
    increment(state,params) {
      state.count = state.count + params.num
```

```
    }
  }
})

const counter = {
  template: '<div>{{ count }}<button @click="clb">增加</button></div>',
  methods:{
    clb(){
      // 通过 this.$store.commit 调用 mutations
      this.$store.commit('increment', {
        num: 4
      })
    }
  }
}
```

上面的代码中，首先定义了一个插件，在插件中采用 store.subscribe 方法就可以监测到使用该 store 下所有的 mutation 调用。每当我们调用 increment 时就会进入这个方法，其中第一个参数 mutation 是当前调用的 mutation 内容，type 是 increment 的名字，payload 是 increment 的参数。第二个参数是当前 state 的内容。这样，我们就在不侵入原有业务逻辑代码的情况下实现了 mutation 的监测。

利用插件，我们也可以记录 state 快照，每当 state 改变时都记录下前后的差异，这样更加有利于 Vuex 的调试，这也是 Chrome 浏览器的 Vue DevTools 工具的核心功能之一，代码如下：

```
const myPluginWithSnapshot = (store) => {
  let prevState = _.cloneDeep(store.state)
  store.subscribe((mutation, state) => {
    let nextState = _.cloneDeep(state)

    // 比较 prevState 和 nextState

    // 保存状态，用于下一次 mutation
    prevState = nextState
  })
}
```

也可以在插件中打印逻辑日志，相当于记录用户的操作，这些都是 Vuex 插件给我们提供的非常便利的功能。

6.9　在组合式 API 中使用 Vuex

前面所讲解的 Vuex 结合组件的使用都是在配置式 API 中进行的，主要是通过 this.$store.xx 或者 mapxx 等辅助函数来使用，在组合式 API 的 setup 方法中，也可以使用 Vuex，首先访问 state 和 getters，如示例代码 6-9-1 所示。

示例代码 6-9-1　组合式 API 使用 Vuex

```
const store = Vuex.createStore({
  state: {
    count: 3
  },
  getters: {
    getFormatCount(state){
      // 对数据进行二次加工
      let str = '物料总价：' + (state.count * 10) + '元'
      return str;
    }
  }
})

const counter = {
  template: '<div>{{ count }}, {{ formatcount }}</div>',
  setup(){
    const store = Vuex.useStore()
    console.log(store.state.count)
    // 计算属性获取 state
    let count = Vue.computed(() => store.state.count)
    let formatcount = Vue.computed(() => store.getters.getFormatCount)

    return {
      count,
      formatcount
    }
  }
}
```

上面的代码中，由于 setup 方法中无法使用配置式 API 当前实例的上下文对象 this，可以采用 useStore 方法获取 store 对象，从而得到 state 和 getters 的数据，并结合组合式 API 的 computed 方法绑定到计算属性上。

mutation 和 action 也可以在 setup 方法中使用，如示例代码 6-9-2 所示。

示例代码 6-9-2　组合式 API 使用 Vuex

```
const store = Vuex.createStore({
  state: {
    count: 3
  },
  mutations: {
    increment(state,params) {
      state.count = state.count + params.num
    }
  },
  actions: {
    incrementAction(context, params) {
```

```
      // 在 action 中调用 mutations
      context.commit('increment',params)
    }
  }
})

const counter = {
  template: '<div>{{ count }}<button @click="increment">增加</button></div>',
  setup(){
    const store = Vuex.useStore()
    let count = Vue.computed(() => store.state.count)
    // 定义方法返回 mutation 和 action 的调用
    let increment = ()=> store.commit('increment',{num:4})
    let incrementAction = ()=>store.dispatch('incrementAction',{num:4})

    return {
      count,
      increment,
      incrementAction
    }
  }
}
```

上面的代码中，单击“增加”按钮，就会调用 increment 对应的 mutation，从而修改 state 中的 count 值，而 count 则被绑定到了计算属性上，所以每次单击 count 的值就会更新。

6.10　Vuex 适用的场合

Vuex 可以帮助我们进行项目状态的管理，在大型项目中，使用 Vuex 是非常不错的选择。但是，在使用 Vuex 时，很多逻辑操作会让我们感觉很“绕”，例如修改一个状态需要 action→mutation→state，这些步骤不免让人感到烦琐冗余。

如果应用比较简单，最好不要使用 Vuex，一个简单的 store 模式就足够了。如果需要构建一个中大型的项目，因为要考虑在组件外部如何更好地管理状态，所以 Vuex 是最好的选择。不要为了使用一项技术而去使用这项技术，只有选择真正适合当前业务的技术才是最好的选择。

6.11　Pinia 介绍

Pinia 是一个用于 Vue 的状态管理库，类似 Vuex，是 Vue 的另一种状态管理方案。Pinia 主打简单和轻量，其大小仅有 1KB，在功能用法上主要包括 store、state、getter、action 等概念。

Pinia 采用如下命令安装：

```
npm install pinia@next
```

pinia@next 版本兼容 Vue 3，其大部分 API 和 Vuex 类似，并且结合 Vue 3 组合式 API 使用起来更加方便。

在 Pinia 中，可以自由地将多个 store（Vuex 更推荐使用一个 store）定义在不同的模块文件中，使用时直接引入这个模块即可，便于拆分管理，例如创建一个 user.js，代码如下：

```
// stores/user.js
import { defineStore } from 'pinia'

export const useCounterStore = defineStore('counter', {
  state: () => ({ count: 0 }),
  actions: {
    increment() {
      this.count++
    },
  },
})
```

使用时，直接导入这个模块，代码如下：

```
import { useCounterStore } from '@/stores/user'

export default {
  setup() {
    const counter = useCounterStore()
    // 直接修改 state
    counter.count++
    // $patch 方法修改 state
    counter.$patch({ count: counter.count + 1 })
    // 调用 action
    counter.increment()
  },
}
```

在 Pinia 中，可以直接对 state 进行修改（不同于 Vuex 不推荐这么做），也可以调用 action 即通过$patch 方法同时对多个 state 进行修改。

Pinia 符合直觉的状态管理方式，让使用者回到了模块导入导出的原始状态，使状态的来源更加清晰可见，但是目前来说 Pinia 还处于快速更新阶段，相关社区和文档还不够完善，还是不如 Vuex 使用者多，就目前来说读者可以先行了解，对于状态管理还是更加推荐 Vuex。

6.12　案例：事项列表的数据通信

学习完本章 Vuex 状态管理的内容之后，在组件通信方面就有了更加丰富的选择，还是在之前的待办事项系统案例基础上，将 mitt 的通信方式更换成 Vuex，将整个项目的数据统一由 Vuex 管理，使得代码变得更加合理，更加清晰。

6.12.1　功能描述

主要功能和前面的待办事项系统功能一致，利用 Vuex 实现组件通信和数据管理，主要改造如下：

- 将待办事项列表 todoItems 和回收站事项列表 recycleItems 放在 Vuex 的 store 中。
- 相关增加事项、删除事项、恢复事项等操作逻辑由 action 和 mutation 来实现。

6.12.2　案例完整代码

这里举几个改造源码的例子。

例如，新建 store.js，定义 state、action、mutation，代码如下：

```
import Vuex from 'vuex'
import dataUtils from '../utils/dataUtils'
const myPlugin = (store) => {
  store.subscribe((mutation, state) => {
    // 每次调用 mutation，在这里持久化数据
    dataUtils.setItem('todoList', state.todoItems)
    dataUtils.setItem('recycleList', state.recycleItems)
  })
}
export default Vuex.createStore({
  plugins: [myPlugin],
  state: {
    todoItems:dataUtils.getItem('todoList') || [],
    recycleItems:dataUtils.getItem('recycleList') || [],
  },
  mutations: {
    /*
    * 添加事项
    */
    addTodo (state, obj) {
      state.todoItems.unshift(obj)
    },
    /*
    * 添加回收站事项
    */
    addRecycle (state, obj) {
      state.recycleItems.unshift(obj)
    },
    /*
    * 删除回收站事项
    */
    deleteRecycle (state, obj) {
      // 以下逻辑为找到对应 id 的事项，然后删除
      state.recycleItems = state.recycleItems.filter(item=>{
        return item.id != obj.id
```

```
    })
  },
  /*
  * 删除事项
  */
  deleteTodo (state, obj) {
    // 以下逻辑为找到对应 id 的事项，然后删除
    state.todoItems = state.todoItems.filter(item=>{
      return item.id != obj.id
    })
  },
  /*
  * 重置事项列表
  */
  resetTodo(state, array){
    state.todoItems = array
  }
 },
 actions: {
  addTodo (context, obj) {
    context.commit('addTodo', obj)
  },
  addRecycle (context, obj) {
    context.commit('addRecycle', obj)
  },
  deleteTodo(context, obj){
    // 先删除待办事项
    context.commit('deleteTodo', obj)
    // 后增加回收站事项
    context.commit('addRecycle', obj)
  },
  revertTodo(context, obj){
    // 先删除回收站事项
    context.commit('deleteRecycle', obj)
    // 后增加待办事项
    context.commit('addTodo', obj)
  }
 }
})
```

上面的代码中，不仅定义了基本的 state、action、mutation，还定义了一个 Vuex 插件，这个插件的功能是在所有 mutation 调用后执行数据持久化逻辑。

例如，在 todo.vue 中，之前的删除事项逻辑需要删除 todoItems 对应的元素，同时还要 mitt 通知回收站列表 recycleItems 添加对应的元素，在使用了 Vuex 后，直接调用一个 action 即可，代码如下：

```
/**
```

```
 * 删除事项
 */
const deleteItem = (obj)=>store.dispatch('deleteTodo',obj)
```

只需一行代码即可，逻辑放在 action 中，更加简洁清晰。

以上只列举了核心的 Vuex 改造源码的例子，具体的业务逻辑代码就不再列举，读者可参考完整源码，执行 npm run serve 命令即可启动完整源码程序。

本案例完整源码：/案例源码/Vuex 状态管理。

6.13　小结与练习

本章讲解了 Vuex 的相关知识，主要内容包括：Vuex 概述、state、getter、mutation、action、modules、Vuex 的适用场合。Vuex 的官方解释是一个专为 Vue.js 应用开发的状态管理模式，通俗点来解释就是一个帮助 Vue.js 应用解决复杂的组件通信方式的工具。理解并掌握 Vuex 中的 5 个基本对象以及 Vuex 的工作流程是学习本章知识的关键，Vuex 的工作流程可以回顾本章开头的流程图。

对于 Vuex 的选择和使用需要根据实际情况，对于大型的 Vue 项目，一般都需要使用 Vuex，而对于小型的 Vue 应用，则不必使用 Vuex。最后建议读者自行运行一下本章提供的各个示例代码，以便加深对知识的理解和掌握。

下面来检验一下读者对本章内容的掌握程度：

- 什么是状态管理模式？
- Vuex 中的 5 个基本对象是什么？
- Vuex 中的 store 是什么，与 5 个基本对象的关系是什么？
- Vuex 中的 state 的作用是什么？
- Vuex 中的 mutation 和 action 有什么异同？
- 在项目中使用 Vuex 需要遵守什么原则？

第 7 章 Vue Router 路由管理

做过传统 PC 端前端页面开发的人一定都知道，如果项目中需要页面切换或者跳转，可以利用<a></a>标签来实现，那么对于移动 Web 应用来说，可否使用<a></a>标签来实现页面跳转呢？答案当然是可以的，我们可以创建多个 HTML 页面，然后让它们直接相互跳转，和 PC 端的没有多大差别。

但是，对于大多数的移动 Web 应用来说，它们大部分是单页应用（Single Page Application，SPA），而 Vue Router 是 Vue.js 官方的路由插件，它和 Vue.js 是深度集成的，可用来实现单页面应用的路由管理。

需要注意的是，Vue Router 是独立于 Vue.js 的插件库，有自己的版本，对于 Vue 3 版本来说，需要搭配 Vue Router 4 版本使用。本章我们来介绍基于 4.0.11 版本的 Vue Router 的概念及其使用。

7.1 什么是单页应用

单页应用是一种基于移动 Web 的应用或者网站，这种 Web 应用大多数由一个完整的 HTML 页面组成，页面之间的切换通过不断地替换 HTML 内容或者隐藏和显示所需要的内容来实现，其中包括一些页面切换的效果，这些都由 CSS 和 DOM 相关的 API 来模拟完成。与单页应用相对应的就是多页应用，多页应用由多个 HTML 页面组成，页面之间的切换通过<a></a>标签完成，每次打开的都是新的 HTML 页面。

单页应用有以下特点：

- 单页应用在页面加载时会将整个应用的资源文件都下载下来（在无“懒加载”的情况下）。
- 单页应用的页面内容由前端 JavaScript 逻辑生成，在初始化时由一个空的<div>占位。
- 单页应用的页面切换一般通过修改浏览器的哈希（Hash）来记录和标识。

结合上面的特点，单页应用首次打开页面时，不仅需要页面的 HTML 代码，还会加载相关的

JavaScript 和 CSS 静态资源文件，之后才可以进行页面渲染，因此用户看到页面内容的时间要稍长一些。另外，单页应用的 HTML 是一个空的<div>，也不利于搜索引擎优化（Search Engine Optimization，SEO）。

在实现单页应用的页面切换时，要修改页面的哈希，例如，通过 http://localhost/index.html#page1 来模拟进入 page1 页面，通过 http://localhost/index.html#page2 来模拟进入 page2 页面。随着越来越多的页面需要相互跳转，而且需要相互传递参数，就需要一个数据对象可以维护和保存这些跳转逻辑，于是就引出了路由这个概念。采用 Vue.js 开发的单页应用都会推荐使用 Vue Router（下同 vue-router）来实现页面的路由管理。

7.2　Vue Router 概述

Vue Router 是 Vue.js 官方的路由管理器，它和 Vue.js 的核心深度集成，让构建单页应用变得易如反掌。它包含的功能有：

- 嵌套的路由、视图表。
- 模块化的、基于组件的路由配置。
- 路由参数、查询、通配符。
- 基于 Vue.js 过渡系统的视图过渡效果。
- 细粒度的导航控制。
- 带有自动激活的 CSS class 的链接。
- HTML 5 历史模式或哈希模式。
- 自定义的滚动条行为。

7.2.1　安装 Vue Router

与安装 Vuex 方法相同，在 HTML 页面中，通过<script>标签的方式导入 Vue Router，前提是必须要先导入 Vue.js，如示例代码 7-2-1 所示。

示例代码 7-2-1　导入 Vue Router

```
    <script src="https://unpkg.com/vue@3.2.28/dist/vue.global.js"></script>
    <script
src="https://unpkg.com/vue-router@4.0.11/dist/vue-router.global.js"></script>
```

当然，可以将这个链接指向的 JavaScript 文件下载到本地计算机中，再从本地计算机导入即可。

在使用 Vue Router 开发大型项目时，推荐使用 npm 方式来安装。npm 工具可以很好地和诸如 Webpack 或 Browserify 等模块打包器配合使用。安装方法如示例代码 7-2-2 所示。

示例代码 7-2-2　npm 安装 Vue Router

```
    npm install vue-router@4
```

7.2.2 一个简单的组件路由

在 Vue 项目中，使用路由的基本目的就是为了实现页面之间的切换。正如前面章节所述，在单页应用中的页面切换主要是控制一个容器<div>的内容，替换、显示或隐藏。下面就用 Vue Router 来控制一个<div>容器的内容切换进行演示，如示例代码 7-2-3 所示。

示例代码 7-2-3　简单的组件路由

```
<!DOCTYPE html>
<html lang="en">
<head>
  <meta charset="utf-8">
  <meta name="viewport" content="width=device-width, initial-scale=1.0,
maximum-scale=1.0, user-scalable=no" />
  <title>vue-router</title>
<script src="https://unpkg.com/vue@3.2.28/dist/vue.global.js"></script>
<script
src="https://unpkg.com/vue-router@4.0.11/dist/vue-router.global.js"></script>
</head>
<body>
 <div id="app">
   <p>
     <router-link to="/page1">导航 page1</router-link>
     <router-link to="/page2">导航 page2</router-link>
   </p>
   <router-view></router-view>
 </div>
 <script type="text/javascript">
   // 创建 page1 的局部组件
   const PageOne = {
     template: '<div>PageOne</div>'
   }
   // 创建 page2 的局部组件
   const PageTwo = {
     template: '<div>PageTwo</div>'
   }

   // 配置路由信息
   const router = VueRouter.createRouter({
     history: VueRouter.createWebHashHistory(),// 路由模式
     routes: [
       { path: '/page1', component: PageOne },
       { path: '/page2', component: PageTwo }
     ]
   })

   const app = Vue.createApp({})
```

```
    app.use(router)
    app.mount("#app")

  </script>
</body>
</html>
```

上面的代码是完整的演示代码，可以直接在浏览器中打开。VueRouter.createRouter 方法可以创建路由对象，其中 routes 表示每个路由的配置，history 表示路由模式，在 Vue Router 4 中是必传的，调用 app.use(router)即可使用路由。

<router-view>组件是 vue-router 内置的组件，就相当于一个容器<div>。<router-link>组件是 vue-router 内置的导航组件，routes 对应的数组是路由配置信息。当我们单击第一个<router-link>组件时，会动态改变浏览器的哈希，根据配置的路由信息，当哈希值为 page1 时，便命中了 path: '/page1' 规则，这时<router-view>的内容就被替换成了 PageOne 组件，以此类推，PageTwo 组件也是如此。这个代码段的运行效果如图 7-1 所示。

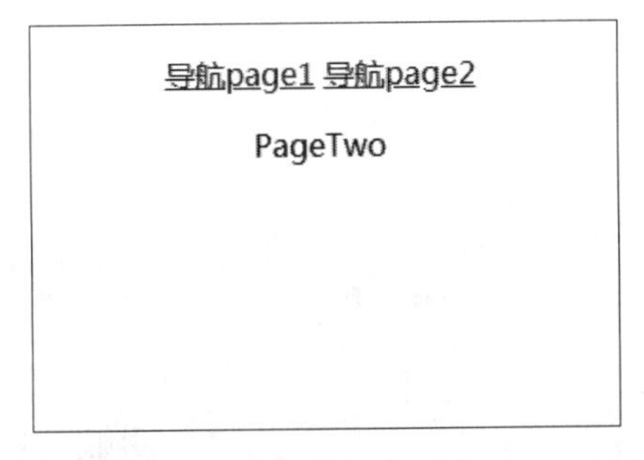

图 7-1　组件路由的演示

这就是所谓的组件路由，把组件类比成页面，每个页面默认是一个组件，当页面的哈希切换到某个路径时，就会匹配到对应的组件，然后将容器的 div 内容替换成这个组件，就实现了页面的切换，这是 vue-router 基本的使用方法。当然，路由配置信息可以支持多种方式，如常用的动态路由匹配。

7.3　动态路由

7.3.1　动态路由匹配

如果需要把不同路径的路由全都映射到同一个组件，例如，有一个 User 组件，对于所有 ID 各不相同的用户，都要使用这个组件来渲染，则可以在 vue-router 的路由路径中使用“动态路径参数”（Dynamic Segment）来达到这个效果，如示例代码 7-3-1 所示。

示例代码 7-3-1　动态路由匹配

```
<p>
  <router-link to="/user/1">用户 1</router-link>
  <router-link to="/user/2">用户 2</router-link>
```

```
    </p>
    <router-view></router-view>

    const User = {
      template: '<div>用户 id: {{$route.params.id}}</div>'
    }

    // 配置路由信息
    const router = VueRouter.createRouter({
      history: VueRouter.createWebHashHistory(),
      routes: [
        { path: '/user/:id', component: User }
      ]
    })
```

通过:id 的方式可以指定路由的路径参数，使用冒号来标识。这样"/user/1"和"/user/2"都可以匹配到 User 这个组件。在 User 组件插值表达式中使用$route.params.id 可以获取这个 id 参数。如果是在方法中使用，则可以使用 this.$route.params.id，注意是$route 而不是$router。

另外，也可以在一个路由中设置多段路径参数，对应的值都会设置到$route.params 中，如图 7-2 所示。

模式	匹配路径	$route.params
/user/:username	/user/evan	{ username: 'evan' }
/user/:username/post/:post_id	/user/evan/post/123	{ username: 'evan', post_id: '123' }

图 7-2　设置多段路径参数

使用这种路径参数的方式是在页面切换时直接传递参数，可以让 URL 地址更加简洁，也更符合 RESTful[1]风格。

如果想实现更高级的正则路径匹配，vue-router 也是支持的，例如下面的代码：

```
const router = VueRouter.createRouter({
  history: VueRouter.createWebHashHistory(),
  routes: [
    // 正则匹配，id 为数字的路径
    { path: '/user/:id(\\d+)', component: User },
  ]
})
```

注意，在 Vue Router 4 中，移除了对于*路径正则匹配所有路径的方式，如果想要实现通配符匹配所有路径，可以通过参数*的方式实现，代码如下：

```
const router = VueRouter.createRouter({
```

1 RESTful 风格是指基于 REST(Resource Representational State Transfer)构建的 API 风格，用 HTTP 动词(GET、POST、DELETE、DETC）描述操作具体的接口功能。

```
  history: VueRouter.createWebHashHistory(),
  routes: [
    // 不再支持
    { path: '*', component: User },
    // 匹配/、/one、/one/two、/one/two/three 任意字符
    { path: '/:chapters*', component: User },
  ]
})
```

当使用参数*的方式来匹配时，/后面的所有字符都会被当作 chapters 参数，代码如下：

```
<router-link to="/userabc/efg/1">用户 1</router-link>

{ path: '/:chapters*', component: User },

{{$route.params.chapters}}// [ "userabc", "efg", "1" ]
```

7.3.2　响应路由变化

当使用路由来实现页面切换时，有时需要能够监听到这些切换的事件，例如从/page1 切换到/page2 时，可以使用监听属性来获取这个事件，如示例代码 7-3-2 所示。

示例代码 7-3-2　响应路由变化

```
watch:{
  // to 表示切换之后的路由，from 表示切换之前的路由
  '$route'(to,from){
    // 在这里处理响应
    console.log(to,from)
  }
}
```

可以使用 watch 监听属性来监听组件内部的$route 属性，当路由发生变化时，便会触发这个属性对应的方法，有两种情况需要注意一下：

- 当路由切换对应的是同一个子组件时，例如上面的 User 组件，只是参数 id 不同，那么监听方法可以写在子组件 User 中。
- 当路由切换对应的是不同的组件时，例如上面的 PageOne 和 PageTwo 组件，那么监听方法需要写在根组件中才可以接收到变化。

两种写法代码如下：

```
const User = {
  template: '<div>用户 id: {{$route.params.id}}</div>',
  watch:{// 子组件 watch 方法
    '$route'(to,from){ ... }
  }
}
...
const app = Vue.createApp({
```

```
  watch:{ // 根组件 watch 方法
    '$route'(to,from){ console.log(to,from) }
  }
})
```

设置在根组件的 watch 方法在上面两种情况下都会触发，所以建议统一在根组件中设置 watch 监听路由的变化。

除了使用 watch 方法来监听路由的变化外，在 Vue Router 2.2 版本之后，引入了新的方案，叫作导航守卫。

7.4 导航守卫

所谓导航守卫，可以理解成拦截器或者路由发生变化时的钩子函数。vue-router 提供的导航守卫主要用来通过跳转或取消的方式守卫导航。导航守卫可以分为多种，它们分别是：

- 全局前置守卫。
- 全局解析守卫。
- 全局后置钩子。
- 组件内守卫。
- 路由配置守卫。

每当页面的路由变化时，可以把这种路由引起的路径变化称为“导航”，这里的“导航”是一个动词，“守卫”是一个名词，就是在这些“导航”有动作时来监听它们。

7.4.1 全局前置守卫

全局前置守卫需要直接注册在 router 对象上，可以使用 router.beforeEach 注册一个全局前置守卫，如示例代码 7-4-1 所示。

示例代码 7-4-1 全局前置守卫的注册

```
// 配置路由信息
const router = VueRouter.createRouter({
  history: VueRouter.createWebHashHistory(),
  routes: [
    { path: '/user/:id', component: User },
  ]
})
router.beforeEach((to, from, next)=> {
  // 响应变化逻辑
  ...
  // next() // 如果使用了 next 参数，则必须调用 next()方法
})
```

当一个路由发生改变时，全局前置守卫的回调方法便会执行，正因为是前置守卫，在改变之

前便会进入这个方法，所以可以在这个方法中对路由相关的参数进行修改等，完成之后，必须调用 next()方法才可以继续路由的工作。每个守卫方法接收 3 个参数：

- to：Route 类型，表示即将进入的目标路由对象。
- from：Route 类型，表示当前导航正要离开的路由对象。
- next：可选，Function 类型，提供执行后续路由的参数，一定要调用该方法才能完成（resolve）整个钩子函数。执行效果取决于 next()方法的调用参数：
  - ✧ next()：进行管道中的下一个钩子。如果全部钩子执行完毕，则导航的状态就是确认的（confirmed）。
  - ✧ next(false)：中断当前的导航。如果浏览器的 URL 改变了（可能是用户单击了浏览器的后退按钮），那么 URL 地址会重新设置到 from 路由对应的地址。
  - ✧ next('/')或者 next({ path: '/' })：跳转到一个不同的地址。当前的导航被中断，然后执行一个新的导航。例如对之前的路由进行修改，然后将新的路由对象传递给 next()方法。
  - ✧ next(error)：如果传入 next 的参数是一个 Error 实例对象，则导航会被终止且该错误会被传递给 router.onError()注册过的回调方法（或回调函数）。

当选择使用了 next 参数时，请确保在任何情况下都要调用 next()方法，否则守卫方法就不会被完成，而一直处于等待状态。

如果没有使用 next 参数，可以通过返回值的方式来完成或者终止守卫，使用方法和 next 类似，代码如下：

```
router.beforeEach((to, from)=> {
  return false // 相当于 next(false)
  // 或者
  return { path: '...' }// 相当于 next({ path: '...' })
})
```

7.4.2 全局解析守卫

在 router.beforeEach 之后还有一个守卫方法 router.beforeResolve，它用来注册一个全局守卫，称为全局解析守卫。用法与 router.beforeEach 类似，区别在于调用的时机，即全局解析守卫是在导航被确认之前，且在所有组件内守卫和异步路由组件被解析之后调用，如示例代码 7-4-2 所示。

示例代码 7-4-2 全局解析守卫的调用

```
router.beforeResolve((to, from, next)=> {

  // 响应变化逻辑
  ...
  next()
})
```

router.beforeResolve 是获取数据或执行任何其他操作（如果用户无法进入页面，用户希望避免执行的操作）的理想位置。

7.4.3 全局后置钩子

在了解了全局前置守卫和全局解析守卫之后，接下来学习一下全局后置钩子。这里解释一下为什么不叫“守卫”，因为守卫一般可以对路由 router 对象进行修改和重定向，并且带有 next 参数，但是后置钩子不同，相当于只是提供了一个方法，让我们可以在路由切换之后执行相应的程序逻辑。这种钩子不会接受 next 函数，也不会改变导航本身，使用方法和全局前置守卫类似，如示例代码 7-4-3 所示。

示例代码 7-4-3　全局后置钩子的使用

```
router.afterEach((to, from)=> {
...
})
```

7.4.4 组件内的守卫

前面讲解的都是全局相关的守卫或者钩子，将这些方法设置在根组件上就可以很方便地获取对应的回调方法，并可在其中添加所需的处理逻辑。如果不需要在全局中设置，也可以单独给自己的组件设置一些导航守卫或者钩子，以达到监听路由变化的目的。

可以在路由组件内直接定义以下路由导航守卫：

- beforeRouteEnter。
- beforeRouteUpdate。
- beforeRouteLeave。

这些守卫的触发时机和使用方法如示例代码 7-4-4 所示。

示例代码 7-4-4　组件内的守卫的使用

```
const User = {
  template: '<div>用户 id: {{$route.params.id}}</div>',
  beforeRouteEnter(to, from) {
    // 在渲染该组件的对应路由被验证前调用
    // 不能获取组件实例 'this'
    // 因为当守卫执行时，组件实例还没被创建
  },
  beforeRouteUpdate(to, from) {
    // 在当前路由改变，但是该组件被复用时调用
    // 举例来说，对于一个带有动态参数的路径 '/users/:id'，在 '/users/1' 和'/users/2'
之间跳转的时候，由于会渲染同样的 'UserDetails' 组件，因此组件实例会被复用。而这个钩子就
会在这个情况下被调用
    // 因为在这种情况发生的时候，组件已经挂载好了，导航守卫可以访问组件实例 'this'
  },
  beforeRouteLeave(to, from) {
    // 在导航离开渲染该组件的对应路由时调用
    // 与 'beforeRouteUpdate' 一样，它可以访问组件实例 'this'
  },
}
```

总结一下，beforeRouteEnter 和 beforeRouteLeave 这两个守卫很好理解，就是当导航进入该组件和离开该组件时调用，但是如果前后的导航是同一个组件，那么这种应用场合就属于组件复用，例如只改变参数，代码如下：

```
<router-link to="/user/1">导航 user1</router-link>
<router-link to="/user/2">导航 user2</router-link>
...
const User = {
  template: '<div>用户 id: {{$route.params.id}}</div>',

}
...
const router = VueRouter.createRouter({
  history: VueRouter.createWebHashHistory(),
  routes: [
    { path: '/user/:id', component: User },
  ]
})
```

在这种应用场合下，beforeRouteEnter 和 beforeRouteLeave 这两个方法并不会触发，取而代之的是 beforeRouteUpdate 这个方法会在每次导航时触发。另外，在 beforeRouteEnter 方法中无法获取当前组件实例 this。

因为 beforeRouteEnter 守卫在导航确认前被调用，守卫不能访问 this，所以即将登场的新组件还没创建。不过，可以通过传一个回调方法给 next()来访问组件实例。在导航被确认时执行回调方法，并且把组件实例作为回调方法的参数。代码如下：

```
beforeRouteEnter(to, from, next) {
  next((vm)=>{
    // 通过'vm'访问组件实例
  })
}
```

与之前讲解的全局守卫一样，如果使用 next 参数，确保在任何情况下都要调用 next()方法，否则守卫方法就会处于等待状态。beforeRouteLeave 离开守卫其中一个常见的应用场合是用来禁止用户在还未保存修改前突然离开，代码如下：

```
beforeRouteLeave(to, from , next)=> {
  var answer = window.confirm('尚未保存，是否离开？')
  if (answer) {
    next()
  } else {
    next(false)
  }
}
```

通过 next(false)方法来取消用户离开该组件，进入其他导航。

7.4.5 路由配置守卫

除了一些全局守卫和组件内部的守卫外，也可以在路由配置上直接定义守卫，例如 beforeEnter 守卫，如示例代码 7-4-5 所示。

示例代码 7-4-5 路由配置守卫的定义

```
const routes = [
  {
    path: '/users/:id',
    component: User,
    beforeEnter: (to, from) => {
      // reject the navigation
      return false
    },
  },
]
```

beforeEnter 守卫的触发时机与 beforeRouteEnter 方法类似，但是它要早于 beforeRouteEnter 的触发，同样要记得如果使用了 next 参数，则需要调用 next()方法。当需要单独给一个路由配置时，可以采用这种方法。

下面总结一下所有守卫和钩子函数的整个触发流程：

- 导航被触发。
- 在失活的组件中调用 beforeRouteLeave 离开守卫。
- 调用全局的 beforeEach 守卫。
- 在复用的组件中调用 beforeRouteUpdate 守卫。
- 在路由配置中调用 beforeEnter。
- 解析异步路由组件。
- 在被激活的组件中调用 beforeRouteEnter。
- 调用全局的 beforeResolve 守卫。
- 导航被确认。
- 调用全局的 afterEach 钩子。
- 触发 DOM 更新。
- 调用 beforeRouteEnter 守卫中传给 next 的回调函数，创建好的组件实例会作为回调函数的参数传入。

Vue Router 的导航守卫提供了丰富的接口，可以在页面切换时添加项目的业务逻辑，对于开发大型单页面应用很有帮助。例如在渲染用户信息时，需要从服务器获取用户的数据，即可以在 User 组件的 beforeRouteEnter 方法中获取数据，如示例代码 7-4-6 所示。

示例代码 7-4-6 在 beforeRouteEnter 方法中获取数据

```
const User = {
  template: '<div>用户 id: {{$route.params.id}}</div>',
  beforeRouteEnter (to, from, next) {
    next((vm)=>{
```

```
      // 通过'vm'访问组件实例
      vm.getUserData()
    })
  },
  methods:{
    getUserData(){
      ... //ajax 请求逻辑
    }
  }
}
```

7.5　嵌套路由

当项目的页面逐渐变多，结构逐渐变复杂时，只有一层路由是无法满足项目的需要的。比如在某些电商类的项目中，电子类产品划分成页面作为第一层的路由，同时又可以分为手机、平板电脑、电子手表等，这些可以划分成各个子页面，又可以作为一层路由。这时，就需要用嵌套路由来满足这种复杂的关系。

下面先来创建一个一层路由，还是以 User 组件为例，如示例代码 7-5-1 所示。

示例代码 7-5-1　嵌套路由 1

```
<div id="app">
    <router-link to="/user/1">导航 page1</router-link>
    <router-link to="/user/2">导航 page2</router-link>
    <router-view></router-view>
</div>
...
const User = {
  template: '<div>User {{ $route.params.id }}</div>'
}

const router = new VueRouter({
  routes: [
    { path: '/user/:id', component: User }
  ]
})
```

这里的<router-view>是最顶层的出口，渲染最高级路由匹配到的组件。同样，一个被渲染组件可以包含自己的嵌套<router-view>。例如，在 User 组件的模板中添加一个<router-view>，如示例代码 7-5-2 所示。

示例代码 7-5-2　嵌套路由 2

```
const User = {
  template:
    '<div class="user">'+
      '<h2>User {{ $route.params.id }}</h2>'+
```

```
      '<router-view></router-view>'+
    '</div>'
  }
```

然后需要修改配置路由信息 router，新增一个 children 选项来标识出第二层的路由需要有哪些配置，同时新建两个子组件 UserPosts 和 UserProfile，如示例代码 7-5-3 所示。

示例代码 7-5-3　嵌套路由 3

```
<router-link to="/user/1/profile">导航 user 的 profile</router-link>
<router-link to="/user/2/posts">导航 user 的 posts</router-link>
...
const UserProfile = {
  template: '<div>UserProfile</div>'
}

const UserPosts = {
  template: '<div>UserPosts</div>'
}
...
const router = VueRouter.createRouter({
  history: VueRouter.createWebHashHistory(),
  routes: [
    {
      path: '/user/:id',
      component: User,
      children: [
        {
          // 当 /user/:id/profile 匹配成功，UserProfile 会被渲染在 User 的
<router-view> 中
          path: 'profile',
          component: UserProfile
        },
        {
          //当/user/:id/posts 匹配成功，UserPosts 会被渲染在 User 的<router-view>中
          path: 'posts',
          component: UserPosts
        }
      ]
    }
  ]
})
```

从上面的代码段可知，children 的设置就像 routes 的设置一样，都可以设置由各个组件和路径组成的路由配置对象数组，由此可以推测出，children 中的每一个路由配置对象还可以再设置 children，达到更多层的嵌套。每一层路由的 path 向下叠加共同组成了用于访问该组件的路径，例如/user/:id/profile 就会匹配 UserProfile 这个组件。

基于上面的设置，当访问/user/1 时，User 的出口不会渲染任何东西，必须是对应的

/user/:id/profile 或者/user/:id/posts 才可以。这是因为没有匹配到合适的子路由，如果想要渲染点什么，可以提供一个空的子路由，如示例代码 7-5-4 所示。

示例代码 7-5-4　默认路由

```
var router = VueRouter.createRouter({
  history: VueRouter.createWebHashHistory(),
 routes: [
    {
      path: '/user/:id', component: User,
      children: [
        // 当 /user/:id 匹配成功，UserHome 会被渲染在 User 的 <router-view> 中
        { path: '', component: UserHome },

        // 其他子路由
      ]
    }
  ]
})
```

因为上面的 UserHome 子路由设置的 path 为空，所以会作为导航/user/1 的匹配路由。

7.6　命名视图

有时候想同时（同级）呈现多个视图，而不是嵌套呈现，例如创建一个布局，有 headbar（导航）、sidebar（侧边栏）和 main（主内容）3 个视图，这时命名视图就派上用场了。可以在界面中拥有多个单独命名的视图，而不是只有一个单独的出口。简单来说，命名视图就是给<router-view>设置名字，从而达到不同的<route-view>显示不同的内容，如示例代码 7-6-1 所示。

示例代码 7-6-1　命名视图的运用

```
<div id="app">
  <router-view name="headbar"></router-view>
  <router-view  name="sidebar"></router-view>
  <div class="container">
    <router-view></router-view>
  </div>
</div>
...
const Main = {
  template: '<div>Main</div>',
}
const HeadBar = {
  template: '<div>Header</div>',
}
const SideBar = {
  template: '<div>SideBar</div>',
```

```
}
// 配置路由信息
const router = VueRouter.createRouter({
  history: VueRouter.createWebHashHistory(),
  routes: [
    {
      path: '/',
      components: { // 采用 components 设置项
        default: Main,
        headbar: HeadBar,
        sidebar: SideBar,
      }
    }
  ]
})
```

在上面的代码中，针对一个路由设置了多个视图作为组件来渲染，<router-view "name="headbar"></route-view>中的 name 属性和 components 对象中的 key 要对应，表示这个<route-view>会被替换成组件的内容，default 表示如果没有指定 name 属性，就选择默认的组件来替换对应的<route-view>。这样就实现了一个页面中有多个不同的视图。

但是，这种在同一个页面使用多个<route-view>的情况，特别是在单页应用中，对于大多数业务来说并不常见，一般要抽离出一个经常变动的内容，将它放入<route-view>，而对于那些不变的内容，例如 headbar 或者 sidebar，可以单独封装成一个组件，在根组件中将它们作为子组件来导入。代码如下：

```
<div id="app">
  <headerbar></headerbar>
  <sidebar></sidebar>
  <div class="container">
    <router-view class="view"></router-view>
  </div>
</div>
```

命名视图的重点在于浏览器访问同一个 URL 可以匹配到多个视图组件，当切换路由时，这些组件可以同步变化，但是具体在哪些场合使用，还需要根据业务来决定，代码如下：

```
const router = VueRouter.createRouter({
  history: VueRouter.createWebHashHistory(),
  routes: [
    {
      path: '/', // 不同路径
      components: {
        default: Main,
        headbar: HeadBar,
        sidebar: SideBar,
      }
    },
    {
```

```
      path: '/other', // 不同路径
      components: {
        default: OtherMain,
        headbar: OtherHeadBar,
        sidebar: OtherSideBar,
      }
    }
  ]
})
```

7.7　命名路由

前面的代码中，在 routes 中配置的路由，我们一般以 path 进行区分，不同的 path 表示不同的路由。除了 path 之外，还可以为任何路由提供 name，这有以下优点：

- 没有硬编码的 URL。
- params 的自动编码/解码。
- 防止用户在 URL 中出现打字错误。
- 绕过路径排序（如显示一个）。

命名路由的主要含义是给路由设置一个 name 属性，同时提供 params 参数可以让路由之间切换时，传递更加复杂的数据，同时如果配置了 name，则需要保证不同路由的 name 不同，如示例代码 7-7-1 所示。

示例代码 7-7-1　命名视图的运用

```
const routes = [
  {
    path: '/user/:username',
    name: 'user',
    component: User
  }
]
```

配置了 name 属性后，后续在进行路由切换时，就可以传递复杂参数，代码如下：

```
<router-link :to="{ name: 'user', params: {username: 'erina'}}">
  User
</router-link>
```

params 参数可以传递复杂对象，后面也可以采用编程式导航来实现页面切换。

7.8　编程式导航

在前一节的代码中，执行路由切换的操作都是以单击<router-link>组件来触发导航操作的，这

种方式称作声明式导航。在 vue-router 中除了使用<router-link>来定义导航链接外，还可以借助 router 的实例方法通过编写代码来实现，这就是所谓的编程式导航。下面介绍编程式导航的几个常用方法。

1. router.push(location, onComplete?, onAbort?)

在之前的代码中曾使用过 this.$route.params 获取路由的参数，this.$route 为当前的路由对象，在实现路由切换时，如果使用编程式导航，需要使用 this.$router.push 方法，通过 this.$router 获取的是设置在根实例中的一个 Vue Router 的实例，push 方法是由实例对象提供的，所以不要把 this.$route 和 this.$router 搞混了。

router.push 方法的第一个参数可以是一个字符串路径，也可以是一个描述地址的对象，在这个对象中可以设置传递到下一个路由的参数。onComplete 和 onAbort 作为第二个和第三个参数分别接收一个回调函数，它们分别表示当导航成功时触发和导航失败时触发（导航到相同的路由或在当前导航完成之前就导航到另一个不同的路由），不过这两个参数不是必须要传入的，如示例代码 7-8-1 所示。

示例代码 7-8-1 push 方法

```
// 字符串
router.push('home')

// 对象
router.push({ path: 'home' })

// 带查询参数，变成 /user?userId=test
router.push({ path: '/user', query: { userId: 'test' }})

// 命名的路由
router.push({ name: 'user', params: { userId: '123' }})
```

在上面列出的方法中，在调用 router.push 方法时，第一个参数设置成对象，可以实现导航和传递参数的功能，path 对应路由配置信息中定义的 path，query 设置传递的参数，在导航后的组件可以使用 this.$route.query 来接收，最后一种使用 name 的方式来表明跳转的路由，params 设置传递的参数，这里的方式为命名路由。

有时候，通过一个名称来标识一个路由显得更方便一些，特别是在链接一个路由或者执行一些跳转时。在创建 router 实例时，在 routes 配置中给某个路由设置 name 属性，如示例代码 7-8-2 所示。

示例代码 7-8-2 命名路由

```
var router = new VueRouter({
  routes: [
    {
      path: '/user/:id',
      name: 'user',
      component: User
    }
  ]
})
```

那么使用 name+params 和 path+query 有什么区别呢？总结如下：

- 进行路由配置时，path 是必配的，而 name 可以选配。
- 使用 name 或者 path 进行导航时，当传参可以使用 params 时，接收参数使用$route.parmas；当传参使用 query 时，接收参数使用$route.query。
- query 的参数一般以?xx=xx 形式跟在路径后面。query 类似于 Ajax 中的 get 传参，params 则类似于 post，简单来说，前者在浏览器地址栏中显示参数，后者则不显示。

注意，当采用 name 进行导航时，如果 path 里面有需要的参数，例如:id，那么对应的 params 也需要传递 id 参数，否则将无法被正确导航，代码如下：

```
// 对应 path: '/user/:id'
this.$router.push({
  name:'user',
  params:{
    id:id // 必须传递 id
  }
})
```

调用 router.push 方法时，会向 history 栈添加一个新的记录，所以，当用户单击浏览器后退按钮时，就会回到之前的 URL。如果这时采用 query 传参，那么页面刷新时参数可以保留，效果如图 7-3 所示。

localhost:8080/index.html#/user?param1=test1¶m2=test2

图 7-3　采用 query 传参，页面刷新时保留了参数

2. router.replace(location, onComplete?, onAbort?)

router.replace 方法也可以进行路由切换从而实现导航，与 router.push 很像，唯一不同的是，它不会向 history 添加新记录，而是跟它的方法名一样，替换（replace）掉当前的 history 记录。也就是当用户单击浏览器返回时，并不会向 history 添加记录。

3. router.go(Number)

router.go 方法的参数是一个整数，意思是在 history 记录中向前或者后退多少步，类似于 window.history.go(n)，如示例代码 7-8-3 所示。

示例代码 7-8-3　router.go

```
// 在浏览器记录中前进一步，等同于 router.forward()
router.go(1)

// 后退一步记录，等同于 router.back()
router.go(-1)

// 前进 3 步记录
router.go(3)
```

```
// 如果 history 记录不够用，就会失败
router.go(-100)
router.go(100)
```

4. router.reslove(location)

router.reslove 方法可以将一个 router 的 location 配置转换成一个标准对象，提供 base 和 href 属性，例如，如果不想采用 router 调整，可以使用浏览器原生的跳转，如示例代码 7-8-4 所示。

示例代码 7-8-4　router.reslove

```
let routeData = router.resolve({
  path: path,
  query: query || {}
})

window.open(routeData.href);
```

这样就可以将页面链接的根路径解析出来，而不用写死在代码中，但是如果 path 并不是在 router 中定义的，那么 resolve 方法将会报错。

7.9　路由组件传参

在之前的讲解中，我们知道传递参数可以有两种方式。

一种是声明式，即：

```
<router-link to="/user/1"></router-link>
```

另一种是编程式，即：

```
router.push({ name: 'user', params: { id: '1' }})
```

这两种方式在组件中可以使用$route.params.id 来接收参数。但是，也可以不通过这种方式，采用 props 的方式将参数直接赋值给组件，将$route 和组件进行解耦，如示例代码 7-9-1 所示。

示例代码 7-9-1　路由组件传参

```
const User = {
  props: ['id'],// 代替 this.$route.params.id
  template: '<div>User {{ id }}</div>'
}
const router = VueRouter.createRouter({
  history: VueRouter.createWebHashHistory(),
 routes: [
    { path: '/user/:id', component: User, props: true },

    // 对于包含命名视图的路由，必须分别为每个命名视图添加'props'选项
    {
      path: '/user/:id',
```

```
      components: { default: User, sidebar: Sidebar },
      props: { default: true, sidebar: false }
    }
  ]
})
```

当 props 被设置为 true 时，$route.params 的内容将会被设置为组件属性，在组件中可以使用 props 接收。

如果 props 是一个对象，它的值会被设置为组件的 props 属性，在组件中可以使用 props 来接收，代码如下：

```
const User = {
  props: ['id'],// 获取 abc
  template: '<div>User {{ id }}</div>'
}
const router = VueRouter.createRouter({
  history: VueRouter.createWebHashHistory(),
  routes: [
    { path: '/user/:id', component: User, props: { id: 'abc'} },
  ]
})
```

注意，此时 props 中的 id 会覆盖掉 path 中路径上的:id，所以这种情况可以理解为给组件的 props 设置静态值。

props 也可以是一个函数，这个函数提供一个 route 参数，这样就可以将参数转换为另一种类型，将静态值与基于路由的值结合，代码如下：

```
const User = {
  props: ['id'],// 从 query 中获取 id
  template: '<div>User {{ id }}</div>'
}
const router = VueRouter.createRouter({
  history: VueRouter.createWebHashHistory(),
  routes: [
    {
      path: '/user',
      component: User,
      props: (route) =>{
        return { id: route.query.id }
      }
    }
  ]
})
```

当浏览器 URL 是/user?id=test 时，会将{id: 'test'}作为属性传递给 User 组件。

7.10　路由重定向、别名及元信息

7.10.1　路由重定向

在日常的项目开发中，虽然有时设置的页面路径不一致，但却希望跳转到同一个页面，或者说是之前设置好的路由信息，由于某种程序逻辑，需要将之前的页面导航到同一个组件上，这时就需要用到重定向功能。

重定向也是通过设置路由信息 routes 来完成的，具体如示例代码 7-10-1 所示。

示例代码 7-10-1　路由重定向

```
const router = VueRouter.createRouter({
  history: VueRouter.createWebHashHistory(),
  routes: [
    { path: '/a', redirect: '/b' },          // 直接从/a 重定向到/b
    { path: '/c', redirect: { name:'d' } } // 从/c 重定向到命名路由 d
    { path: '/e', redirect:(to)=> {
      // 方法接收目标路由作为参数
      // 用 return 返回重定向的字符串路径或者路由对象
    }}
  ]
})
```

从上面的代码可知，redirect 可以接收一个路径字符串或者路由对象以及一个返回路径或者路由对象的方法，其中直接设置路径字符串很好理解，如果是一个路由对象，就像之前在讲解 router.push 方法时传递的路由对象，可以设置传递的参数，代码如下：

```
const router = VueRouter.createRouter({
  history: VueRouter.createWebHashHistory(),
  routes: [
    {
      path: '/',
      redirect: (to)=>{
        return {
          path:'/header',
          query:{
            id:to.query.id
          }
        }
      }
    },
    {
      path: '/header',
      name:'header',
      component: Header
    }
  ]
```

```
})
```

需要说明的是，导航守卫不会作用在 redirect 之前的路由上，只会作用在 redirect 之后的目标路由上，并且一个路由如果设置了 redirect，那么这个路由本身对应的组件视图也不会生效，也就是说无须给 redirect 路由配置 component。唯一的例外是嵌套路由：如果一个路由记录有 children 和 redirect 属性，那么为了保证 children 有对应的上级组件，则需要配置 component 属性。

7.10.2 路由别名

“重定向”的意思是，当用户访问/a 时，URL 将会被替换成/b，然后匹配路由为/b。那么“别名”又是什么呢？

/a 的别名是/b，意味着，当用户访问/b 时，URL 会保持为/b，但是匹配路由为/a，就像用户访问/a 一样，如示例代码 7-10-2 所示。

示例代码 7-10-2 路由别名

```
const router = VueRouter.createRouter({
  history: VueRouter.createWebHashHistory(),
  routes: [
    { path: '/a', component: A, alias: '/b' }
  ]
})
```

“别名”的功能让我们可以自由地将 UI 结构映射到任意的 URL，而不是受限于设置的嵌套路由结构，代码如下：

```
const routes = [
  {
    path: '/users',
    component: UsersLayout,
    children: [
      // 为这 3 个 URL 呈现 UserList: - /users  - /users/list - /people
      { path: '', component: UserList, alias: ['/people', 'list'] },
    ],
  },
]
```

7.10.3 路由元数据

在设置路由信息时，每个路由都有一个元数据字段，可以在这里设置一些自定义信息，供页面组件、导航守卫和路由钩子函数使用。例如，将每个页面的 title 都写在 meta 中来统一维护，如示例代码 7-10-3 所示。

示例代码 7-10-3 路由元数据 meta

```
const router =  VueRouter.createRouter({
  history: VueRouter.createWebHashHistory(),
  routes: [
    {
```

```
      path: '/',
      name: 'index',
      component: Index,
      meta: { // 在这里设置meta信息
        title: '首页'
      }
    },
    {
      path: '/user',
      name: 'user',
      component: User,
      meta: { // 在这里设置meta信息
        title: '用户页'
      }
    }
  ]
})
```

在组件中，可以通过 this.$route.meta.title 获取路由元信息中的数据，在插值表达式中使用 $route.meta.title，代码如下：

```
const User = {
  created(){
    console.log(this.$route.meta.title)
  },
  template: '<h1>Title {{ $route.meta.title }}</h1>'
}
```

可以在全局前置路由守卫 beforeEach 中获取 meta 信息，然后修改 HTML 页面的 title，代码如下：

```
router.beforeEach((to, from, next)=> {
  window.document.title = to.meta.title;
  next();
})
```

7.11 Vue Router 的路由模式

之前讲解和使用的 Vue Router 相关的方法和 API 都是基于哈希模式（HASH 模式）的，在创建 Vue Router 时，传递的 history 参数如下：

```
history: VueRouter.createWebHashHistory()
```

也就是说每次进行导航和路由切换时，在浏览器的 URL 上都可以看到对应的哈希变化，而哈希的特性是 URL 的改变不会导致浏览器刷新或者跳转，这正好可以满足单页应用的需求。

如果不想使用 HASH 模式，也可以使用其他的路由模式，主要有以下几种：

- HASH 模式：采用 createWebHashHistory()创建，哈希是指在 URL 中 “#” 后面的部分，例如 http://localhost/index.html#/user，"/user"这部分叫作哈希值，当该值变化时，不会导致浏览器向服务器发出请求，如果浏览器不发出请求，也就不会刷新页面。哈希值的变化可以采用浏览器原生提供的 hashchange 事件来监听。而 Vue Router 的 hash 模式就是不断地修改哈希值来监听和记录页面的路径。
- HTML 5 模式：采用 createWebHistory()创建，HTML 5 模式是基于 HTML 5 History Interface 中新增的 pushState()和 replaceState()两个 API 来实现的，通过这两个 API 可以改变浏览器 URL 地址且不会发送刷新浏览器的请求，不会产生#hash 值，例如 http://localhost/index.html/user。
- 内存模式：采用 createMemoryHistory()创建，该模式组要用于服务端渲染，在服务端是没有浏览器地址栏的概念的，所以将用户的历史记录都放在内存中。

HTML 5 模式和 HASH 模式都可以满足浏览器的前进和后退功能，HTML 5 模式相较于 HASH 模式可以让 URL 更加简洁，接近于真实的 URL，但是它的缺点是浏览器刷新之后，HTML 5 模式就失效了，转而立刻去请求真实的服务器的 URL 地址，而不会进入 Vue Router 逻辑中，对于纯前端来说，会丢失一些数据。

所以，如果想要 HTML 5 模式刷新时也能进入 Vue Router，则需要对服务器进行配置，如果 URL 不匹配任何静态资源，则它应提供与用户的应用程序中的 index.html 相同的页面。如下是一个 NGINX 配置的例子：

```
location / {
  try_files $uri $uri/ /index.html;
}
```

HASH 模式和 HTML 5 模式都属于浏览器自身的特性，Vue Router 只是利用了这两个特性（通过调用浏览器提供的接口）来实现前端路由。如需启用 HTML 5 模式，注意务必使用静态服务器的方式来访问，不能直接双击文件访问。路由模式可以通过配置参数来设置应用的基路径，如示例代码 7-11-1 所示。

示例代码 7-11-1　路由模式的根路径

```
const router = VueRouter.createRouter({
  history: VueRouter.createWebHashHistory('/base-directory/'), // HASH 模式
  history: VueRouter.createWebHistory('/base-directory/'),// HTML5 模式
  routes: [...]
})
```

当配置了根路径后，在浏览器地址栏中，所有的地址都会加上这个路径前缀。

7.12　滚动行为

在应用中，有时会遇到这样的场景，当页面内容比较多时，整个页面就会变得可滚动，这时当我们进行路由切换时，或者从其他路由切换到这个页面时，想让页面滚动到顶部，或者保持原先

的滚动位置，就像重新加载页面那样，需要记录滚动的距离，而 Vue Router 可以支持这种操作，它允许我们自定义路由切换时页面如何滚动。

当创建一个 Router 实例时，设置 scrollBehavior 方法，如示例代码 7-12-1 所示。

示例代码 7-12-1　滚动 scrollBehavior

```
var router = VueRouter.createRouter({
  routes: [...],
  scrollBehavior(to, from, savedPosition) {
    // return 期望滚动到哪个位置
  }
})
```

当页面路由切换时会进入这个方法，scrollBehavior 方法接收 to 和 from 路由对象，它们分别表示切换前和切换后的路由，第三个参数 savedPosition 是一个对象，结构是{left: number, top: number}，表示在页面切换时所存储的页面滚动的位置，如果页面不可滚动，就是默认值{left: 0, top: 0}。可以采用以下配置来设置跳转到原先滚动的位置，代码如下：

```
scrollBehavior(to, from, savedPosition) {
  if (savedPosition) {
    return savedPosition
  } else {
    return { left: 0, top: 0 } // 默认不滚动
  }
}
```

savedPosition 方法的返回值决定了页面要滚动到哪个位置（会触发页面滚动，有时我们可能会看到这个过程）。如果要模拟“滚动到锚点”的行为，可以试试下面这段代码：

```
<router-link to="/user#nickname">姓名</router-link>
...
scrollBehavior(to, from, savedPosition) {
  if (to.hash) {
    return {
      selector: to.hash  // #nickname
    }
  }
}
```

有时候，我们需要在页面滚动之前稍作等待。例如，当处理过渡时，我们希望等待过渡结束后再滚动。要做到这一点，可以返回一个 Promise，代码如下：

```
scrollBehavior(to, from, savedPosition) {
  return new Promise((resolve, reject) => {
    setTimeout(() => {
      resolve({ left: 0, top: 0 })
    }, 500)
  })
}
```

7.13 keep-alive

7.13.1 keep-alive 缓存状态

keep-alive 标签为<keep-alive></keep-alive>，是 Vue 内置的一个组件，可以使被包含的组件保留状态或避免重新渲染。在之前 7.4 节提到过复用的概念，这里有些类似，但是又不完全一样，当 keep-alive 应用在<route-view>上时，导航的切换会保留切换之前的状态，如示例代码 7-11-1 所示。

示例代码 7-13-1　keep-alive

```
<div id="app">
  <p>
    <router-link to="/page">page</router-link>
    <router-link to="/user">user</router-link>
  </p>
  <router-view v-slot="{ Component }">
    <keep-alive :include="['page']">
      <component :is="Component"></component>
    </keep-alive>
  </router-view>
</div>
// 创建 User 组件
const User = {
  template: '<div><input type="range" /></div>',

}
// 创建 Page 组件
const Page = {
  template: '<div><input type="text" /></div>',
}

// 设置路由信息
const router = VueRouter.createRouter({
  history: VueRouter.createWebHashHistory(),
  routes: [
    { path: '/page', component: Page },
    { path: '/user', component: User },
  ]
})

const app = Vue.createApp({})
app.use(router)
app.mount("#app")
```

在上面的示例代码中补全 HTML 内容和 Script 内容后，可以在浏览器中运行。我们分别在 User 和 Page 组件中的 template 定义了文本输入框和滑动选择器，当输入文字或者调整滑块位置切换回来之后，这些状态都被保存了下来，如图 7-4 所示。

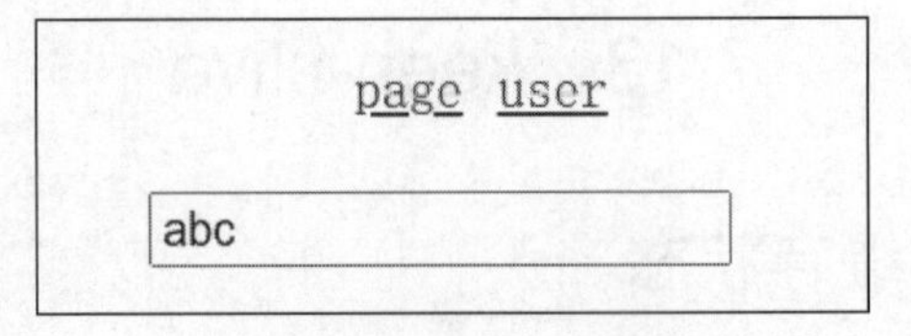

图 7-4　keep-alive 缓存

注意，在 Vue Router 4 中，<keep-alive>必须通过 v-slot 插槽才能应用在<router-view>上，同时需要借助动态组件<component>，v-slot 的第二个参数 route 则提供了当前的路由对象，可以借助其传递一些路由参数，或者是做一些逻辑判断，代码如下：

```
// 路由组件传参
<router-view v-slot="{ Component, route }">
  <component :is="Component" v-bind="route.params"></component>
</router-view>
// 逻辑判断显示 404 页面
<router-view v-slot="{ Component, route }">
  <component v-if="route.matched.length > 0" :is="Component"/>
  <div v-else>Not Found</div>
</router-view>
```

<router-view>也是一个组件，如果直接被包含在<keep-alive>里面，所有路径匹配到的视图组件都会被缓存，也就是说如果只对某个或者某几个路径的路由进行缓存，<keep-alive>也支持 include/exclude 设置项，如示例代码 7-13-2 所示。

示例代码 7-13-2　keep-alive 的 include/exclude 设置项

```
<router-view v-slot="{ Component }">
  <keep-alive :include="['page']">
    <component :is="Component"></component>
  </keep-alive>
</router-view>
...
const User = {
  name:'user',
  template: '<div><input type="range" /></div>',
}

const Page = {
  name:'page',
  template: '<div><input type="text" /></div>',
}
```

上面的代码中，只有 page 组件的内容会被缓存。include/exclude 可以设置单个字符串或者正则表达式，也可以是一个由字符串或正则表达式组成的数组，匹配的内容是组件名称，include 表示需要缓存的组件，exclude 表示不需要缓存的组件。这里需要注意组件名称是组件的 name 属性，不是在设置路由信息时命名路由的 name：

```
{ path: '/page', component: Page ,name:'page' }// 不是这个 name
```

7.13.2　利用元数据 meta 控制 keep-alive

有时，在不想通过 name 来设置缓存的组件时（例如在有些应用场合，无法提前得知组件的名称），也可以利用之前讲解的元数据 meta 来设置是否需要缓存，如示例代码 7-13-3 所示。

示例代码 7-13-3　meta 设置 keep-alive

```
<div id="app">
  <p>
    <router-link to="/page">page</router-link>
    <router-link to="/user">user</router-link>
  </p>
  <router-view v-slot="{ Component }">
    <keep-alive :include="includeList">
      <component :is="Component"></component>
    </keep-alive>
  </router-view>
</div>
...
const User = {
  name:'user',
  template: '<div><input type="range" /></div>',
}

const Page = {
  name:'page',
  template: '<div><input type="text" /></div>',
}

// 设置路由信息
const router = VueRouter.createRouter({
  history: VueRouter.createWebHashHistory(),
  routes: [
    {
      path: '/page',
      component: Page,
      name:'page',// 需要配置命名路由和组件名称保持一致
      meta:{
        keepAlive: false
      }
    },
    {
      path: '/user',
      component: User,
      name:'user',// 需要配置命名路由和组件名称保持一致
      meta:{
        keepAlive: true
      }
```

```
    },
  ]
})

const app = Vue.createApp({
  data(){
    return {
      includeList : []
    }
  },
  watch:{
    '$route'(to){
      //监听路由变化，把配置路由中 keepAlive 为 true 的 name 添加到 include 动态数组中
      if(to.meta.keepAlive && this.includeList.indexOf(to.name) === -1){
        this.includeList.push(to.name);
      }
    }
  }
})
```

注意，还需要借助 include 来实现，只是 include 的值是依据 meta 中的 keepAlive 属性来动态添加的，同时需要配置命名路由和组件名称保持一致。

当把<keep-alive>应用在<router-view>上进行路由切换时，实际上组件是不会被销毁的，例如从 User 切换到 Page，除了第一次之外，User 和 Page 的生命周期方法（例如 created、mounted 等）都不会触发。但是如果没有使用 keep-alive 进行缓存，那么就相当于进行路由切换时，组件都被销毁了，当切换返回时，组件都会被重新创建，当然组件的生命周期方法都会被执行。可以使用下面的代码来进行验证。

```
const User = {
  name:'user',
  template: '<div><input type="range" /></div>',
  created(){
    console.log('created')  // created 生命周期
  },
  mounted(){
    console.log('mounted')  // mounted 生命周期
  }
}
const Page = {
  name:'page',
  template: '<div><input type="text" /></div>',
  created(){
    console.log('created')  // created 生命周期
  },
  mounted(){
    console.log('mounted')  // mounted 生命周期
  }
```

```
}
```

但是，在组件生命周期方法中，有两个特殊的方法：activated 和 deactivated。activated 表示当 vue-router 的页面被打开时，会触发这个钩子函数；deactivated 表示当 vue-router 的页面被关闭时，会触发这个钩子函数。有了这两个方法，就可以在组件中得到页面切换的时机，如示例代码 7-13-4 所示。

示例代码 7-13-4　activated 方法和 deactivated 方法的使用

```
const User = {
  template: '<div><input type="range" /></div>',
  activated(){
    console.log('activated')
  },
  deactivated(){
    console.log('deactivated')
  }
}

const Page = {
  template: '<div><input type="text" /></div>',
  activated(){
    console.log('activated')
  },
  deactivated(){
    console.log('deactivated')
  }
}
```

除了使用组件生命周期方法之外，使用组件内的守卫方法 beforeRouteEnter 和 beforeRouteLeave 也可以达到相同的效果。注意之前讲的复用问题，路由切换时需要两个不同的组件才可以使用。<keep-alive>不仅在 vue-router 中应用得比较广泛，在一般的组件中也是可以使用的。

7.14　路由懒加载

在打包构建应用时，如果页面很多，JavaScript 包会变得非常大而影响页面加载。如果能把不同路由对应的组件分割成不同的代码块，然后在路由被访问的时候才加载对应的组件，这样会更加高效，代码如下：

```
const routes = [
  {
    path: '/',
    name: 'Home',
    component: Home
  },
  {
```

```
    path: '/about',
    name: 'About',
    // About 组件对应的路由将不会被打包在 app.js 中，而是单独剥离成一个 about.js 文件
    component: () => import(/* webpackChunkName: "about" */
'../views/About.vue')
  }
]
```

结合 Vue 的异步组件和模块打包工具 Webpack 或者 Vite 的代码分割功能，可以轻松实现路由组件的懒加载。我们将会在后面的实战项目中具体讲解这部分内容。

至此，整个 Vue Router 相关的知识都已介绍完毕。正如本章开始所说的，在日常的单页移动 Web 应用中，Vue Router 的使用非常广泛，它用于处理页面之间的切换以及管理整个应用的路由配置，已经成为使用 Vue 的项目标配。

7.15　在组合式 API 中使用 Vue Router

前面所讲解的 Vue Router 结合组件的使用都是在配置式 API 中，特别是在编程式导航中，可以通过 this.$router 或者 this.$route 等方法来操作 Vue Router，例如页面跳转（push）或者获取页面地址参数（query 或者 params）等。在组合式 API 的 setup 方法中，也可以使用 Vue Router，主要通过 useRouter、useRoute 实现，如示例代码 7-15-1 所示。

示例代码 7-15-1　useRouter 方法和 useRoute 方法的使用

```
import { useRouter, useRoute } from 'vue-router'

export default {
  setup() {
    const router = useRouter() // 相当于 this.$router
    const route = useRoute()// 相当于 this.$route
    console.log(route.query)
    const goDetail = ()=>{
      router.push({
        name: 'search',
        query: {

        }
      })
    }
  },
}
```

上面的代码中，需要注意的是，如果需要获取地址栏的参数，在使用 useRoute 时，由于是响应式数据，可以采用以下方法来获取最新的参数信息，代码如下：

```
// 1. 通过 computed 方法获取最新的实时数据
let id = computed(() => route.query.id);
```

```
// 2. 通过 watch 方法获取最新的实时数据
let id = ref('')
watch(
  () => route.query,
  (obj) => {
    id.value = obj.id
  }
)

// 3. 通过 watchEffect 来收集最新的实时数据
let id = ref('')
watchEffect(()=>{
  id.value = router.query.id
})
```

注意，如果直接通过 route.query 获取参数，得到的数据可能不是最新的，如果想要获取最新的数据，则需要采用上面代码中的方法。另外，在模板中我们仍然可以访问$router 和$route，所以不需要在 setup 中返回 router 或 route。

在 setup 方法中，也可以使用导航守卫，如示例代码 7-15-2 所示。

示例代码 7-15-2　setup 方法中导航守卫的使用

```
export default {
  setup() {
    // 与 beforeRouteLeave 相同，无法访问 'this'
    onBeforeRouteLeave((to, from) => {
      const answer = window.confirm(
        'Do you really want to leave? you have unsaved changes!'
      )
      // 取消导航并停留在同一页面上
      if (!answer) return false
    })

    const userData = ref()

    // 与 beforeRouteUpdate 相同，无法访问 'this'
    onBeforeRouteUpdate(async (to, from) => {
      //仅当 id 更改时才获取用户，例如仅 query 或 hash 值已更改
      if (to.params.id !== from.params.id) {
        userData.value = await fetchUser(to.params.id)
      }
    })
  },
}
```

组合式 API 守卫也可以用在任何由<router-view>渲染的组件中，它们不必像组件内守卫那样直接用在路由组件上。

7.16　案例：Vue Router 路由待办事项

学习完本章 Vue Router 路由管理的内容之后，对页面之间的跳转和切换就有了更加丰富的选择，还是在之前的待办事项系统案例的基础上，将待办事项面板和回收站面板抽象成两个页面，将原本采用 v-if 实现的切换替换为 Vue Router 来管理，并结合切换动画完善整个项目。

7.16.1　功能描述

主要功能和前面的待办事项系统功能一致，利用 Vue Router 实现页面切换，主要改造如下：

- 将待办事项面板和回收站面板抽象成页面组件，配置到 router.js 中。
- 改造<navheader>组件，使用<router-link>替换原本的切换逻辑。

7.16.2　案例完整代码

新建 router.js，配置路由信息，代码如下：

```
import todo from '../views/todo.vue'              // 待办事项页面
import recycle from '../views/recycle.vue'        // 回收站页面
import {createRouter,createWebHashHistory} from 'vue-router'

const router = createRouter({
  history: createWebHashHistory(),
  routes: [
      { path: '/', redirect: '/todo' },           // 配置默认路由，重定向到/todo
      { path: '/todo', component: todo },
      { path: '/recycle', component: recycle },
    ]
})

export default router
```

改造 App.vue 文件，添加<router-view>组件，并移除之前的 v-if 逻辑，代码如下：

```
<div class="container">
  <div class="app-content animated bounce">
    <navheader></navheader>
    <router-view v-slot="{ Component }">
      <transition enter-active-class="fadeIn animated faster"
leave-active-class="fadeOut animated faster">
        <component :is="Component"></component>
      </transition>
    </router-view>
  </div>
</div>
```

最后，改造<navheader>组件，添加<router-link>，代码如下：

```
<div class="nav-header">
  <!--active-class 表示激活态的 class 名-->
  <router-link to="/todo" active-class="active">待办事项</router-link>|
  <router-link to="/recycle" active-class="active">回收站</router-link>
</div>
```

本案例完整源码：/案例源码/Vue Router 路由管理。

7.17 小结与练习

本章讲解了 Vue Router 的相关知识，主要内容包括：单页应用的定义、Vue Router 概述、动态路由、导航守卫、嵌套路由、命名视图、编程式导航、路由组件传参、路由重定向、路由别名、路由元信息、Vue Router 的路由模式、滚动行为、keep-alive、路由懒加载，内容涵盖了 Vue Router 的使用、底层原理等。

Vue Router 是 Vue.js 官方的路由管理器，它和 Vue.js 的核心深度集成，可以轻松实现页面之间或者组件之间的导航交互操作，通过路由来实现大型应用的页面跳转管理，令开发者可以轻松构建单页面应用。最后建议读者自行运行本章的各个示例代码，以加深对本章知识的理解。

下面来检验一下读者对本章内容的掌握程度。

- 单页应用和多页应用的区别是什么？
- Vue Router 中如何监听路由变化，有几种方式？
- Vue Router 中有哪些路由模式，它们有什么区别？
- Vue Router 中页面跳转时，如何传递参数？
- Vue Router 中实现页面跳转时，如何保存页面的状态？

第 8 章 Vue Cli 工具

Vue Cli 是一个开发构建工具，实际上是一个基于 Node.js 的 npm 包，可以用来生成项目“脚手架”。所谓“脚手架”，就是一个项目初期的结构。Vue Cli 可用于规范项目初期的目录结构、构建设置等，然后就可以把时间花在程序逻辑的设计和编写上，以减少添加各种设置的烦琐工作。

Vue Cli 里面的各项配置基于 Webpack，帮助开发者配置好一套可用的配置，但是也无法完全排除在项目开发过程中会修改一些配置来满足项目的需求。

结合 Vue 3，本章 Vue Cli 版本基于 v4.5.13，注意 Vue Cli 的 2.x 版本和 3.x、4.x 版本在使用上有不小的区别，读者在安装时要确定好版本。

8.1 Vue Cli 概述

Cli 全称是 command-line interface，意为采用命令行的形式来提供操作功能，通过提供终端的 Vue 命令来快速创建一个新项目，同时也提供 Cli 服务应用在开发模式中，以提升开发效率，在项目中的开发构建流程如图 8-1 所示。

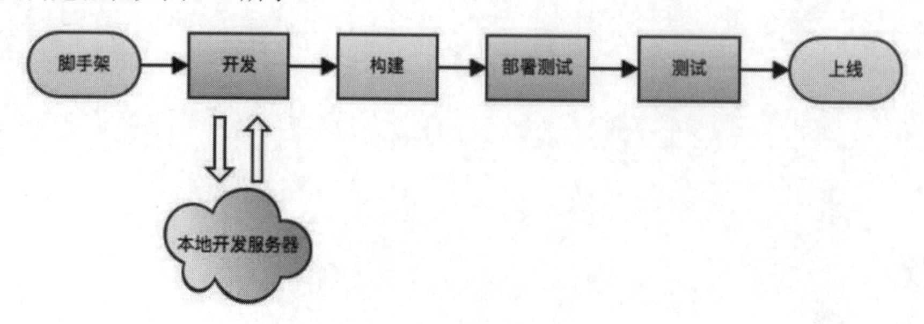

图 8-1 开发构建流程

Vue Cli 有承上启下的作用，项目初期负责创建脚手架，开发阶段负责开发模式调试，测试阶段可以提供一些测试插件进行自动化测试，最后的发布和部署阶段也提供打包功能，其核心功能和特性主要包括：

- 结合 webpack-dev-server 提供静态服务功能，避免双击打开本地文件（基于文件协议）调试模式。
- 提供一套常用并且优化后的默认 Webpack 配置，减少人工成本。
- 修改完代码立刻更新，减少前端大量的刷新浏览器操作。
- 所有配置支持覆盖和修改，可扩展性强。
- 涵盖项目创建到上线的整个流程，通过不同的配置提供不同的服务。

有了 Vue Cli 之后，使得前端的开发模式更加偏向工程化思维，前端项目不再单单是一些静态文件，而是一个完整的工程化项目，有自己的构建和部署命令，使得项目更加规范。

8.2　Vue Cli 的安装和使用

可以采用之前介绍的 npm 工具来安装 Vue Cli，使用下面的命令来安装：

```
npm install -g @vue/cli
```

使用全局方式来安装，之后就可以直接在 CMD 命令行终端输入命令来查看版本：

```
vue --version   // @vue/cli 4.5.13
```

初始化前端项目，取名 myapp，创建项目的命令如下：

```
vue create myapp
```

执行成功后，可以在 CMD 命令行终端看到如图 8-2 所示的结果。

npm
Vue CLI v4.5.13
? Please pick a preset: (Use arrow keys)
> Default ([Vue 2] babel, eslint)
Default (Vue 3) ([Vue 3] babel, eslint)
Manually select features

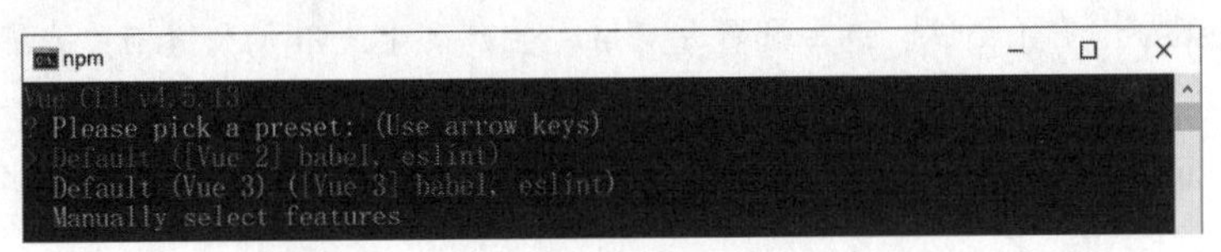

图 8-2　执行项目创建命令后看到的结果

可以看到 Vue Cli 工具在创建项目"脚手架"时提供了 3 种模板选项。其中第一个是系统默认的模板（基于 Vue 2 版本），第二个是系统默认的模板（基于 Vue 3 版本），第三个表示自由选择所需要的模块来组成模板。这里我们选择 Manually select features，表示不采用默认的模板，而是根据自己的情况选择需要安装的模块，例如 vue-router、ESLint 等，如图 8-3 所示。

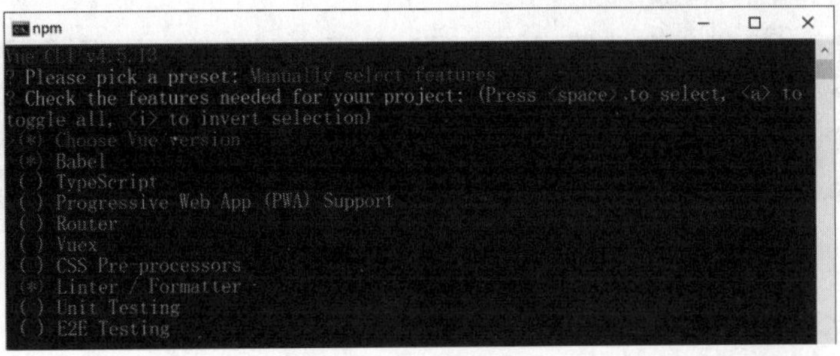

npm
Vue CLI v4.5.13
? Please pick a preset: Manually select features
? Check the features needed for your project: (Press <space> to select, <a> to toggle all, <i> to invert selection)
>(*) Choose Vue version
(*) Babel
( ) TypeScript
( ) Progressive Web App (PWA) Support
( ) Router
( ) Vuex
( ) CSS Pre-processors
(*) Linter / Formatter
( ) Unit Testing
( ) E2E Testing

图 8-3　自定义安装模块

按 a 键可以全选，选择单个配置按空格键，反选按 i 键，按回车键进入下一步。关于图 8-3 中提供的相关模块及其含义说明如下：

- Choose Vue Version：提供了选择 Vue 的版本，可选择基于 Vue 3。
- Babel：提供了能够使用 ES 6 的条件，Babel 是一个开源的 npm 包，可用于将 ES 6 代码转换成浏览器兼容性更强的 ES 5。这意味着，现在就可以用 ES 6 编写程序，而不用担心现有环境是否支持，基本上现在的项目都会选择 ES 6。
- TypeScript：TypeScript 是由微软开发的基于 JavaScript 的新编程语言，目前需要 Babel 转换才可以在浏览器中运行，如果对 TypeScript 足够了解，可以选择。
- PWA 支持：使创建的 Vue 项目具备 PWA 的一些基础配置，结合 App Manifest 和 Service Worker 来实现和原生应用一样的安装和删除、实时推送、离线访问等功能。
- Router：指的是之前讲解过的 vue-router，属于 Vue 中的一项，它主要用于实现单页应用的页面路由。
- Vuex：专门为 Vue.js 设计的状态管理库，它采用集中式存储来管理应用的所有组件的状态，另外使用 Vuex 可以实现跨组件通信。
- CSS Pre-processors：CSS 的预处理工具，可以选择 Sass、Less 或 Stylus，同时默认会集成 PostCss 工具，其中 PostCss 与 Sass、Less、Stylus 这些 CSS 预处理工具的区别在于：
  - ✧ PostCss 是对最后生成的 CSS 进行处理，包括补充和提供一些额外的功能，比较典型的功能是将 CSS 样式添加不同浏览器的前缀，例如 autoprefixer。
  - ✧ CSS 预处理工具强调提供一些 API，使得编写 CSS 样式时更具有逻辑性，使 CSS 更有组织性，例如可以定义变量等。
- Linter/Formatter：代码规范工具，现在主要用的是 ESLint，用于处理代码规范问题。
- Unit Testing：单元测试，选择配置开启后，会自动生成单元测试相关的配置文件和目录结构。
- E2E Testing：端对端测试，和单元测试不同的是对整体流程进行测试，类似于黑盒测试。

选择 Vue 版本，如图 8-4 所示。

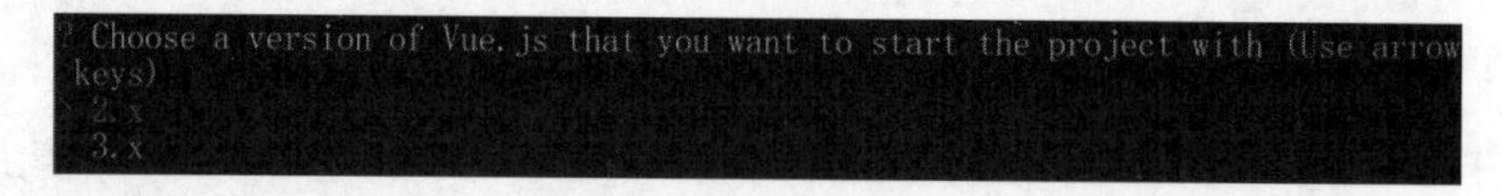

图 8-4　选择 Vue 版本

选择 CSS 预处理工具，如图 8-5 所示。

```
? Pick a CSS pre-processor (PostCSS, Autoprefixer and CSS Modules are supported
by default): (Use arrow keys)
 Sass/SCSS (with dart-sass)
 Sass/SCSS (with node-sass)
 Less
 Stylus
```

图 8-5　选择 CSS 预处理工具

选择 ESLint 代码验证规则，如图 8-6 所示。

```
? Pick a linter / formatter config: (Use arrow keys)
> ESLint with error prevention only
  ESLint + Airbnb config
  ESLint + Standard config
  ESLint + Prettier
```

图 8-6 选择 ESLint 代码验证规则

8.2.1 初始化项目

在选择完项目模板之后，接着依次单击“下一步”按钮，根据提示选择即可，当进入最后一步时，就可以看到之前所有选择模块的清单，如图 8-7 所示。

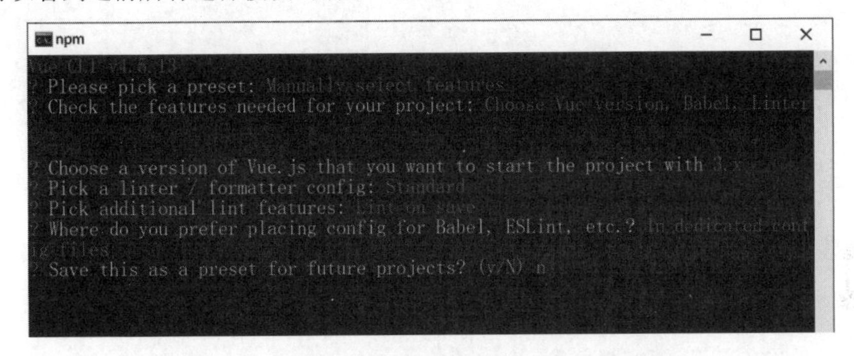

图 8-7 Vue Cli 创建项目后所有选择模块的清单

共选择了 Babel、Router、Vuex、CSS Pre-processors 和 Linter 这些模块，其中 CSS Pre-processors 只采用了默认的设置，其他的一些模块选项的含义如下：

- history mode：表示选择哪种路由模式，这个就是前面介绍的 Vue Router 对应的路由模式。输入 n 就会采用默认的 HASH 模式，这样就可以在 URL 中清晰地看到页面的参数和当前的路径。
- Pick a linter 和 Pick additional lint features：表示选择 ESLint 来实现代码规范检查，ESLint 可以设置规范的范本，在这个实战项目中选择的是 Standard，同时规定了在保存代码时也进行规范检查（注意这里需要配置编辑器才能生效）。
- where do you prefer placing config for babel...：这一项有两个选择：
  - ✧ In dedicated config files：表示单独创建 Bable 和 ESlint 的配置文件。
  - ✧ In package.json：表示将 Bable 和 ESlint 这些配置文件继承在 package.json 中。

  这里选择的模式是单独的配置文件，也就是 In dedicated config files，这样有利于单独对这些配置文件进行管理。如果选择采用 In package.json，那么最终生成的配置都会在 package.json 一个文件中。
- save this as a preset...：表示是否愿意将这次选择的模块存储成一个模板，以便下一次创建项目时可以直接选择。

至此，项目的初始文件和目录结构就完成了，如图 8-8 所示。结构看起来清晰明朗，相比 Vue Cli 2 减少了很多东西，不过随着项目的进行会不断添加代码。

```
├─ public                     // 静态文件目录
|  ├─ index.html              // 首页HTML
├─ dist                       // 打包输出目录（首次打包之后生成）
├─ src                        // 项目源码目录
|  ├─ assets                  // 图片等第三方资源
|  ├─ components              // 公共组件
|  ├─ views                   // 页面组件
|  ├─ router                  // 路由配置
|  ├─ store                   // Vuex配置
|  ├─ App.vue
|  ├─ main.js
├─ .editorconfig               // 编辑器配置项
├─ .eslintrc.js                // eslint 配置项
├─ postcss.config.js           // postCss配置项（如果选择postcss）
├─ babel.config.js             // babel配置项
├─ vue.config.js               // 项目配置文件，用来配置或者覆盖默认的配置
└─ package.json                // package.json
```

图 8-8　项目初始化后的目录结构

8.2.2　启动项目

打开项目中的 package.json 文件，找到其中的 scripts，可以看到 3 个命令：serve、build 和 lint，代码如下：

```
"scripts": {
  "serve": "vue-cli-service serve",
  "build": "vue-cli-service build",
  "lint": "vue-cli-service lint"
}
```

分别使用 npm run 来运行这 3 个命令，它们的作用如下：

- npm run serve：启动开发模式。
- npm run build：启动生产模式打包。
- npm run lint：启动代码规范检查，处理语法错误。

一般的前端项目分为开发模式和生产模式，开发模式主要在项目未发布前，处于研发阶段，大多数资源都没有压缩处理，更方便调试；而生产模式表示要将项目放在生产环境中，包括代码和图片等资源都会经过压缩处理，同时会对一些路径和域名进行替换，是真正让用户体验的环境。

开发模式启动时，可以设置自动启动浏览器，并访问项目的首页，地址默认是 http://localhost:8080，并且在项目开发的任何时刻都可以通过 npm run build lint 来检查当前的代码是否规范，此命令会扫描项目中的代码来进行检查，可以通过.eslintrc.js 文件来设置。

上面的这 3 个命令都是基于 vue-cli-service（在安装 Vue Cli 时会同时安装）提供的命令，也可以直接使用 npx vue-cli-service serve 命令来代替 npm run serve。npx 是一个工具，它是 npm v5.2.0 引入的一条命令，可以直接执行 node_modules 下的相关模块中的命令。用了 npx 后，npx vue-cli-service serve 可以设置更多的参数，它们的含义如下。

命令：npx vue-cli-service serve，其他参数说明：

- --open：在服务器启动时打开浏览器。
- --copy：在服务器启动时将 URL 复制到剪切板。
- --mode：指定环境模式（默认值：development，另一个是 production）。

- --host：在服务器启动时指定 host（默认值：localhost）。
- --port：在服务器启动时指定 port（默认值：8080）。
- --https：使用 HTTPS（默认值：false）。

例如，npx vue-cli-service serve --port 8888 --open。

命令：npx vue-cli-service build，其他参数说明：

- --mode：指定环境模式（默认值：production）。
- --dest：指定输出目录（默认值：dist）。
- --modern：面向现代浏览器，以“带自动回退的方式”来构建应用。
- --target：app | lib | wc | wc-async（默认值：app）。
- --name：库或 Web Components 模式下的名字（默认值：package.json 中的"name"字段或入口文件名）。
- --no-clean：在构建项目之前不清除目标目录。
- --report：生成 report.html 以帮助分析包内容。
- --report-json：生成 report.json 以帮助分析包内容。
- --watch：监听文件变化。

命令：npx vue-cli-service lint，其他参数说明：

- --format[formatter]：指定一个 formatter（默认值：codeframe）。
- --no-fix：不修复错误。
- --no-fix-warnings：除了 warnings（警告）错误不修复外，其他的都修复。
- --max-errors[limit]：超过多少个错误就标记本次构建失败（默认值：0）。
- --max-warnings[limit]：超过多少个 warnings（警告）错误就标记本次构建失败（默认值：Infinity）。

通过 npx vue-cli-service --help 命令来查看，就会发现有另一个 inspect 命令，如图 8-9 所示。

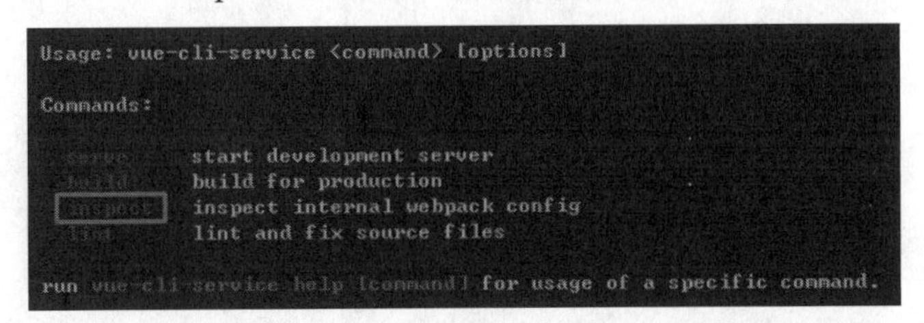

图 8-9　执行 npx vue-cli-service --help 命令后显示的结果

执行 vue-cli-service inspect 命令可以得到项目的 Webpack 配置文件，由于 Vue Cli 将整个默认的 Webpack 配置集成到了内部，因此默认情况下无法单独查看 Webpack 配置文件，使用这个命令可以在当前项目的根目录中生成项目的 webpack.config.xxx.js 配置文件。

若要查看当前项目的 Webpack 配置文件，可以执行如下命令：

```
npx vue-cli-service inspect
```

该命令还有一个参数--mode，可用于设置查看是开发模式（development）的配置文件还是生产模式（production）的配置文件，如下所示：

```
npx vue-cli-service inspect --mode development
```

8.2.3　使用 vue ui 命令打开图形化界面

除了使用命令行工具外，Vue Cli 还提供了一套图形化界面来实现项目的创建和管理，在需要创建项目的目录下执行命令：

```
vue ui
```

此时，会打开一个浏览器窗口页面，如图 8-10 所示。

输入项目的基本信息，随后单击“下一步”按钮，如图 8-11 所示。

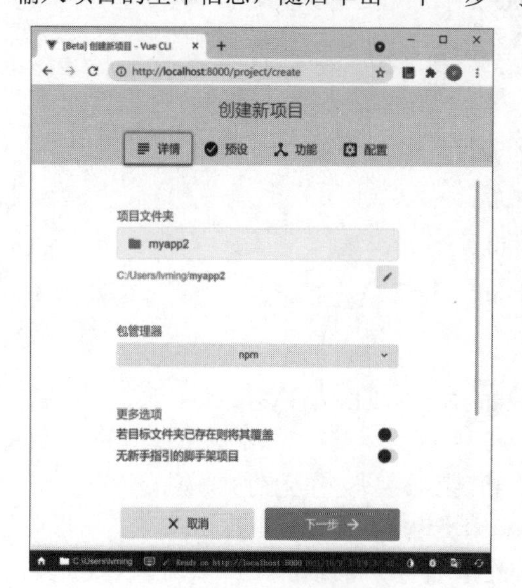

图 8-10　图形化界面 1

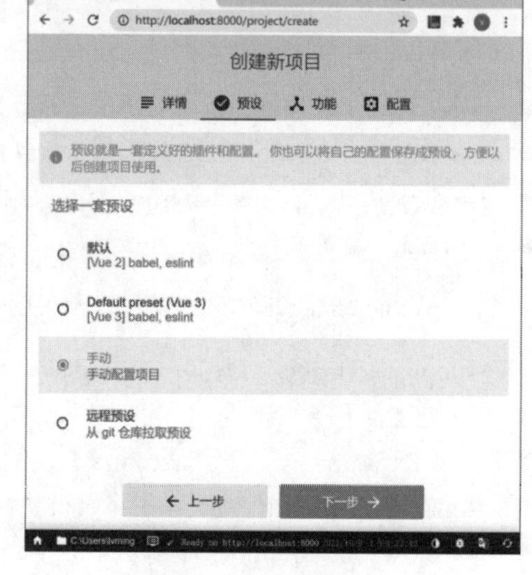

图 8-11　图形化界面 2

接着选择项目需要的一些模块，就像之前用命令行工具一样，当所有步骤执行完后，就可以看到项目的主界面，如图 8-12 所示。

图 8-12　图形化界面 3

在主界面中，主要的功能包括运行项目的 npm 命令、更新项目 node_modules 下的依赖、对项目的性能进行解析等，解析界面如图 8-13 所示。

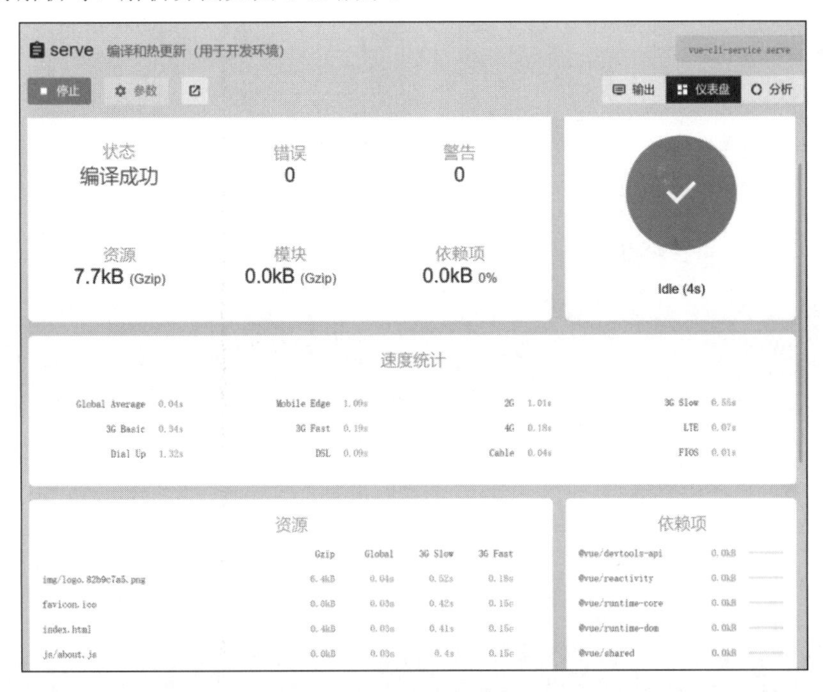

图 8-13　vue ui 图形化界面 4

总体来说，图形化界面相对于命令行更加直观，同时功能也更加丰富。对于新手来说，推荐使用 vue ui 来管理项目。

8.3　Vue Cli 自定义配置

由于 Vue Cli 是默认集成 Webpack 的，为了减少烦琐的配置，默认情况下 Webpack 的相关配置项是不会暴露给开发者的，除了前面提到的采用 inspect 命令查看外。但是我们可以通过 vue.config.js 来修改和覆盖 Vue Cli 的默认 Webpack 配置。注意，由于本书不涉及 Webpack 的详细讲解，所以本章的大部分 Webpack 配置项需要读者事先学习 Webpack 的详细知识后才能理解，可以预先在互联网上了解 Webpack。

默认情况下，vue.config.js 文件并不存在，我们需要在项目的根目录（和 package.json 同级）下创建它，并且返回一个 JSON 格式对象，代码如下：

```
// vue.config.js
module.exports = {
...
}
```

由于是覆盖默认的 Webpack 配置，Vue Cli 提供了两种方案，一种是基于 configureWebpack 项来直接覆盖同名配置，另一种是采用 chainWebpack 项来直接修改默认配置。

8.3.1 configureWebpack 配置

configureWebpack 选项提供了一个对象，该对象将会被 webpack-merge 合并入最终的 Webpack 配置，代码如下：

```
// vue.config.js
module.exports = {
  configureWebpack: {
    plugins: [
      new MyAwesomeWebpackPlugin()
    ]
  }
}
```

如果用户需要基于环境有条件地配置，或者想要直接修改配置，可以将 configureWebpack 配成一个函数方法（该函数方法会在环境变量被设置之后执行）。该函数方法的第一个参数会收到已经解析好的配置。在函数方法内，用户可以直接修改配置，或者返回一个将会被合并的对象，代码如下：

```
// vue.config.js
module.exports = {
  configureWebpack: config => {
    if (process.env.NODE_ENV === 'production') {
      // 为生产环境修改配置
    } else {
      // 为开发环境修改配置
    }
  }
}
```

采用 configureWebpack 的方式会直接覆盖同名的配置，如果只想修改某个配置的某一个子项，例如 loader 或 plugin 的选项，则很可能会覆盖掉不想要覆盖的默认配置，除非把这些默认配置再写一遍。

chainWebpack 这个配置项提供了颗粒度更细的配置修改。

8.3.2 chainWebpack 配置

chainWebpack 选项是一个函数，会接收一个基于 webpack-chain 的实例，该配置项提供了一个 Webpack 原始配置的上层抽象，使其可以定义具名的 loader 规则和具名插件，并有机会在后期进入这些规则并对它们的选项进行修改。

chainWebpack 可以进行更细粒度的修改，修改 loader 的代码如下：

```
// vue.config.js
module.exports = {
  chainWebpack: config => {
    config.module
      .rule('vue')
```

```
      .use('vue-loader')
        .tap(options => {
          // 修改它的选项
          return options
        })
  }
}
```

替换一个规则中的 loader，代码如下：

```
// vue.config.js
module.exports = {
  chainWebpack: config => {
    const svgRule = config.module.rule('svg')
    // 清除已有的所有 loader
    // 如果你不这样做，接下来的 loader 会附加在该规则现有的 loader 之后
    svgRule.uses.clear()
    // 添加要替换的 loader
    svgRule
      .use('vue-svg-loader')
        .loader('vue-svg-loader')
  }
}
```

修改插件选项，代码如下：

```
// vue.config.js
module.exports = {
  chainWebpack: config => {
    config
      .plugin('html')
      .tap(args => {
        return [/* 传递给 html-webpack-plugin's 构造函数的新参数 */]
      })
  }
}
```

比起直接修改 configureWebpack 配置，chainWebpack 的表达能力更强，也更为安全。比如用户想要将 index.html 默认的路径从/Users/username/proj/public/index.html 改为/Users/username/proj/app/templates/index.html。通过参考 html-webpack-plugin，可以看到一个可以传入的选项列表。我们可以在下列配置中传入一个新的模板路径来改变它，代码如下：

```
// vue.config.js
module.exports = {
  chainWebpack: config => {
    config
      .plugin('html')
      .tap(args => {
        args[0].template = '/Users/username/proj/app/templates/index.html'
        return args
```

```
    })
  }
}
```

无论采用 configureWebpack 还是 configureWebpack，当我们对配置进行修改后，都可以通过命令：

```
npx vue-cli-service inspect > output.js
```

查看最终生成的配置文件是否是我们所需要的，该命令会在 vue.config.js 同级生成一个 output.js 文件，其内容就是完整的配置内容。

8.3.3 其他配置

除了前面介绍的两种配置方式外，vue.config.js 还有一些比较基础的配置项，我们举几个比较常用的例子。

1. page

默认情况下，项目为单页应用，即只有一个 index.html 页面作为出口，我们也可以通过 page 选项来设置多个页面，每个 page 应该有一个对应的 JavaScript 入口文件，其值应该是一个对象，对象的 key 是入口的名字，value 是一个指定了 entry、template、filename、title 和 chunks 的对象（除了 entry 之外都是可选的），或者是一个指定了 entry 的字符串，代码如下：

```
module.exports = {
  pages: {
    index: {
      // page 的入口
      entry: 'src/index/main.js',
      // 模板来源
      template: 'public/index.html',
      // 在 dist/index.html 的输出
      filename: 'index.html',
      // 当使用 title 选项时，template 中的 title 标签需要是 <title><%=
htmlWebpackPlugin.options.title %></title>
      title: 'Index Page',
      // 在这个页面中包含的块，默认情况下会包含提取出来的通用 chunk 和 vendor chunk
      chunks: ['chunk-vendors', 'chunk-common', 'index']
    },
    // 当使用只有入口的字符串格式时， 模板会被推导为 `public/subpage.html`，并且如果找
不到的话，就回退到 `public/index.html`
    // 输出文件名会被推导为 `subpage.html`
    subpage: 'src/subpage/main.js'
  }
}
```

2. publicPath

部署应用包时的基本路径。用法和 Webpack 本身的 output.publicPath 一致，但是 Vue Cli 在其他地方也需要用到这个值，所以要始终使用 publicPath，而不要直接修改 Webpack 的 output.publicPath，代码如下：

```
module.exports = {
  publicPath: process.env.NODE_ENV === 'production'
    ? '/production-sub-path/'
    : '/'
}
```

3. css.extract

在大多数的 Vue 项目中，每个组件都有自己的样式代码，即放在单文件组件<style>里面的内容，当 css.extract 属性设置成 true 时，每个组件的样式代码被提取并合并到一个 CSS 文件中，在项目启动后会被加载。当 css.extract 被设置成 false 时，则不会被合并，而是采用<style>标签的形式添加在 HTML 页面中。默认情况下，开发模式为 false，生产模式为 true。

4. devServer

Vue Cli 会提供静态资源服务 devServer，其基于 webpack-dev-server，即在执行 npm run serve 后，本地会开启一个默认 8080 端口的静态资源服务，这个服务相关的配置就可以通过 devServer 设置，例如 host、port 和 https 可以被重新设置。

如果用户的前端应用和后端 API 服务器没有运行在同一个主机上，则需要在开发环境下将 API 请求代理到 API 服务器，通过添加 proxy 项来配置一些代理功能，代码如下：

```
module.exports = {
  devServer: {
    proxy: {
      '/api': { // 匹配的路径
        target: '<url>',// 转换的目标路径
        ws: true,// 是否代理 websocket
        changeOrigin: true // 配合跨域设置
      },
      '^/foo': {
        target: '<other_url>'
      }
    }
  }
}
```

其中 proxy 的 key 值表示需要匹配的路径，支持正则，只有命中这个规则的请求才会被代理。changeOrigin 设置成 false 表示请求头中的 host 仍然是浏览器发送过来的 host，如果设置成 true，则表示请求头中的 host 会设置成 target。如果需要跨域，则可以设置成 true。devServer 基于 http-proxy-middleware 的更多选项配置，可以参考 http-proxy-middleware[1]的官方网站。

---

1 https://github.com/chimurai/http-proxy-middleware

这里暂时只列举这些使用比较多的配置，更多的配置可以参考 vue.config.js[1]的配置文档地址。

8.4 案例：Vue Cli 创建待办事项

根据本章 Vue Cli 的内容，创建待办事项系统脚手架，由于之前的章节中已经使用过了，因此这里不再详细讲解。

8.5 小结与练习

本章讲解了 Vue Cli 工具的使用，主要内容包括：Vue Cli 概述、Vue Cli 的安装和使用、Vue Cli 自定义配置。

Vue Cli 是 Vue.js 官方的脚手架和项目维护工具，依赖 Node.js 环境，并且它的大部分功能依赖于 Webpack，所以要学习本章内容，建议提前了解 Webpack，以便可以轻松快速地实现项目的搭建。最后建议读者自行运行本章的每个示例代码，以加深对本章知识的理解。

下面来检验一下读者对本章内容的掌握程度。

- Vue Cli 通过什么提供静态资源托管服务？
- 如何利用 Vue Cli 从零开始创建一个项目？
- Vue Cli 的配置中 chainWebpack 的主要作用是什么？

1 https://cli.vuejs.org/zh/config/#vue-config-js

第 9 章 Vite 工具

Vite 和 Vue Cli 类似，也是一个开发构建工具，也是 Vue 3 才引入的，Vite 在开发环境下基于浏览器原生的 ES 6 Modules 提供功能支持，在生产环境下基于 Rollup 打包，脱离了 Vue Cli 所依赖的 Webpack。

Vite 主要包括脚手架创建、快速启动、按需编译、热模块替换等特性，大大提升了开发效率，并且体验上比 Vue Cli 更快，默认还整合了 Vue 3。

同时，Vite 可以脱离 Vue 和其他前端框架结合使用，Vue 官方更加推荐使用 Vite 来初始化项目。Vite 本身还在不断更新中，本章所使用的 Vite 基于 2.6.4 版本。

9.1 Vite 概述

随着浏览器的不断发展，越来越多的浏览器原生支持 ES 6 语法，这使得 ES 6 的模块化 API 可以直接在浏览器中使用。Vite 就是借助了这一特性，从而在开发环境下对构建进行了性能的提升，这也是它快速的体现。

9.1.1 怎么区分开发环境和生产环境

我们知道，Vite 在开发环境下基于浏览器原生 ES 6 Modules 提供功能支持，在生产环境下基于 Rollup 打包。

所谓开发环境，就是日常代码编写调试的环境，在该环境下一般以开发者本身的浏览器环境、Node.js 环境等为结果导向，所以环境相对固定，复杂性较低，约束也较少。但是在该环境中，对构建速率、开发时间成本的要求很高，即要求高效率、低成本，代码更新后立刻看到结果。Vite 借助浏览器原生 ES 6 的方式在开发环境下提供服务能够很好地满足这些要求，使用 Vite 的页面在引入 JavaScript 时会加上 type=module，代码如下：

```
<head>
  <script type="module" src="/@vite/client"></script>
```

```
    ...
    <title>Vite App</title>
  </head>
  <body>
    <div id="app"></div>
    <script type="module" src="/src/main.js"></script>
  </body>
```

使用了 type=module 的 JavaScript 文件会成为一个 module，所以才能够被 import 或者 export，而且这些文件本身也是前端页面必需的源码文件。

实际上，Vite 让浏览器接管了打包程序的部分工作，或者说 Vite 并不会操作文件的打包，而是将文件进行基础的编译，编译出能让现代浏览器识别的文件和语法，当浏览器访问这些文件时，就可以直接解析。这和事先将源码文件利用 Node.js 相关的 API 对文件进行复杂打包和利用 Webpack 进行复杂的编译，并将打包和编译后的内容提前生成并准备好场景是有本质区别的，如图 9-1 和图 9-2 所示。

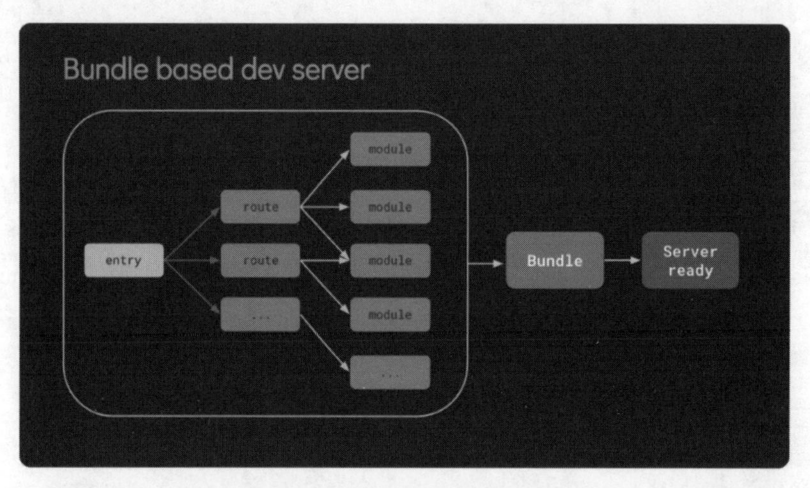

图 9-1　事先准备源码文件的方式

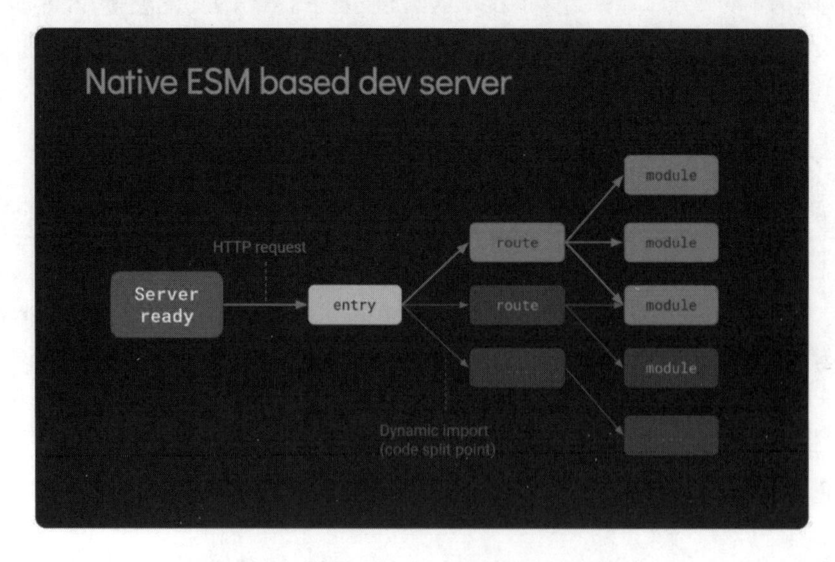

图 9-2　采用原生 ES 6 Modules 的方式

而对于生产环境来说，用户端在访问业务时的环境是错综复杂的，无法预知用户在什么环境下使用业务，例如采用低版本浏览器或者在手机上使用，所以原生的 ES 6 Modules 的支持性并不好，即使支持 ES 6 Modules，但由于嵌套导入会导致额外的网络往返，在生产环境中发布未打包和压缩的 ES 6 Modules 文件仍然会影响加载速率。为了在生产环境中获得最佳的加载性能，最好还是将源码进行 Tree Shaking、懒加载以及拆分和压缩（以获得更好的缓存），这符合原本的生产环境通用的打包构建方式。

9.1.2　什么是 Rollup

Vite 在生产环境下基于 Rollup 打包，生成前端所需的源码文件。Rollup 是一个 JavaScript 模块打包器，如图 9-3 所示，它最先提出了 Tree Shaking 的概念，和 Webpack 或者 Browserify 有着同样的模块打包功能，它最大的特点是基于 ES Modules 进行打包，不需要通过类似 Babel 转化的方案将 ES 6 Modules 的 import 转化成 CommonJS 的 require 方式，极大地利用了浏览器的原生特性。

图 9-3　rollup.js

基于 ES 6 Modules 本身的特性以及 Tree Shaking，Rollup 可以最大化地保证打包后的文件体积更小，这也是 Vite 在生产环境下采用 Rollup 的主要原因。

9.2　Vite 的安装和使用

9.2.1　初始化项目

可以采用之前介绍的 npm 工具来安装 Vite，在安装的同时可以直接进行项目的初始化操作，使用下面的命令：

```
npm init vite@latest
```

注意，安装 Vite 需要 Node.js 版本在 12.0.0 以上。

输入项目名称，如图 9-4 所示。

```
C:\Users\lvming>npm init vite@latest
npx: installed 6 in 3.191s
? Project name: » myapp
```

图 9-4　输入项目名称

Vite 支持很多预设的模板，这里主要选择前端项目框架，选择 vue 即可，如图 9-5 所示。

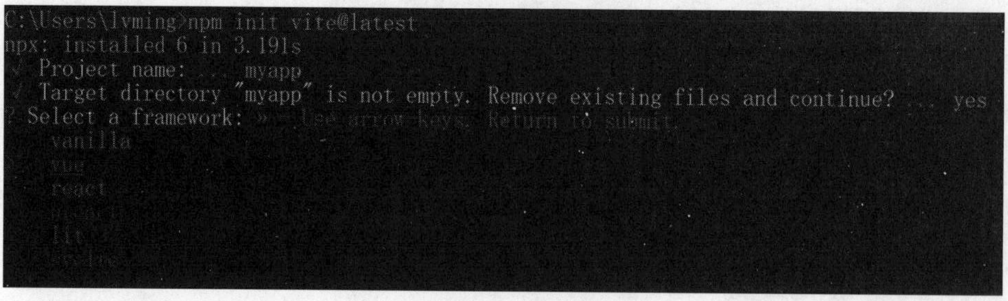

```
C:\Users\lvming>npm init vite@latest
npx: installed 6 in 3.191s
√ Project name: ... myapp
√ Target directory "myapp" is not empty. Remove existing files and continue? ... yes
? Select a framework: » - Use arrow-keys. Return to submit.
    vanilla
>   vue
    react
    lit
```

图 9-5　选择项目前端框架

注意，Vite 会选择 Vue 3 来创建 Vue 项目，注意创建完项目后，需要到根目录执行 npm install 来安装相应模块，生成的目录结构如图 9-6 所示。

```
├── public                  // 静态文件目录
├── dist                    // 打包输出目录（首次打包之后生成）
├── src                     // 项目源码目录
│   ├── assets              // 图片等第三方资源
│   ├── components          // 公共组件
│   ├── App.vue
│   ├── main.js
├── vite.config.js          // 项目配置文件，用来配置或者覆盖默认的配置
├── index.html              // 项目入口文件
└── package.json            // package.json
```

图 9-6　Vite 初始化目录结构

和 Vue Cli 相比，这个目录结构更加简单一些，不包括 Vue Router 和 Vuex 等相关内容，这些需要自己手动安装和添加，毕竟 Vite 主要提供大局观的开发构建功能，不能只限制在 Vue 中，当然本章只会关注 Vite 创建 Vue 项目的相关内容。

9.2.2　启动项目

打开项目中的 package.json 文件，找到其中的 scripts，可以看到 3 个命令：dev、build 和 lint，如下所示：

```
"scripts": {
  "dev": "vite",
  "build": "vite build",
  "serve": "vite preview"
}
```

分别使用 npm run 来运行这 3 个命令，它们的作用如下：

- npm run dev：启动开发服务器。
- npm run build：为生产环境构建产物。
- npm run serve：本地预览生产构建产物。

一般情况下，在项目开发阶段，执行 npm run dev 会自动开启本地服务，在浏览器中访问 http://localhost:3000/index.html 即可。

注意，index.html 在项目最外层，而不是在 public 文件夹内。这是有意而为之的：在开发期间，Vite 本身可以看作一个服务器，而 index.html 是该 Vite 项目的入口文件。Vite 将 index.html 视为源码和模块图的一部分。Vite 解析 index.html 中的<script type="module" src="...">，这个标签指向用户的 JavaScript 源码。甚至内联引入 JavaScript 的<script type="module"> 和引用 CSS 的<link href> 也能利用 Vite 特有的功能被解析。

npm run build 将会执行生产打包功能，会在当前目录生成 dist 目录，并将资源压缩替换成符合生成环境要求的源码文件。

npm run serve 产生的结果和 npm run build 类似，只是并不会生成 dist 目录，即下面的文件，而是提供一个本地服务，可以用来直接访问生产模式下的各个源码文件和环境，相当于对生产环境进行预先测试的环境。

9.2.3　热更新

热更新（Hot Module Replacement，HMR）是 Vite 提供的最有用的功能之一，它允许在运行时更新各种模块，而无须进行完全刷新，并且 Vite 热更新基于原生 ES 6 Modules，速度更快，这也是 Vite 区别于其他构建工具的优势。

注意，不需要手动设置热更新，当创建应用程序时，Vite 已经默认开启，如果需要关闭，则可以修改 vite.config.js 文件，代码如下：

```
export default defineConfig({
  server:{
    hmr:false
  }
})
```

9.3　Vite 自定义配置

当启动 Vite 项目时，会自动解析项目根目录下名为 vite.config.js 的文件，基础的配置文件代码如下：

```
// vite.config.js
export default {
  // 配置选项
}
```

vite.config.js 的配置项有很多，使用 defineConfig 工具函数，并结合 IDE 自动提示功能，可以更加方便地查看各项配置，代码如下：

```
import { defineConfig } from 'vite'

export default defineConfig({
...
})
```

提示信息如图 9-7 所示。

```
export default defineConfig({
  server:{
    hmr:false,
  },
  build:{
    ta
  },   target?          (property) BuildOptions.target?: string |…
  plug   trycatch                          Try-Catch Statement
})
```

自动提示target含义

图 9-7 defineConfig 自动提示

同时，也可以区分开发环境和生产环境进行不同的配置，代码如下：

```
export default defineConfig(({ command, mode }) => {
  if (command === 'serve') {
    return {
      // serve 独有的配置
    }
  } else {
    return {
      // build 独有的配置
    }
  }
})
```

9.3.1 静态资源处理

Vite 内置了对 CSS 文件、图片、JSON 文件的处理，导入.CSS 文件会把内容插入<style>标签中，同时也带有 HMR 支持，能够以字符串的形式检索处理后的、作为其模块默认导出的 CSS。同时，也可以配置 Sass、Less、Stylus 等预处理工具，前提是需要安装：

```
# .scss and .sass
npm install -D sass

# .less
npm install -D less

# .styl and .stylus
npm install -D stylus
```

安装完成之后，可以直接在 Vue 的单文件组件中使用<style lang="sass">（或其他预处理器）自动开启这些支持。同时，可以通过 vite.config.js 的 CSS 项对这些预处理器进行配置，代码如下：

```
export default defineConfig({
  css: {
    preprocessorOptions: {
      scss: { // 对 scss 进行配置
```

```
        additionalData: `$injectedColor: orange;`
      }
    }
  }
})
```

导入一个静态资源会返回解析后的 URL，代码如下：

```
import imgUrl from './img.png'
document.getElementById('hero-img').src = imgUrl
```

添加一些特殊的查询参数可以更改资源被引入的方式，代码如下：

```
// 显式加载资源为一个 URL
import assetAsURL from './asset.js?url'
// 以字符串形式加载资源
import assetAsString from './shader.glsl?raw'
// 加载为 Web Worker
import Worker from './worker.js?worker'
// 在构建时， Web Worker 内联为 base64 字符串
import InlineWorker from './worker.js?worker&inline'
```

JSON 文件可以直接导入使用，同时支持导入其某个字段，代码如下：

```
// 导入整个对象
import json from './example.json'
// 对一个根字段使用具名导入，更有利于 Tree Shaking
import { field } from './example.json'
```

9.3.2　插件配置

我们知道，在开发环境下，Vite 是直接基于浏览器的 ES 6 Modules 的，所以对于 JavaScript 文件来说，在浏览器中就可以直接引入，但是对于一些其他文件，例如.vue、.jsx 文件等，是无法直接被浏览器识别的，所以针对这些文件，还需要使用一些 Vite 插件编辑之后，再提供给浏览器。

在 vite.config.js 中采用 plugin 项来配置插件：

```
import vue from '@vitejs/plugin-vue' // Vue 插件
import vueJsx from '@vitejs/plugin-vue-jsx' // JSX 插件
import styleImport from 'vite-plugin-style-import' // 第三方包样式按需导入

export default defineConfig({
  plugins: [
    vue(),            // 针对 Vue 文件解析
    vueJsx(),         // 针对 JSX 文件解析
    styleImport({     // 按需导入 ant-design-vue 样式
      libs: [
        {
          libraryName: 'ant-design-vue',
          esModule: true,
          resolveStyle: (name) => {
```

```
          return `ant-design-vue/es/${name}/style/index`
        },
      },
    ]})
  ]
})
```

Vite 的插件众多，由于生产环境基于 Rollup 工具，因此大部分都兼容 Rollup 的插件格式，并且 Vite 已经内置了大量 Rollup 常用的插件，如果需要一些额外插件，则可以在 awesome-vite[1]中搜索。

当使用了与某些 Rollup 插件有冲突的插件时，为了兼容，可能需要强制设置插件的位置，或者只在构建时使用。可以使用 enforce 修饰符来强制设置插件的位置，代码如下：

```
// vite.config.js
import image from '@rollup/plugin-image'
import { defineConfig } from 'vite'

export default defineConfig({
  plugins: [
    {
      ...image(),
      enforce: 'pre' // 在 Vite 核心插件之前调用该插件
    }
  ]
})
```

enforce 的取值主要有以下几种：

- 默认值：在 Vite 核心插件之后调用该插件。
- pre：在 Vite 核心插件之前调用该插件。
- post：在 Vite 构建插件之后调用该插件。

默认情况下，插件在开发（serve）和生产（build）模式中都会启用。如果插件在服务或构建期间按需使用，则可使用 apply 属性指明它们仅在 build 或 serve 模式下使用，代码如下：

```
// vite.config.js
import typescript2 from 'rollup-plugin-typescript2'
import { defineConfig } from 'vite'

export default defineConfig({
  plugins: [
    {
      ...typescript2(),
      apply: 'build' // 该插件仅在 build 模式下使用
    }
  ]
```

1 大量开源 Vite 插件：https://github.com/vitejs/awesome-vite#plugins。

```
})
```

注意，这和前面讲到的在最外层判断 serve 和 build 模式进行配置实现的效果是一样的，两者选其一即可。

9.3.3　服务端渲染配置

服务端渲染就是在浏览器请求页面 URL 的时候，服务端将我们需要的 HTML 文本组装好，并返回给浏览器，这个 HTML 文本被浏览器解析之后，不需要经过 JavaScript 脚本的执行，即可直接构建出需要的 DOM 树并展示到页面中。这个服务端组装 HTML 的过程叫作服务端渲染。其中，Vite 也内置了 Vue 的服务端渲染能力，我们会在后面的章节中详细讲解。

9.4　Vite 与 Vue Cli

Vite 和 Vue Cli 师出同门，都属于 Vue 整个团队的产物，它们的功能也非常相似，都是提供基本项目脚手架和开发服务器的构建工具。在这里有几个问题需要讨论：

- Vite 和 Vue Cli 的主要区别是什么？
- Vite 和 Vue Cli 哪个性能更好？
- Vite 和 Vue Cli 在实际项目中如何选择？

9.4.1　Vite 和 Vue Cli 的主要区别

Vite 在开发环境下基于浏览器原生 ES 6 Modules 提供功能支持，在生产环境下基于 Rollup 打包；Vue Cli 不区分环境，都是基于 Webpack。可以说在生产环境下，两者都是基于源码文件的，Rollup 和 Webpack 都是对代码进行处理，并提供浏览器页面所需要的 HTML、JavaScript、CSS、图片等静态文件。但是对于开发环境的处理，两者却有不同：

- Vue Cli 在开发环境下也是基于对源码文件的转换，即利用 Webpack 对代码打包，结合 webpack-dev-server 提供静态资源服务。
- Vite 在开发环境下基于浏览器原生 ES 6 Modules，无须对代码进行打包，直接让浏览器使用。

Vite 正是因为利用浏览器的原生功能，而省掉了耗时的打包流程，才使得开发环境下的体验非常好。而对于生产环境，它们各自所依赖的 Webpack 和 Rollup 这两个工具其实也各有优劣：

- Webpack 有着生态更加丰富的 loader，可以处理各种各样的资源依赖，以及代码拆分和按需合并；Rollup 的插件生态较 Webpack 弱一些，但是也可以满足基本的日常开发需要，且不支持 Code Splitting 和热更新。
- Rollup 对 ES 6 Modules 的代码依赖方式天然支持，而对于类似 CommonJS 或者 UMD 方式的依赖却无法可靠地处理；Webpack 借助自己的__webpack_require__函数和 Babel，对于各种类型的代码都支持得比较好。
- Rollup 会静态分析代码中的 import，并将排除任何未实际使用的代码，即对 Tree Shaking 支持得很好；Webpack 则从 Webpack 2 版本开始支持 Tree Shaking，且要求使用原生的 import 和 export 语法，并且是没有被 Babel 转换过的代码。

- Rollup 编译的代码可读性更好（虽然基本不会去阅读这些代码），没有过多的冗余代码；而 Webpack 则会插入很多__webpack_require__函数，影响代码的可读性。

Rollup 和 Webpack 图标的对比如图 9-8 所示。

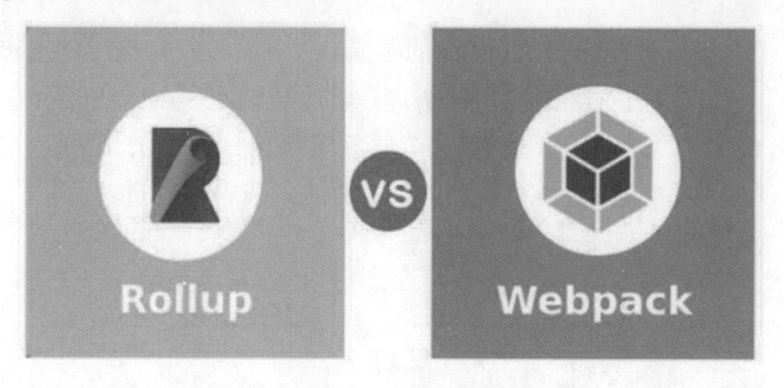

图 9-8　Rollup 和 Webpack 图标的对比

由于 Webpack 可配置的功能特性比较多，处理的场景更为广泛，而 Rollup 对源码的处理更加简洁，因此业界一般认为对于项目业务使用 Webpack，对于类库使用 Rollup，而之所以 Vite 使用 Rollup，可能是为了整体上对浏览器 ES 6 Modules 的使用更加统一，并且摆脱 Vue Cli 那样对 Webpack 过于依赖。

9.4.2　Vite 和 Vue Cli 哪个性能更好

这个不用多说，必然是 Vite 速度更快，在开发环境下体验更好。

Vue Cli 的 Webpack 的工作方式是：它通过解析应用程序中的每一个 JavaScript 模块中的 import 或者 require，借助各种 loader 将整个应用程序构建成一个基于 JavaScript 的捆绑包，并针对不同的文件后缀名（例如 Sass、Vue 等）转换成对应的 JavaScript 文件。这都是在 webpack-dev-server 服务器端提前完成的，文件越多，依赖越复杂，则消耗的时间越多。

Vite 不捆绑应用服务器端。相反，它依赖于浏览器对 ES 6 Modules 的原生支持，浏览器直接通过 HTTP 请求 JavaScript 模块，并且在运行时处理，而对于 Sass、Vue 文件等，则单独采用插件处理，并提供静态服务。这样耗时的大头 JavaScript 模块处理就被单独剥离了出来，利用浏览器高效处理，并且对于文件的多少影响并不大，这样消耗的时间就更少。这两种模式的区别如图 9-9 所示。

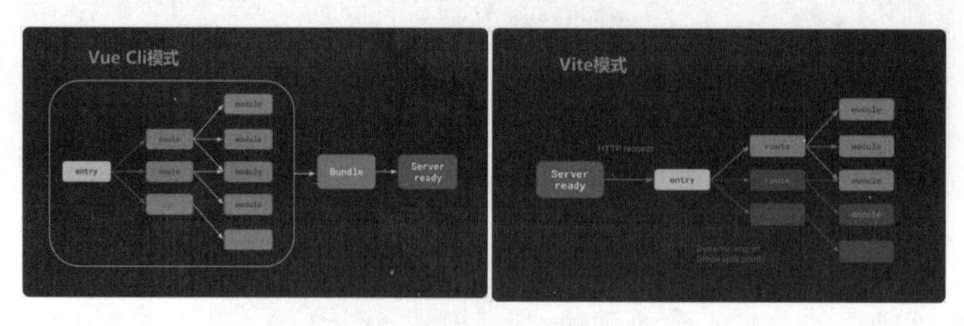

图 9-9　Vite 和 Vue Cli 模式对比

所以总结下来，在开发模式下，Vite 显然要比 Vue Cli 性能更强，在生产模式下相差不大。

9.4.3 在实际项目中如何选择

关于在实际项目中如何选择 Vite 和 Vue Cli，我们先来总结一下它们各自的优缺点，如表 9-1 所示。

表9-1 Vite和Vue Cli的优缺点

Vue Cli 的优点	Vue Cli 的缺点
生态好，实际应用项目多	开发环境慢，体验差
可以和 Vue 2.x、Vue 3.x 结合	只支持 Vue
直接解析各种类型的代码依赖	产物冗余代码多
构建配置项丰富，插件全	
Vite 的优点	**Vite 的缺点**
开发环境速度快，体验好	只针对 ES 6 浏览器
支持 Vue、React 等	脚手架不包括 Vuex、Router 等
产物简洁清晰	

Vite 在开发环境下体验强，速度快是其核心优势，但是与 Vue Cli/Webpack 不同，Vite 无法在旧版浏览器使用，例如 IE 系列，这对于一些用户来说是一个抉择点。另外，Vue Cli 作为老牌构建工具，使用者众多，更加经得住历史的考验，并且社区活跃度更高，所以在生态环境和插件数量方面更好。

Vite 是一个新兴的产物，Vue 团队更想把 Vite 做成一个通用的构建工具，而不只限于 Vue，所以后面也会主推 Vite。回到问题上来，Vue Cli 和 Vite 到底怎么选择？笔者认为还是要根据自己实际的业务场景来选择，这里总结几条选择原则：

- 当前正在运行的 Vue Cli 项目，不建议切换为 Vite，维稳！
- 企业大型项目，构建功能复杂，需求多，建议使用 Vue Cli，稳定坑少。
- 小型项目，业务逻辑相对简单一些，页面少，建议使用 Vite，体验好。

以上原则仅供参考，读者可以根据此建议在实际生产项目中使用。

9.5 案例：Vite 创建待办事项

根据本章的 Vite 内容创建待办事项系统脚手架代码，在之前的章节中采用的是 Vue Cli 版本的待办事项，本次改造为 Vite 版本，其他业务逻辑并无改动。

本案例完整源码：/案例源码/Vite 工具。

9.6　小结与练习

本章讲解了 Vite 工具的使用，主要内容包括：Vite 概述、Vite 的安装和使用、Vite 自定义配置以及 Vite 和 Vue Cli 的对比。

Vite 作为新一代的开发构建工具，在开发模式下有着非常高的性能，并且结合 Vue 3 使用更加方便，也是 Vue 团队主推并将会长期维护的工具，所以建议读者在开发 Vue 3 相关应用时尽量使用 Vite，体验更加快速的代码开发调试过程。

下面来检验一下读者对本章内容的掌握程度。

- Vite 在开发和生产模式下有什么不同？
- Vite 中 npm run build 和 npm run serve 命令的区别是什么？
- Vite 和 Vue Cli 有哪些优缺点？

第 10 章 Vue.js 服务端渲染

服务端渲染（Server Side Render，SSR）是在浏览器请求页面 URL 的时候，服务端将我们需要的 HTML 文本组装好，并返回给浏览器，这个 HTML 文本被浏览器解析之后，不需要经过 JavaScript 脚本的执行，即可直接构建出希望的 DOM 结构并展示到页面中。这个服务端组装 HTML 的过程叫作服务端渲染。

其实早期的 Web 技术，例如 PHP 或者 JSP 这种直接访问并解析页面也可以叫作服务端渲染，直到 Ajax 技术的成熟带来前后端分离，导致后端只负责数据接口的提供，前端负责页面逻辑的开发，这种叫作客户端渲染。

在 Vue 项目中，大多数都是前后端分离的开发模式，Vue 整体接管了前端的页面逻辑，包括页面渲染、路由调整、组件交互等，但是这也存在一定的弊端，例如不利于页面 SEO、前端页面白屏时间过长等。

为了解决这些问题，Vue 同时提供了服务端渲染能力，这主要是指利用 Node.js 在后端生成 HTML，并为浏览器页面首屏的代码提供同构级别的渲染。

10.1 服务端渲染概述

10.1.1 客户端渲染

在讲解服务端渲染之前，我们先回顾一下主流浏览器页面的渲染流程，步骤如下：

步骤 01 浏览器通过请求得到一个 HTML 文本。

步骤 02 渲染进程解析 HTML 文本，生成 DOM 树。

步骤 03 解析 HTML 的同时，如果遇到内联样式或者样式脚本，则下载并生成 CSS 样式规则（Style Rules），若遇到 JavaScript 脚本，则下载执行该脚本。

步骤04　DOM 树和 CSS 样式规则树构建完成之后，渲染进程将两者合并成渲染树（Render Tree）。

步骤05　渲染进程开始对渲染树进行布局，生成布局树（Layout Tree）。

步骤06　渲染进程对布局树进行绘制，显示到页面中。

完整流程如图 10-1 所示。

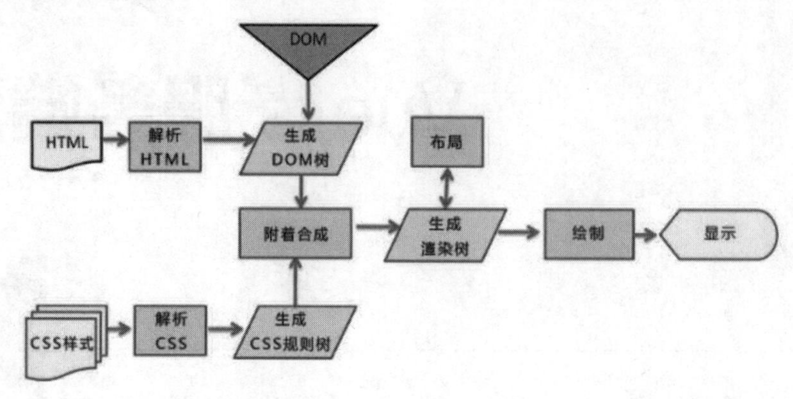

图 10-1　浏览器渲染流程

浏览器请求到的这个 HTML 文件中加载了很多渲染页面需要的 JavaScript 脚本和 CSS 样式表，浏览器拿到 HTML 文件后，开始加载脚本和样式表，并且执行脚本，这个时候脚本请求后端服务提供的 API，并获取数据，获取完成后，将数据通过 JavaScript 脚本动态地渲染到页面中，完成页面显示。这就是客户端渲染的主要流程，如图 10-2 所示。

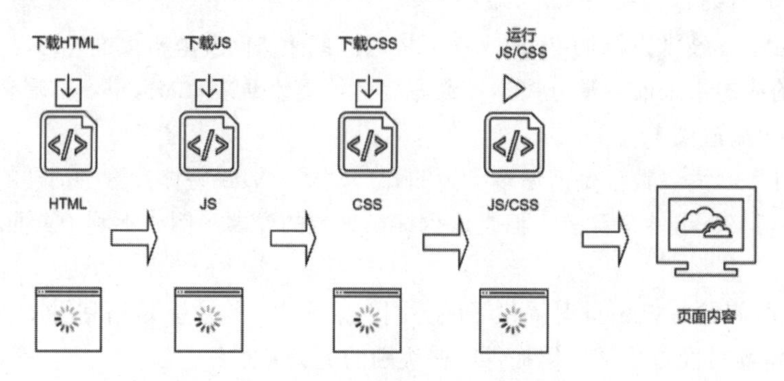

图 10-2　客户端渲染的主要流程

前端团队接管了所有页面渲染的工作，后端团队只负责提供所有数据查询与处理的 API。

10.1.2　服务端渲染

服务端渲染的大体流程与客户端渲染有些相似，采用 Node.js 部署前端服务器。首先是浏览器请求 URL，前端服务器接收到 URL 请求之后，根据不同的 URL，前端服务器向后端服务器请求数据，请求完成后，前端服务器会组装一个携带了具体数据的 HTML 文本，并且返回给浏览器，浏览器得到 HTML 之后开始渲染页面，同时浏览器加载并执行 JavaScript 脚本，给页面上的元素绑定事件，让页面变得可交互，当用户与浏览器页面进行交互（如跳转到下一个页面）时，浏览器会执行 JavaScript 脚本，向后端服务器请求数据，获取完数据之后，再次执行 JavaScript 代码动态渲染页面，流程如图 10-3 所示。

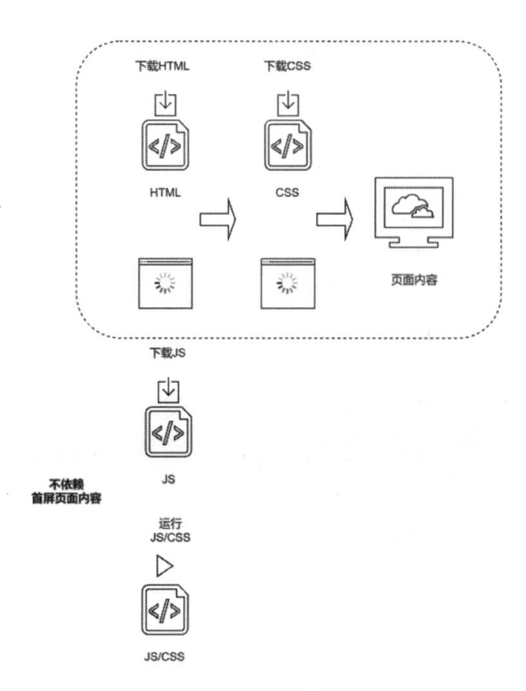

图 10-3　服务端渲染流程

这样用户在看到页面首屏主要内容时，只和服务器有一个 HTTP 请求交互，就是获取 HTML 页面内容，这个内容就是完整的页面内容。当然，后续的页面用户交互还是在前端进行的。

这样看下来服务端渲染要比客户端好很多，尤其是首屏的用户体验。以下从几个方面对服务端渲染和客户端渲染进行一个优劣对比：

- SEO 支持：服务端渲染可以有效地进行 SEO，当爬虫工具请求用户的页面地址时，可以拿到完整的 HTML 内容，便于对网站内容进行收录；而客户端渲染爬虫工具拿到的只是一个空的 HTML 壳子，无法对网站内容进行完整收录。
- 白屏时间：相对于客户端渲染，服务端渲染在浏览器请求 URL 之后已经得到了一个带有数据的 HTML 文本，浏览器只需要解析 HTML，直接构建 DOM 树就可以；而客户端渲染需要先得到一个空的 HTML 页面，这个时候页面已经进入白屏，之后还需要经过加载并执行 JavaScript、请求后端服务器获取数据、JavaScript 渲染页面几个过程才可以看到最后的页面，特别是在复杂的应用中，由于需要加载 JavaScript 脚本，越是复杂的应用，需要加载的 JavaScript 脚本就越多、越大，这会导致应用的首屏加载时间非常长，进而降低了用户体验。
- 服务器运维：除了前端静态资源服务和后端接口服务外，服务端渲染还需要额外搭建一套 Node.js 服务，主要用来请求后端服务的数据和 HTML 组装，这在一定程度上提升了项目复杂度，同时需要更多地关注服务器的负载均衡及相关运维问题，同时由于代码需要，可以在服务端运行，也可以在浏览器端运行，需要兼顾两端的代码，提示了代码复杂度。

所以在使用服务端渲染之前，需要开发者考虑投入产出比，比如大部分应用系统都不需要 SEO，而且首屏时间并不是非常慢，如果使用服务端渲染，反而小题大做了。

10.2　Vue 服务端渲染改造

Vue 作为前端框架，除了支持单页面应用的普通客户端渲染外，还提供了服务端渲染能力，这需要借助 Node.js 来实现，并且 Vue 的服务端渲染是代码同构的，即服务端运行的代码和客户端运行的代码可以使用一套，极大地提升了服务端渲染的可维护性。

10.2.1　同构问题

我们知道，服务端渲染只负责首屏内容，首屏之后的用户交互还是需要在客户端进行的，这就涉及是否需要单独为首屏写一套代码，而且这套代码是否和不用服务端渲染的代码兼容，这就涉及代码同构问题。

所谓同构，就是采用一套代码构建客户端和服务端逻辑，最大限度地重用代码，不用维护两套代码，如图 10-4 所示。

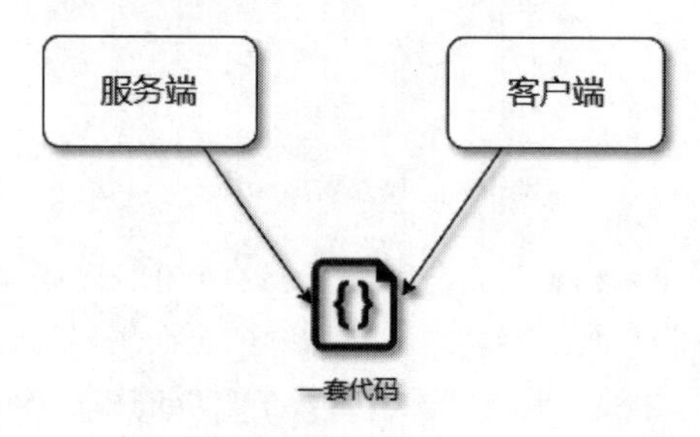

图 10-4　代码同构

可以设想一个场景，在使用了服务端渲染的项目中，当需要在首屏内容中添加一张图片时，我们需要在服务端渲染逻辑中添加这个图片相关的代码，但是并不是所有情况下都能使用服务端渲染，因为我们必须为服务端渲染失败时预留容错逻辑，即客户端渲染首屏的这部分逻辑还要保留，所以还需要在客户端渲染逻辑中添加图片相关的代码，这就造成了需要维护两套代码。而 Vue 给我们提供的服务端渲染则会避免这种情况发生。

注意，同构并不是一模一样，如果有需要判断平台端的逻辑且有不同的业务表现，还是需要有这部分代码的。

10.2.2　二次渲染

在服务端渲染中，当浏览器拿到服务端返回的完整 HTML，即可给用户呈现出内容，但是这只是纯静态内容，页面中的交互（例如点击操作）还是无法使用，对于这些用户的交互行为来说，例如绑定 DOM 事件，初始化一些上报数据等还需要进行二次渲染（Rehydration），当然这种渲染在正常情况下是不会改变页面内容的，这依赖于 Vue 组件生命周期相关的钩子函数，以及 Vuex 提供的全局数据处理能力，如图 10-5 所示。

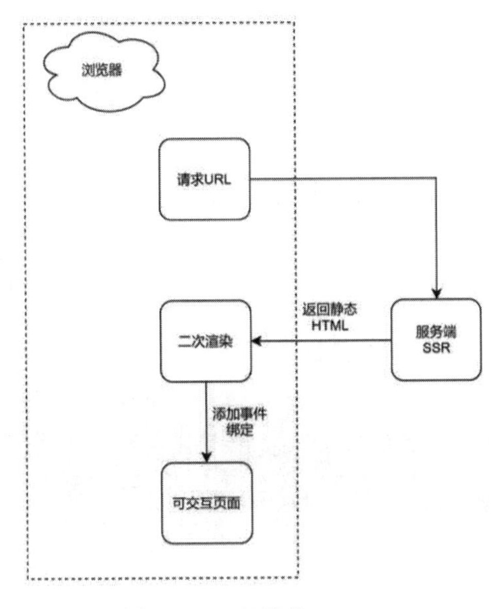

图 10-5　二次渲染

10.2.3　基于 Vite 的服务端渲染概述

用一句话来总结 Vue.js 服务端渲染：基于正常的客户端渲染逻辑编写好代码，然后通过构建来生成客户端渲染使用的文件和服务端渲染使用的文件，并结合 Node.js 提供服务。这里的构建可以通过 Vue Cli 实现，也可以通过 Vite 实现。这里主要介绍基于 Vite 的服务端渲染配置。

服务端渲染的主要步骤概括如下：

- 使用 Vite 创建正常的客户端渲染项目脚手架。
- 基于服务端渲染逻辑和客户端渲染逻辑改造 main.js。
- 跑通正常的客户端渲染开发和生产构建流程。
- 创建 Node.js 服务端 server.js 逻辑，结合 Vite 跑通基于服务端渲染的开发流程。
- 改造 Node.js 服务端 server.js 逻辑，跑通服务端渲染生产构建流程。
- 配置 package.json 中定义的命令，以完成改造。

其主要流程如图 10-6 所示。

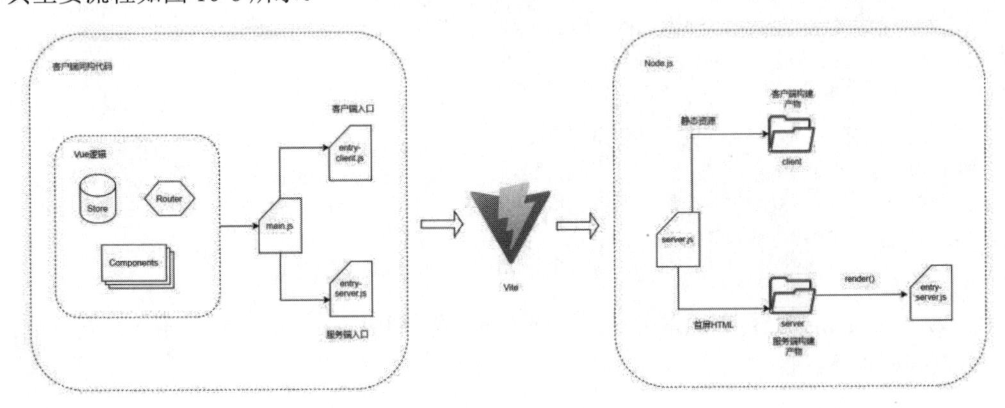

图 10-6　服务端渲染构建步骤

下面对这些步骤进行逐一讲解。

10.2.4 创建 Vite 项目

其实不需要把服务端渲染想象成一个很复杂的东西，它只是对一个正常的客户端 Vite 项目进行改造集成而已。

首先利用 Vite 创建一个项目，这里我们可以延用 8.2 节的 myapp 项目，其目录结构如图 10-7 所示。

```
├─ public                    // 静态文件目录
├─ dist                      // 打包输出目录（首次打包之后生成）
├─ src                       // 项目源码目录
|   ├─ assets                // 图片等第三方资源
|   ├─ components            // 公共组件
|   ├─ App.vue
|   ├─ main.js
├─ vite.config.js             // 项目配置文件，用来配置或者覆盖默认的配置
├─ index.html                 // 项目入口文件
└─ package.json               // package.json
```

图 10-7　Vite 初始化目录结构

其中 index.html 是单页面项目访问的入口文件，main.js 本身是用来创建项目 Vue 的根实例，而改造客户端渲染和服务端渲染逻辑可以从这个文件作为出入口进行区分。

10.2.5 改造 main.js

在 main.js 同级创建两个文件：entry-client.js 和 entry-server.js，分别作为客户端渲染逻辑入口文件和服务端渲染逻辑入口文件，然后改造 main.js，使其作为统一的根实例出口，其代码如下：

```
// src/main.js
import App from './App.vue'
import { createSSRApp } from 'vue'
import { createRouter } from './router'

export function createApp() {
  // 如果使用服务端渲染，则需要将 createApp 替换为 createSSRApp
  const app = createSSRApp(App)
  // 路由（有就引入，Store 也一样）
  const router = createRouter()
  app.use(router)
  // 将根实例以及路由暴露给调用者
  return { app, router }
}
```

修改 entry-client.js 内容，和正常客户端渲染逻辑一样，调用 mount 方法将应用挂载到一个 DOM 元素上，其代码如下：

```
// src/entry-client.js
```

```
import { createApp } from './main'

const { app, router } = createApp()
// 针对有懒加载路由组件的情况，需等待路由解析完
router.isReady().then(() => {
  app.mount('#app')
})
```

上面的代码中，唯一的区别就是针对所有路由都是异步懒加载的情况，需要等到路由解析完才能进行挂载。然后修改 index.html，将引入的 main.js 改为 entry-client.js，代码如下：

```
// index.html
<body>
  <div id="app"><!--app-html--></div>
  <script type="module" src="/src/entry-client.js"></script>
</body>
```

注意，entry-client.js 也包括后续除了首屏之外的前端用户交互逻辑，所以必须引入，vite.config.js 暂不需要修改。为了区分服务端渲染和客户端渲染的构建命令，为其添加上 client 后缀，将 package.json 的 dev 命令和 build 命令改造如下：

```
// package.json
"scripts": {
  "dev:client": "vite",
  "build:client": "vite build --outDir dist/client --ssrManifest"
},
```

对于 build:client 命令，--outDir 参数为其指定了构建后所产生的文件存放的目录地址，--ssrManifest 表示在进行客户端生产构建后，会生成一个 ssr-manifest.json 文件，这个文件标识了静态资源的映射信息，这样在服务端渲染时，它就可以自动推断并向渲染出来的 HTML 中注入需要 preload/prefetch 的资源，并且包括懒加载的组件所对应的资源。

preload/prefetch 两者以<link rel="preload">和<link rel="prefetch">作为引入方式，其主要作用和区别如下：

- preload：基本的用法是提前加载资源，告诉浏览器预先请求当前页需要的资源，从而提高这些资源的请求优先级，加载但是不运行，占用浏览器对同一个域名的并发数。
- prefetch：基本用法是浏览器会在空闲的时候下载资源并缓存起来。当有页面使用的时候，直接从缓存中读取。其实就是把是否加载和什么时间加载这个资源的决定权交给浏览器。

Vite 主要利用 preload（在 E6 Modules 中改为 modulepreload），其实是一种优化，当访问首屏时，会提前加载其他页面所需要的资源，这样当打开其他页面时，就会减少等待时间，提升用户体验。正常的客户端渲染出来的 HTML 默认情况下都会带有这个优化，服务端渲染的 HTML 则需要上面的 ssr-manifest.json 才能有对应的优化。对应 HTML 的这部分内容如图 10-8 所示。

```
<!DOCTYPE html>
<html lang="en">
  <head>
    <meta charset="UTF-8" />
    <link rel="icon" href="/favicon.ico" />
    <meta name="viewport" content="width=device-width, initial-scale=1.0" />
    <title>Vite App</title>
    <link rel="modulepreload" crossorigin href="/assets/HelloWorld.ecf5e6f7.js">
    <script type="module" crossorigin src="/assets/index.ea0a641c.js"></script>
    <link rel="modulepreload" href="/assets/vendor.623a573b.js">
  </head>
```

图 10-8　HTML 中的 preload/prefetch 内容

至此，客户端渲染的逻辑都已基本完成，可以正常使用，而且预留了服务端渲染所需要的文件和配置。

10.2.6　创建 Node.js 服务 server.js

下面进入服务端渲染的改造过程。服务端渲染的核心能力是利用 Node.js 提供渲染首屏 HTML 的服务，所以可以利用 Express 框架来开启一个 Node.js 服务，同时为了在开发模式下也能使用，将 Vite 利用中间件的形式集成到 Express 中，在 index.html 同级创建 server.js，其代码如下：

```
// server.js
const fs = require('fs')
const path = require('path')
const express = require('express')
const { createServer: createViteServer } = require('vite')

async function createServer() {
  const app = express()

  // 以中间件模式创建 Vite 应用，这将禁用 Vite 自身的 HTML 服务逻辑，并让上级服务器接管
控制
  //
  // 如果你想使用 Vite 自己的 HTML 服务逻辑（将 Vite 作为一个开发中间件来使用），那么这
里请用 'html'
  const vite = await createViteServer({
    server: { middlewareMode: 'ssr' }
  })
  // 使用 vite 的 Connect 实例作为中间件
  app.use(vite.middlewares)

  app.use('*', async (req, res) => {
    // 服务 index.html，下面我们来处理这个问题
  })

  app.listen(8887)
}

createServer()
```

通过 Express 提供了一个在端口 8887 上的 Node.js 服务，通过浏览器访问 http://localhost:8887 即可得到首屏的 HTML 代码，这里 vite 是 ViteDevServer 的一个实例。vite.middlewares 是一个 Connect 实例，它可以在任何一个兼容 connect 的 Node.js 框架中被用作一个中间件。下一步是实现*通配符处理程序提供服务端渲染的 HTML：

```
// *通配符表示所有请求都会经过这里
app.use('*', async (req, res) => {
  const url = req.originalUrl

  try {
    // 1. 读取 index.html
    let template = fs.readFileSync(
      path.resolve(__dirname, 'index.html'),
      'utf-8'
    )

    // 2. 应用 Vite HTML 转换。这将会注入 Vite HMR 客户端，同时也会从 Vite 插件应用
HTML 转换
    template = await vite.transformIndexHtml(url, template)

    // 3. 加载服务器入口。vite.ssrLoadModule 将自动转换
    //    你的 ES7 Modules 源码使之可以在 Node.js 中运行，无须打包
    //    并提供类似 HMR（热更新）的机制
    const { render } = await vite.ssrLoadModule('/src/entry-server.js')

    // 4. 渲染应用的 HTML。这里假设 entry-server.js 导出的 `render`函数调用了适当的
SSR 框架 API
    const appHtml = await render(url)

    // 5. 注入渲染后的应用程序 HTML 到模板中
    const html = template.replace(`<!--app-html-->`, appHtml)

    // 6. 返回渲染后的 HTML
    res.status(200).set({ 'Content-Type': 'text/html' }).end(html)
  } catch (e) {
    // 如果捕获到了一个错误，让 Vite 来修复该堆栈，这样它就可以映射回你的实际源码中
    vite.ssrFixStacktrace(e)
    console.error(e)
    res.status(500).end(e.message)
  }
})
```

对于服务端渲染来说，其核心就是产出首屏 HTML，上面的代码就是对浏览器请求进行拦截，然后对 HTML 进行处理和加工，主要包括：

- 获取 index.html 内容，作为初始的 HTML 模板。
- 在模板基础上添加 Vite 开发模式的支持逻辑，主要是热更新相关的 JavaScript 文件。

- 调用 entry-server.js 中的方法得到首屏的 HTML 字符串。
- 将字符串和 HTML 模板进行合并替换，构造出完整的 HTML 内容。
- 通过 Express 提供的接口返回给浏览器。

上面的步骤中，核心点在于首屏的 HTML 字符串是动态的。还记得之前我们创建的 entry-server.js 文件吗：它就是产生首屏 HTML 的主要逻辑文件，其代码如下：

```
// src/entry-server.js
import { createApp } from "./main"
import { renderToString } from "@vue/server-renderer"

export async function render(){
  const { app, router } = createApp()

  // 根据路径确定首屏的具体页面
  router.push(url)
  await router.isReady()

  const ctx = {};
  // renderToString 将此时的根实例转换成对应的 HTML 字符串
  const html = await renderToString(app, ctx);

  return { html }
}
```

通过 vue/server-renderer 这个库提供的 renderToString 方法将当前状态下的 app 根实例转换成了对应的 HTML 代码，这一步很关键，就相当于让浏览器帮忙运行了一下，产生了 HTML 代码。最后，将得到的 HTML 字符串替换到之前 index.html 模板中的<!--app-html-->位置上，就得到了最终的 HTML。

通过执行 node server.js 命令，同时可以把这个命令配置在 package.json 中，如下代码所示：

```
// package.json
"scripts": {
  "dev:ssr": "node ./server.js"
},
```

这样 Node.js 服务就运行起来了，通过浏览器访问 http://localhost:8887 即可得到首屏的 HTML 代码，这就完成了开发模式下的服务端渲染。

10.2.7　生产模式服务端渲染

生产模式和开发模式的服务端渲染主要区别是去除了 Vite 相关的配置，直接采用 Node.js 服务解析 entry-server.js 并产生首屏 HTML 代码返回给浏览器即可，同时添加了一些资源的 preload 逻辑，首先需要构造出生产模式的 entry-server.js，主要和之前开发模式的 entry-server.js 代码逻辑一样，只需要添加需要 preload 资源的逻辑即可，其代码如下：

```
// src/entry-server.js
```

```
...
// 获得首屏动态 HTML 字符串
const html = await renderToString(app, ctx)
// 获得首屏动态需要预加载的资源字符串
const preloadLinks = renderPreloadLinks(ctx.modules, manifest)
...
// 获得需要 preload 的资源
function renderPreloadLinks(modules, manifest) {

  let links = ''
  const seen = new Set()
  modules.forEach((id) => {
    const files = manifest[id]
    if (files) {
      files.forEach((file) => {
        if (!seen.has(file)) {
          seen.add(file)
          links += renderPreloadLink(file)
        }
      })
    }
  })

  return links
}

function renderPreloadLink(file) {
  if (file.endsWith('.js')) {
    return `<link rel="modulepreload" crossorigin href="${file}">`
  } else if (file.endsWith('.css')) {
    return `<link rel="stylesheet" href="${file}">`
  } else if (file.endsWith('.woff')) {
    return ` <link rel="preload" href="${file}" as="font" type="font/woff"
crossorigin>`
  } else if (file.endsWith('.woff2')) {
    return ` <link rel="preload" href="${file}" as="font" type="font/woff2"
crossorigin>`
  } else if (file.endsWith('.gif')) {
    return ` <link rel="preload" href="${file}" as="image" type="image/gif">`
  } else if (file.endsWith('.jpg') || file.endsWith('.jpeg')) {
    return ` <link rel="preload" href="${file}" as="image" type="image/jpeg">`
  } else if (file.endsWith('.png')) {
    return ` <link rel="preload" href="${file}" as="image" type="image/png">`
  } else {
    // TODO
    return ''
```

```
  }
}
```

打印出预加载的资源字符串，如图 10-9 所示。

```
preloadLinks:
<link rel="modulepreload" crossorigin href="/assets/HelloWorld.ecf5e6f7.js">
<link rel="stylesheet" href="/assets/HelloWorld.92753233.css">
```

图 10-9 preload 部分资源字符串

修改 entry-server.js 后，还需要设置构建生产环境的 entry-server.js，在 package.json 中添加命令，其代码如下：

```
// package.json
"scripts": {
  "build:ssr": "vite build --outDir dist/server --ssr src/entry-server.js"
}
```

注意，使用--ssr 标志表明这将是一个服务端构建，同时需要指定对应文件的入口。构建完成后，entry-server.js 会在 server.js 中被调用，同时传入对应的参数来获得首屏的HTML。修改 server.js，添加生产模式相关逻辑，其部分代码如下：

```
// server.js
...
isProd = process.env.NODE_ENV === 'production' // 判断是否是生产模式
...
// 在生产模式下，获取客户端生产模式构建出来的 index.html 作为模板
const indexProd = isProd ? fs.readFileSync(resolve('dist/client/index.html'),
'utf-8') : ''
// 得到客户端生产模式构建出来的 ssr-manifest.json 资源映射表
const manifest = require('./dist/client/ssr-manifest.json')
...
// 在生产模式下，取消 Vite 相关配置，增加一些 Express 相关优化配置
if (isProd) {
  // 开启资源进行压缩
  app.use(require('compression')())
  // 设置静态资源的根目录
  app.use(
    require('serve-static')(resolve('dist/client'), {
      index: false
    })
  )
}

// 在生产模式下，获取客户端生产模式构建的 entry-server.js
if (isProd) {
  render = require('./dist/server/entry-server.js').render
  // 将 manifest 传入得到需要预加载的资源
```

```
  const [appHtml, preloadLinks] = await render(url, manifest)
 const html = template
  .replace(`<!--preload-links-->`, preloadLinks)
  .replace(`<!--app-html-->`, appHtml)
}
...
```

总结下来，生产模式服务端构建主要对 server.js 做了以下事情：

- 将 Vite 开发服务器的创建和所有使用都移到开发模式条件分支后面，然后添加 Express 静态文件服务中间件来为 dist/client 中的文件提供服务。
- 使用 dist/client/index.html 作为模板，而不是根目录的 index.html，因为前者包含到客户端构建的正确资源链接。
- 使用 require('./dist/server/entry-server.js')，而不是 vite.ssrLoadModule('/src/entry-server.js')（前者是 SSR 构建后的最终结果）。
- 将 preload 对应的字符串替换到 index.html 中的<!--preload-links-->位置上。

当执行 npm run build:ssr 时，就可以在生产模式下将服务运行起来，在生产模式下并不会启动端口服务，只是将生产用的资源打包好，当全部准备就绪时，我们就可以访问完整的生产模式下的服务端渲染。

10.2.8　优化 package.json 命令完成改造

结合之前添加的命令修改 package.json，其完整代码如下：

```
// package.json
"scripts": {
  // 客户端开发模式构建：正常的 Vite 开发模式
  "dev:client": "vite",
  // 客户端生产模式构建：Vite 构建静态资源的生产包
  "build:client": "vite build --outDir dist/client --ssrManifest",
  // 服务端开发模式构建：Node.js 服务提供 HTML 字符串
  "dev:ssr":"node ./server.js",
  // 服务端生产模式构建：Node.js 服务构建服务端生产包
  "build:ssr": "vite build --ssr src/entry-server.js --outDir dist/server",
  // 客户端生产模式构建+服务端生产模式构建合并
  "build": "npm run build:client && npm run build:ssr",
  // 服务端渲染环境生产模式整体启动
  "serve": "cross-env NODE_ENV=production node server",
}
```

执行 npm run serve，然后在浏览器中访问 http://localhost:8887，即可打开在生产模式下服务端渲染出来的页面，如果需要部署生产服务器，那么将整个项目部署到服务器即可。

至此，整个服务端渲染完成改造，项目目录结构如图 10-10 所示。

```
├── public                  // 静态文件目录
├── dist                    // 生产打包输出目录（首次打包之后生成）
│   ├── client              // 客户端打包输出目录（主要包括静态资源）
│   ├── server              // 服务输打包输出目录（主要包括首屏的entry-server.js）
├── src                     // 项目源码目录
│   ├── assets              // 图片等第三方资源
│   ├── components          // 公共组件
│   ├── views               // 页面组件
│   ├── router              // 路由配置
│   ├── store               // Vuex配置
│   ├── App.vue             // 根组件
│   ├── entry-server.js     // 服务端渲染首屏逻辑
│   ├── entry-client.js     // 客户端渲染逻辑
│   ├── main.js             // 统一入口
├── index.html              // HTML模板
├── vite.config.js          // Vite项目配置文件，用于配置或者覆盖默认的配置
└── package.json            // package.json
```

图 10-10 Vite 服务端渲染目录结构

10.3 编写通用的代码

尽管代码同构可以避免维护两个平台的代码，但是我们在编写含有服务端渲染的项目代码时，也需要注意并遵循一些原则，从而避免 bug 的产生。

10.3.1 服务端的数据响应性

在只有客户端的应用中，每个用户都在各自的浏览器中使用一个干净的应用实例。对于服务端渲染来说，我们也希望如此：每个请求拥有一个干净的相互隔离的应用实例，以避免跨请求的状态污染。

服务端渲染只负责提供首屏的静态 HTML，这可能会从服务器“预获取”一些数据，这意味着应用状态在我们开始渲染之前已经被解析好了。所以数据响应式相关的特性在服务端是不必要的，因此它默认是不开启的，禁用数据响应性也避免了将数据转换为响应式对象的性能损耗。代码如下：

```
<script setup>
const count = ref(0)
// 此时的数据响应式将不会生效，服务端渲染返回的 HTML 中，count 还是 0
setTimeout(()=>{
  count.value = 2
},1000)
</script>
```

上面的代码中，count 的响应式在服务端渲染时将不会生效。

10.3.2 组件生命周期钩子

因为服务端渲染没有响应式以及动态更新，所以针对组件来说，唯一会在服务端渲染过程中被调

用的生命周期钩子是 beforeCreate 和 created。这意味着其他生命周期钩子（例如 beforeMount 或 mounted）只会在客户端被执行。

所以，如果首屏页面需要的一些数据是从后端服务获取的，那么这部分逻辑应该放在 created 中，代码如下：

```
<script>
import axios from 'axios'

export default {
  async created(){
    // 请求首屏数据
   const data = await axios.get(`/api/foo/1`)
  }
}
</script>
```

注意，beforeCreate 和 created 相关逻辑会在服务端渲染时执行，当页面被浏览器打开时，客户端也会执行这里的逻辑，由于此刻数据变化的可能性非常小，所以就是客户端又渲染了一遍这里的逻辑，但是页面基本不会改变。当然，我们也可以通过环境标志位 import.meta.env.SSR 来规定一些逻辑只在服务端渲染时执行，代码如下：

```
export default {
  async created(){
    // 只在服务端渲染时执行这部分逻辑
    if (import.meta.env.SSR) {
      const data = await axios.get(`/api/post/1`)
    }
  }
}
```

另外，在服务端渲染时，注意避免代码在 beforeCreate 或 created 中产生全局的副作用，例如通过 setInterval 设置定时器。在只有客户端的代码中，我们可以设置定时器，然后在 beforeUnmount 或 unmounted 时销毁。然而，因为销毁相关的钩子在服务端渲染中不会被调用，这些定时器就会永久地保留下来。为了避免这件事，可以把有副作用的代码移至 beforeMount 或 mounted 中。

如果项目中使用了 Vuex 来获取数据，那么可以在服务端渲染中提前设置 store 的内容，在客户端渲染时就可以拿到。关于 Vuex 的服务端渲染这部分内容将会在第 12 章深入讲解。

10.3.3 访问特定平台的 API

当代码可能会在浏览器和 Node.js 服务端都运行时，就需要考虑特有平台 API 的使用，因此如果代码直接使用只存在于浏览器的全局变量（例如 window 或 document），它们会在 Node.js 中执行的时候抛出错误，反之亦然。

基于此，在编码时就要做好平台的逻辑判断。而对于一些可以共享平台的 API，例如 Axios，既可以在服务端使用，也可以在浏览器端使用类似的库，因此更加推荐使用。

举一个例子，对于服务端渲染来说，由于采用的是 Node.js 环境，所以需要对 window 对象做兼容处理，这里推荐使用jsdom库：

```
npm install jsdom --save
```

然后可以将jsdom库相关逻辑添加到server.js中，代码如下：

```
const jsdom = require('jsdom')
const { JSDOM } = jsdom

/* 模拟window对象逻辑 */
const resourceLoader = new jsdom.ResourceLoader({
  userAgent: "Mozilla/5.0 (iPhone; CPU iPhone OS 13_2_3 like Mac OS X)
AppleWebKit/605.1.15 (KHTML, like Gecko) Version/13.0.3 Mobile/15E148
Safari/604.1",
});// 模拟UA
const dom = new JSDOM('', {
  url:'https://app.nihaoshijie.com.cn/index.html', // 模拟url
  resources: resourceLoader
});

global.window = dom.window
global.document = window.document
global.navigator = window.navigator
window.nodeis = true //可自行设置给window标识出node环境的标志位
```

这样，就可以在Node.js中使用模拟的window对象了，不仅扩展了一些功能，同时可以防止真正需要在浏览器使用的window代码，在Node.js端使用而报错的场景出现。

10.4 预渲染

如果服务端渲染的数据是完全静态的，即不依赖于不同用户访问看到的内容不一样，那么可以采用预渲染（Server Side General，SSG）来实现服务端渲染的优势，即直接通过前端构建来生成首屏的静态页面资源，不依赖于后端Node.js服务，用户通过浏览器访问时，直接打开预先生成的HTML页面即可，这也有利于SEO、首屏提速等优化，并且不需要Node.js服务，减少后端运维成本。

在server.js同级目录新增prerender.js，其内容如下：

```
// Pre-render the app into static HTML.
// 预渲染出首屏的页面并生成HTML文件

const fs = require('fs')
const path = require('path')

const toAbsolute = (p) => path.resolve(__dirname, p)
// 资源映射文件
const manifest = require('./dist/static/ssr-manifest.json')
// 模板文件
```

```
    const template = fs.readFileSync(toAbsolute('dist/static/index.html'),
'utf-8')
    // 调用生成模式下的 entry-server.js，可以利用这里的逻辑添加 preload 资源
    const { render } = require('./dist/server/entry-server.js')

    ;(async () => {
      // 预渲染指定路由的首屏页面
      // 这里首屏的路由是 /
      let url = '/'

      const [appHtml, preloadLinks] = await render(url, manifest)

      const html = template
          .replace(`<!--preload-links-->`, preloadLinks)
          .replace(`<!--app-html-->`, appHtml)

      const filePath = `dist/static${url === '/' ? '/index' : url}.html`
      fs.writeFileSync(toAbsolute(filePath), html)

      // HTML 文件生成后，删除无用的文件
      fs.unlinkSync(toAbsolute('dist/static/ssr-manifest.json'))
    })()
```

执行 node prerender.js 即可在 dist/static 目录下生成预渲染的首屏 index.html 文件，这个文件不是单独的空壳子，而是含有首屏内容的静态 HTML 页面，代码如下：

```
    ...
    <body>
      <div id="app"><h1 data-v-485b7ba6>首屏 prerender 内容</h1></div>
    </body>
    ...
```

修改 package.json，完善命令：

```
    "scripts": {
      // 提前将预渲染需要的资源准备好
      "prerender": "vite build --ssrManifest --outDir dist/static && npm run
build:ssr && node prerender"
    },
```

预渲染不适用于经常变化的数据，比如股票代码网站、天气预报网站。因为此时的数据是动态的，而预渲染要求事先生成好页面内容，这就无法保证这些数据的实时性。

10.5　Nuxt.js 介绍

Nuxt.js 是一个基于 Vue.js 的通用应用框架，一个用于 Vue.js 开发 SSR 应用的一站式解决方案。它的优点是将原来几个配置文件要完成的内容整合在了一个 nuxt.config.js 中，封装与扩展性完美地契合。

Nuxt.js 默认集成了 Vue Router、Vuex、SSR，构建采用 Webpack 处理代码的自动化构建工作（如打包、代码分层、压缩等）。和 Express 框架相比，两者都是采用 Node.js 服务提供传统的服务端渲染功能，但是 Nuxt.js 主要和 Vue.js 结合，更加适合熟悉 Vue API 的前端开发使用，用户可以把 Nuxt.js 想象成在服务端使用的 Vue.js。

Nuxt.js 应用一个完整的服务器请求到渲染的过程如图 10-11 所示。

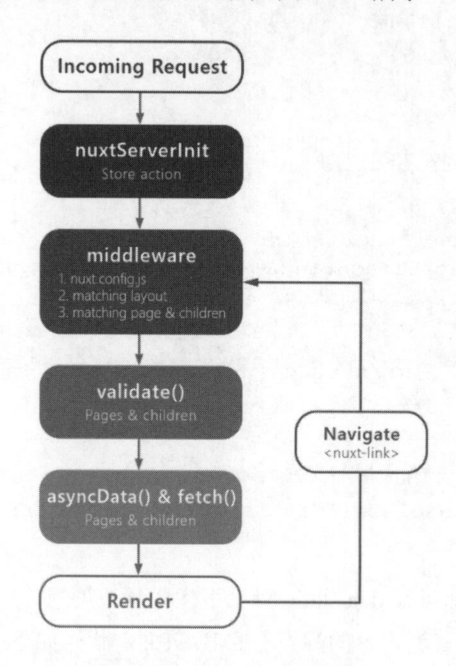

图 10-11　Nuxt.js 渲染流程

Nuxt.js 应用的大部分页面都是采用服务端渲染的（而非 Vue.js 服务端渲染，其更加专注首屏内容），并且这些渲染功能都由服务端进行处理，同时也有一部分组件生命周期在服务端和客户端运行（主要是 beforeCreate 和 created），当一个请求进入 Nuxt.js 时，进行容器的初始化，然后执行一些中间件逻辑，包括组件到 DOM 的生成和布局等，然后经过一些校验，最后进入 asyncData 方法，这个方法是 Nuxt.js 在 Vue 组件上扩展的用来获取异步数据的方法，使得可以在设置组件的数据之前能够异步进行处理，最终将组件、DOM 和数据结合生成 HTML 返回给浏览器进行渲染。当客户端浏览器进行渲染时，也会执行 Nuxt.js 的 beforeCreated 和 created 方法。

总结下来，如果项目完全依赖服务端渲染，并且相对复杂，再加上比较熟悉 Node.js 后端相关的技术，采取 Nuxt.js 来开发项目是一个不错的选择。

10.6　案例：服务端渲染待办事项

学习完本章服务端渲染的内容之后，我们可以将第 9 章基于 Vite 的待办事项系统改造成支持服务端渲染。

10.6.1　功能描述

主要功能和上一节的待办事项系统功能一致，在此基础上添加服务端渲染功能，主要改造如下：

- 根据本章 Vite 服务端渲染的改造步骤，依次添加对应的文件和逻辑进行改造。
- 由于之前我们采用本地 LocalStorage 存储，在服务端无法使用，因此将这部分逻辑移除。

10.6.2　案例完整代码

这里举几个改造源码的例子。

例如，修改 main.js 引入 SSR 支持，代码如下：

```
import App from './App.vue'
import { createSSRApp } from 'vue'
import { createRouter } from './router/router'
import { createStore } from './store/store'

export function createApp() {
  // 如果使用服务端渲染，则需要将 createApp 替换为 createSSRApp
  const app = createSSRApp(App)
  // 路由
  const router = createRouter()
  // store
  const store = createStore()
  app.use(router)
  app.use(store)
  // 将根实例以及路由暴露给调用者
  return { app, router }
}
```

注意，如果应用使用了 Vuex，也要在这里进行引入，同时如果需要借助 store 来展示 Node.js 端获取的首屏数据，则这里需要进一步改造（本案例暂不涉及这部分改造）。

将 store.js 的本次存储逻辑关于 dataUtils 相关的代码移除，对于服务端渲染来说，这些原本存在浏览器端的数据就更合适在 Node.js 端通过 HTTP 请求从后端数据库获取了，所以这里使用浏览器端就不合适了，将这部分逻辑进行移除，如果读者对后端数据库相关的内容比较了解，也可以深入改造这部分逻辑。

其他相关的改造内容可以参考本节的步骤，将对应文件依次添加上去即可，例如 server.js、entry-client.js、entry-server.js 等，内容基本不需要改变。

本案例完整源码：/案例源码/Vue.js 服务端渲染。

10.7　小结与练习

本章讲解了 Vue.js 服务端渲的染相关知识，主要内容包括：服务端渲染概述、Vite 服务端渲染改造、如何编写通用代码以及预渲染相关知识，最后简单介绍了基于 Vue 的服务端渲染框架Nuxt.js。

服务端渲染在一定程度上优化了页面性能，提升了用户体验，但是也提升了项目的整体复杂度，但笔者认为了解服务端渲染有助于提升前端工程师的综合能力，因为除了了解 Vue 在客户端浏览器运行的机制外，也可以学习 Vue 与 Node.js 结合的后端知识，同时还能掌握一些服务器运维知识，从而得到整体的锻炼和提升。

下面来检验一下读者对本章内容的掌握程度。

- 服务端渲染和客户端渲染的优劣分别是什么？
- ssr-manifest.json 文件的作用是什么？
- 在服务端渲染中创建 Node.js 后端服务的核心作用是什么？
- 预渲染和服务端渲染的区别是什么？

第 11 章 Vue 3 核心源码解析

任何前端框架的产生都非一朝一夕，而是长期迭代并验证产生的，而每个框架项目都是由一行一行代码累加而成的，不要小看这些源码，它们汇聚了开发者的汗水和心血，也更能体现出框架的整体思路和流程。

通过阅读源码可以对框架本身的运行机制进行学习，也能了解框架的 API 设计、原理及流程、设计思路等，正所谓知其然，更知其所以然，学习源码对熟练掌握框架非常重要。

Vue 3 的源码相对于 Vue 2 版本有了较大程度的改变，采用 Monorepo 规范的目录结构，同时使用 TypeScript 作为开发语言，并添加了很多新的特性和优化。本章并不会对所有源码进行分析，而是针对其中比较核心，即使用比较频繁的模块的源码进行分析，帮助读者了解 Vue 3 的设计思想，提升对框架的熟练度。

11.1 源码目录结构解析

11.1.1 下载并启动 Vue 3 源码

Vue 3 的源码地址可以在 GitHub 上下载（第 11 章采用的 Vue.js 版本为 3.2.20），首先安装 Git，然后执行如下命令：

```
git clone https://github.com/vuejs/vue-next.git
```

完成后，Vue 3 的源码被下载到 vue-next 文件夹下。打开 CMD 命令行工具，由于 Vue 3 源码采用 Yarn 进行构建，因此需要提前安装 Yarn，安装命令如下：

```
npm i yarn -g
```

然后进入 vue-next 目录，执行如下命令：

```
yarn --ignore-scripts
```

执行完该命令后，相关依赖就已经安装。执行 npm run dev 命令，即可开启 Vue 3 的源码调试模式，查看 vue-next\packages\vue\dist 目录下的 vue.global.js 文件，即开发模式下构建出的 Vue 3 源码文件，源码完整目录结构如图 11-1 所示。

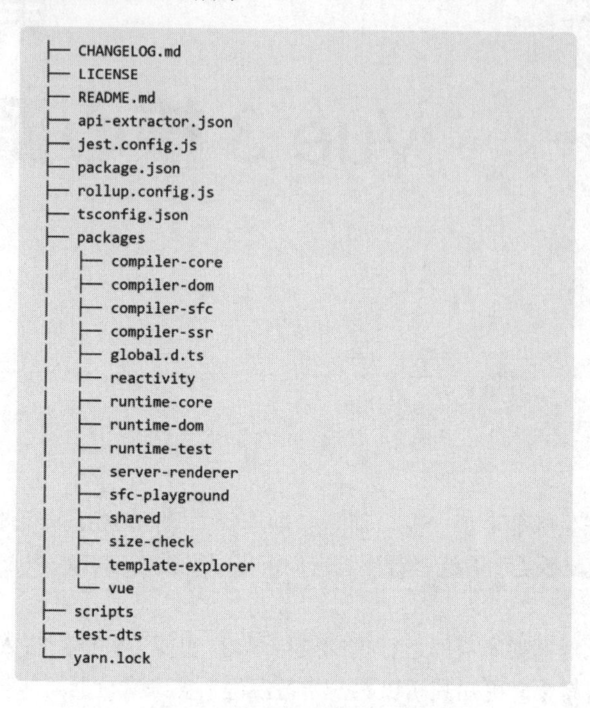

```
├── CHANGELOG.md
├── LICENSE
├── README.md
├── api-extractor.json
├── jest.config.js
├── package.json
├── rollup.config.js
├── tsconfig.json
├── packages
│   ├── compiler-core
│   ├── compiler-dom
│   ├── compiler-sfc
│   ├── compiler-ssr
│   ├── global.d.ts
│   ├── reactivity
│   ├── runtime-core
│   ├── runtime-dom
│   ├── runtime-test
│   ├── server-renderer
│   ├── sfc-playground
│   ├── shared
│   ├── size-check
│   ├── template-explorer
│   └── vue
├── scripts
├── test-dts
└── yarn.lock
```

图 11-1　Vue 3 源码目录结构

其中，Vue 3 的核心源码都在 packages 中，并且是基于 Rollup 构建的，其中每个目录的含义如下：

```
├── packages
│   ├── compiler-core       // 核心编译器（平台无关）
│   ├── compiler-dom        // DOM 编译器
│   ├── compiler-sfc        // Vue 单文件编译器
│   ├── compiler-ssr        // 服务端渲染编译
│   ├── global.d.ts         // TypeScript 声明文件
│   ├── reactivity          // 响应式模块，可以与任何框架配合使用
│   ├── runtime-core        // 运行时核心实例相关代码（平台无关）
│   ├── runtime-dom         // 运行时 dom 相关 API、属性、事件处理
│   ├── runtime-test        // 运行时测试相关代码
│   ├── server-renderer     // 服务端渲染
│   ├── sfc-playground      // 单文件组件在线调试器
│   ├── shared              // 内部工具库，不对外暴露 API
│   ├── size-check          // 简单应用，用来测试代码体积
│   ├── template-explorer// 用于调试编译器输出的开发工具
│   └── vue                 // 面向公众的完整版本，包含运行时和编译器
```

11.1.2 目录模块

通过上面的源码结构，可以看到有下面几个模块比较特别：

- compiler-core。
- compiler-dom。
- runtime-core。
- runtime-dom。

可以看到 core、dom 分别出现了两次，那么 compiler 和 runtime 又有什么区别呢？

- compile: 可以理解为程序编译时，是指我们写好的源代码在被编译成为目标文件这段时间，在这里可以理解为我们将.vue 文件编译成浏览器能识别的.js 文件的一些工作。
- runtime: 可以理解为程序运行时，即程序被编译了之后，在浏览器打开程序并运行它，直到程序关闭的这段时间的系列处理。

在 package 目录下，除了上面列举的 4 个目录外，reactivity 目录也比较重要，它是响应式模块的源码，由于 Vue 3 整体源码采用的是 Monorepo 规范，因此其下面每个子模块都可以独立编译和打包，从而独立对外提供服务，在使用时采用 require('@vue/reactivity')引入，进入 reactivity 目录下可以看到有对应的 package.json 文件。

其他目录：compiler-sfc 是一个单文件组件编译工具；server-renderer 是服务端渲染模块的源码；sfc-playground 是一个在线 Vue 单文件组件调试工具；shared 包括常用的工具库方法的源码；size-check 是一个工具，可以用来测试代码的体积；template-explorer 是用于调试编译器输出的开发工具；最后的 vue 则是 Vue.js 的完整源码产生目录。

11.1.3 构建版本

通常构建出来的 Vue 会有 vue.global.js 和 vue.runtime.global.js 两种版本，其中：

- vue.global.js: 包含编译器和运行时的“完整”构建版本，因此它支持动态编译模板。
- vue.runtime.global.js: 只包含运行时，并且需要在构建步骤期间预编译模板。

其中，如果需要在客户端编译模板（即将字符串传递给 template 选项，或者使用元素的 DOM 内的 HTML 作为模板挂载到元素），则需要编译器，因此需要完整的构建版本，代码如下：

```
// 需要编译器
Vue.createApp({
  template: '<div>{{ hi }}</div>'
})

// 不需要
Vue.createApp({
  render() {
    return Vue.h('div', {}, this.hi)
  }
})
```

当使用 Webpack 的 vue-loader 时，.vue 文件中的模板会在构建时预编译为 JavaScript，在最终的捆绑包中并不需要编译器，因此可以只使用运行时构建版本。所以，如果直接在浏览器打开 Vue 的页面，则可以直接采用<script>引入完整版本（正如之前章节中的示例代码一样），如果采用构建工具（例如 Webpack）进行构建，则可以使用 import 引入运行时版本，和构建相关的脚本源码都在 vue-next/scripts 下面。例如，当我们需要构建出完整版时，可以在 vue-next 根目录执行，或者修改 package.json 的 dev 命令：

```
node scripts/dev.js -f global-runtime
```

当需要构建运行时版本时，则执行：

```
node scripts/dev.js -f global
```

具体的-f 参数以及其他参数配置的含义可以在 vue-next/rollup.config.js 里面找到。

执行完成后，在 vue-next\packages\vue\dist 目录下可以得到对应的文件。所有 Vue 3 可构建出来的版本如下：

```
// cjs（用于服务端渲染）
vue.cjs.js
vue.cjs.prod.js（生产版，代码进行了压缩）

// global（用于浏览器<script src="" />标签导入，导入之后会增加一个全局的 Vue 对象）
vue.global.js
vue.global.prod.js（生产版，代码进行了压缩）
vue.runtime.global.js
vue.runtime.global.prod.js（生产版，代码进行了压缩）

// browser（用于支持 ES 6 Modules 浏览器<script type="module" src=""/>标签导入）
vue.esm-browser.js
vue.esm-browser.prod.js（生产版，代码进行了压缩）
vue.runtime.esm-browser.js
vue.runtime.esm-browser.prod.js（生产版，代码进行了压缩）

// bundler（这两个版本没有打包所有的代码，只会打包使用的代码，需要配合打包工具来使用，会让 Vue 体积更小）
vue.esm-bundler.js
bue.runtime.esm-bundler.js
```

不同构建版本的 Vue 源文件需要在不同的平台和环境中使用，便于开发者选择合适的场景来使用。

11.2 面试高频响应式原理

响应式 reactivity 是 Vue 3 相对于 Vue 2 改动比较大的一个模块，也是性能提升最多的一个模块。其核心改变是，采用了 ES 6 的 Proxy API 来代替 Vue 2 中的 Object.defineProperty 方法来实现响应式。

那么什么是 Proxy API 呢，Vue 3 的响应式又是如何实现的？接下来将会揭晓答案。

11.2.1　Proxy API

Proxy API 对应的 Proxy 对象是 ES 6 就已引入的一个原生对象，用于定义基本操作的自定义行为（如属性查找、赋值、枚举、函数调用等）。

从字面意思来理解，Proxy 对象是目标对象的一个代理器，任何对目标对象的操作（实例化，添加/删除/修改属性等）都必须通过该代理器。因此，我们可以对来自外界的所有操作都进行拦截、过滤、修改等操作。

基于 Proxy 的这些特性常用于：

- 创建一个"响应式"的对象，例如 Vue 3.0 中的 reactive 方法。
- 创建可隔离的 JavaScript"沙箱"。

Proxy 的基本语法如下：

```
const p = new Proxy(target, handler)
```

其中，target 参数表示要使用 Proxy 包装的目标对象（可以是任何类型的对象，包括原生数组、函数，甚至另一个代理）；handler 参数表示以函数作为属性的对象，各属性中的函数分别定义了在执行各种操作时代理 p 的行为。常见的使用方法如下：

```
let foo = {
 a: 1,
 b: 2
}
let handler = {
    get:(obj,key)=>{
        console.log('get')
        return key in obj ? obj[key] : undefined
    }
}
let p = new Proxy(foo,handler)
console.log(p.a) // 打印 1
```

上面的代码中，p 就是 foo 的代理对象，对 p 对象的相关操作都会同步到 foo 对象上。同时，Proxy 也提供了另一种生成代理对象的方法 Proxy.revocable()，代码如下：

```
const { proxy,revoke } = Proxy.revocable(target, handler)
```

该方法的返回值是一个对象，其结构为：{"proxy": proxy, "revoke": revoke}。其中，proxy 表示新生成的代理对象本身，和用一般方式 new Proxy(target, handler)创建的代理对象没什么不同，只是它可以被撤销掉；revoke 表示撤销方法，调用的时候不需要加任何参数就可以撤销掉和它一起生成的那个代理对象。代码如下：

```
let foo = {
 a: 1,
 b: 2
}
```

```
    let handler = {
        get:(obj,key)=>{
            console.log('get')
            return key in obj ? obj[key] : undefined
        }
    }
    let { proxy,revoke } = Proxy.revocable(foo,handler)
    console.log(proxy.a) // 打印1
    revoke()
    console.log(proxy.a) // 报错信息：Uncaught TypeError: Cannot perform 'get' on
a proxy that has been revoked
```

需要注意的是，一旦某个代理对象被撤销，它将变得几乎完全不可调用，在它身上执行任何的可代理操作都会抛出 TypeError 异常。

在上面的代码中，我们只使用了 get 操作的 handler，即当尝试获取对象的某个属性时会进入这个方法。除此之外，Proxy 共有接近 13 个 handler，也可以称为钩子，它们分别是：

- handler.getPrototypeOf()：在读取代理对象的原型时触发该操作，比如在执行 Object.getPrototypeOf(proxy)时。
- handler.setPrototypeOf()：在设置代理对象的原型时触发该操作，比如在执行 Object.setPrototypeOf(proxy, null)时。
- handler.isExtensible()：在判断一个代理对象是否可扩展时触发该操作，比如在执行 Object.isExtensible(proxy)时。
- handler.preventExtensions()：在让一个代理对象不可扩展时触发该操作，比如在执行 Object.preventExtensions(proxy)时。
- handler.getOwnPropertyDescriptor()：在获取代理对象某个属性的描述时触发该操作，比如在执行 Object.getOwnPropertyDescriptor(proxy, "foo")时。
- handler.defineProperty()：在定义代理对象某个属性的描述时触发该操作，比如在执行 Object.defineProperty(proxy, "foo", {})时。
- handler.has()：在判断代理对象是否拥有某个属性时触发该操作，比如在执行 "foo" in proxy 时。
- handler.get()：在读取代理对象的某个属性时触发该操作，比如在执行 proxy.foo 时。
- handler.set()：在给代理对象的某个属性赋值时触发该操作，比如在执行 proxy.foo = 1 时。
- handler.deleteProperty()：在删除代理对象的某个属性时触发该操作，即使用 delete 运算符，比如在执行 delete proxy.foo 时。
- handler.ownKeys()：当执行 Object.getOwnPropertyNames(proxy)和 Object.getOwnPropertySymbols(proxy)时触发。
- handler.apply()：当代理对象是一个 function 函数，调用 apply()方法时触发，比如 proxy.apply()。
- handler.construct()：当代理对象是一个 function 函数，通过 new 关键字实例化时触发，比如 new proxy()。

结合这些 handler，我们可以实现一些针对对象的限制操作，例如：

禁止删除和修改对象的某个属性，代码如下：

```
let foo = {
   a:1,
   b:2
}
let handler = {
   set:(obj,key,value,receiver)=>{
      console.log('set')
      if (key == 'a') throw new Error('can not change property:'+key)
      obj[key] = value
      return true
   },
   deleteProperty:(obj,key)=>{
      console.log('delete')
      if (key == 'a') throw new Error('can not delete property:'+key)
      delete obj[key]
      return true
   }
}

let p = new Proxy(foo,handler)
// 尝试修改属性 a
p.a = 3 // 报错信息：Uncaught Error
// 尝试删除属性 a
delete p.a  // 报错信息：Uncaught Error
```

上面的代码中，set 方法多了一个 receiver 参数，这个参数通常是 Proxy 本身（即 p），场景是当有一段代码执行 obj.name="jen"时，obj 不是一个 proxy，且自身不含 name 属性，但是它的原型链上有一个 proxy，那么那个 proxy 的 handler 中的 set 方法会被调用，而此时 obj 会作为 receiver 参数传进来。

对属性的修改进行校验，代码如下：

```
let foo = {
   a:1,
   b:2
}
let handler = {
   set:(obj,key,value)=>{
      console.log('set')
      if (typeof(value) !== 'number') throw new Error('can not change
property:'+key)
      obj[key] = value
      return true
   }
}
let p = new Proxy(foo,handler)
p.a = 'hello' // 报错信息：Uncaught Error
```

Proxy 也能监听到数组变化，代码如下：

```
let arr = [1]
let handler = {
    set:(obj,key,value)=>{
        console.log('set') // 打印 set
        return Reflect.set(obj, key, value);
    }
}

let p = new Proxy(arr,handler)
p.push(2) // 改变数组
```

Reflect.set()用于修改数组的值，返回布尔类型，也可以用在修改数组原型链上的方法的场景，相当于 obj[key] = value。

11.2.2 Proxy 和响应式对象 reactive

在 Vue 3 中使用响应式对象的方法如下：

```
import {ref,reactive} from 'vue'
...
setup(){
  const name = ref('test')
  const state = reactive({
    list: []
  })
  return {name,state}
}
...
```

在 Vue 3 中，组合式 API 中经常会使用创建响应式对象的方法 ref/reactive，其内部就是利用 Proxy API 来实现的，特别是借助 handler 的 set 方法可以实现双向数据绑定相关的逻辑，这对于 Vue 2 中的 Object.defineProperty()是很大的改变，主要提升如下：

- Object.defineProperty()只能单一地监听已有属性的修改或者变化，无法检测到对象属性的新增或删除（Vue 2 中采用$set()方法来解决），而 Proxy 则可以轻松实现。
- Object.defineProperty()无法监听响应式数据类型是数组的变化（主要是数组长度的变化，Vue 2 中采用重写数组相关方法并添加钩子来解决），而 Proxy 则可以轻松实现。

正是由于 Proxy 的特性，在原本使用 Object.defineProperty()需要很复杂的方式才能实现的上面两种能力，在 Proxy 无须任何配置，利用其原生的特性就可以轻松实现。

11.2.3 ref()方法运行原理

在 Vue 3 的源码中，所有关于响应式的代码都在 vue-next/package/reactivity 下，其中 reactivity/src/index.ts 中暴露了所有可以使用的方法。我们以常用的 ref()方法为例，来看看 Vue 3 是如何利用 Proxy

的。

ref()方法的主要逻辑在 reactivity/src/ref.ts 中，其代码如下：

```
...
// 入口方法
export function ref(value?: unknown) {
 return createRef(value, false)
}
function createRef(rawValue: unknown, shallow: boolean) {
  // rawValue 表示原始对象，shallow 表示是否递归
  // 如果本身已经是 ref 对象，则直接返回
  if (isRef(rawValue)) {
    return rawValue
  }
  // 创建一个新的 RefImpl 对象
  return new RefImpl(rawValue, shallow)
}
...
```

createRef 这个方法接收的第二个参数是 shallow，表示是否是递归监听响应式，这个和另一个响应式方法 shallowRef()是对应的。在 RefImpl 构造函数中，有一个 value 属性，这个属性是由 toReactive()方法返回的，toReactive()方法则在 reactivity/src/reactive.ts 文件中，代码如下：

```
class RefImpl<T> {
  ...
  constructor(value: T, public readonly _shallow: boolean) {
    this._rawValue = _shallow ? value : toRaw(value)
    // 如果是非递归，则调用 toReactive
    this._value = _shallow ? value : toReactive(value)
  }
  ...
}
```

在 reactive.ts 中，开始真正创建一个响应式对象，代码如下：

```
export function reactive(target: object) {
  // 如果是 readonly，则直接返回，就不添加响应式了
  if (target && (target as Target)[ReactiveFlags.IS_READONLY]) {
    return target
  }
  return createReactiveObject(
    target,                      // 原始对象
    false,                       // 是否 readonly
    mutableHandlers,             // proxy 的 handler 对象 baseHandlers
    mutableCollectionHandlers,   // proxy 的 handler 对象 collectionHandlers
    reactiveMap                  // proxy 对象映射
  )
}
```

其中，createReactiveObject()方法传递了两种 handler，分别是 baseHandlers 和 collectionHandlers。如果 target 的类型是 Map、Set、WeakMap、WeakSet，这些特殊对象则会使用 collectionHandlers；如果 target 的类型是 Object、Array，则会使用 baseHandlers；如果是一个原始对象，则不会创建 Proxy 对象，reactiveMap 会存储所有响应式对象的映射关系，用来避免同一个对象重复创建响应式。我们再来看看 createReactiveObject()方法的实现，代码如下：

```
function createReactiveObject(...) {
  // 如果 target 不满足 typeof val === 'object'，则直接返回 target
  if (!isObject(target)) {
    if (__DEV__) {
      console.warn(`value cannot be made reactive: ${String(target)}`)
    }
    return target
  }
  // 如果 target 已经是 proxy 对象或者只读，则直接返回
  // exception: calling readonly() on a reactive object
  if (
    target[ReactiveFlags.RAW] &&
    !(isReadonly && target[ReactiveFlags.IS_REACTIVE])
  ) {
    return target
  }
  // 如果 target 已经被创建过 Proxy 对象，则直接返回这个对象
  const existingProxy = proxyMap.get(target)
  if (existingProxy) {
    return existingProxy
  }
  // 只有符合类型的 target 才能被创建响应式
  const targetType = getTargetType(target)
  if (targetType === TargetType.INVALID) {
    return target
  }
  // 调用 Proxy API 创建响应式
  const proxy = new Proxy(
    target,
    targetType === TargetType.COLLECTION ? collectionHandlers : baseHandlers
  )
  // 标记该对象已经创建过响应式
  proxyMap.set(target, proxy)
  return proxy
}
```

可以看到在 createReactiveObject()方法中，主要做了以下事情：

- 防止只读和重复创建响应式。
- 根据不同的 target 类型选择不同的 handler。
- 创建 Proxy 对象。

最终会调用 new Proxy 来创建响应式对象。我们以 baseHandlers 为例，看看这个 handler 是怎么实现的。在 reactivity/src/baseHandlers.ts 可以看到这部分代码主要实现了这几个 handler，代码如下：

```
const get = /*#__PURE__*/ createGetter()
...
export const mutableHandlers: ProxyHandler<object> = {
  get,
  set,
  deleteProperty,
  has,
  ownKeys
}
```

以 handler.get 为例，看看在其内部进行了什么操作，当我们尝试读取对象的属性时，便会进入 get 方法，其核心代码如下：

```
function createGetter(isReadonly = false, shallow = false) {
  return function get(target: Target, key: string | symbol, receiver: object) {
    if (key === ReactiveFlags.IS_REACTIVE) { // 如果访问对象的 key 是__v_isReactive，
则直接返回常量
      return !isReadonly
    } else if (key === ReactiveFlags.IS_READONLY) {// 如果访问对象的 key 是
__v_isReadonly，则直接返回常量
      return isReadonly
    } else if (// 如果访问对象的 key 是__v_raw，或者原始对象，只读对象等直接返回 target
      key === ReactiveFlags.RAW &&
      receiver ===
        (isReadonly
          ? shallow
            ? shallowReadonlyMap
            : readonlyMap
          : shallow
          ? shallowReactiveMap
          : reactiveMap
        ).get(target)
    ) {
      return target
    }
    // 如果 target 是数组类型
    const targetIsArray = isArray(target)
    // 并且访问的 key 值是数组的原生方法，那么直接返回调用结果
    if (!isReadonly && targetIsArray && hasOwn(arrayInstrumentations, key)) {
      return Reflect.get(arrayInstrumentations, key, receiver)
    }
    // 求值
    const res = Reflect.get(target, key, receiver)
    // 判断访问的 key 是否是 Symbol 或者不需要响应式的 key，例如__proto__，__v_isRef，__isVue
```

```
    if (isSymbol(key) ? builtInSymbols.has(key) : isNonTrackableKeys(key)) {
      return res
    }
    // 收集响应式，为了后面的 effect 方法可以检测到
    if (!isReadonly) {
      track(target, TrackOpTypes.GET, key)
    }
    // 如果是非递归绑定，则直接返回结果
    if (shallow) {
      return res
    }

    // 如果结果已经是响应式的，则先判断类型，再返回
    if (isRef(res)) {
      const shouldUnwrap = !targetIsArray || !isIntegerKey(key)
      return shouldUnwrap ? res.value : res
    }

    // 如果当前 key 的结果也是一个对象，那么就要递归调用 reactive 方法对该对象再次执行响应
式绑定逻辑
    if (isObject(res)) {
      return isReadonly ? readonly(res) : reactive(res)
    }
    // 返回结果
    return res
  }
}
```

上面这段代码是 Vue 3 响应式的核心代码之一，其逻辑相对比较复杂，读者可以根据注释来理解。总结下来，这段代码主要做了以下事情：

- 对于 handler.get 方法来说，最终都会返回当前对象对应 key 的结果，即 obj[key]，所以这段代码最终会 return 结果。
- 对于非响应式 key、只读 key 等，直接返回对应的结果。
- 对于数组类型的 target，key 值如果是原型上的方法，例如 includes、push、pop 等，则采用 Reflect.get 直接返回。
- 在 effect 添加收集监听 track，为响应式监听服务。
- 当前 key 对应的结果是一个对象时，为了保证 set 方法能够被触发，需要循环递归地对这个对象进行响应式绑定，即递归调用 reactive()方法。

handler.get 方法的主要功能是对结果 value 进行返回。接下来我们看看 handler.set 主要做了什么，其代码如下：

```
function createSetter(shallow = false) {
  return function set(
    target: object,
    key: string | symbol,
```

```
    value: unknown,// 即将被设置的新值
    receiver: object
  ): boolean {
    // 缓存旧值
    let oldValue = (target as any)[key]
    if (!shallow) {
      // 新旧值转换原始对象
      value = toRaw(value)
      oldValue = toRaw(oldValue)
      // 如果旧值已经是一个 RefImpl 对象且新值不是 RefImpl 对象
      // 例如 var v = Vue.reactive({a:1,b:Vue.ref({c:3})})场景的 set
     if (!isArray(target) && isRef(oldValue) && !isRef(value)) {
        oldValue.value = value // 直接将新值赋给旧值的响应式对象
        return true
      }
    }
    // 用来判断是新增 key 还是更新 key 的值
    const hadKey =
      isArray(target) && isIntegerKey(key)
        ? Number(key) < target.length
        : hasOwn(target, key)
    // 设置 set 结果，并添加监听 effect 逻辑
    const result = Reflect.set(target, key, value, receiver)
    // 判断 target 有没有动过，包括在原型上添加或者删除某些项
    if (target === toRaw(receiver)) {
      if (!hadKey) {
        trigger(target, TriggerOpTypes.ADD, key, value)// 新增 key 的触发监听
      } else if (hasChanged(value, oldValue)) {
        trigger(target, TriggerOpTypes.SET, key, value, oldValue)// 更新 key 的
触发监听
      }
    }
    // 返回 set 的结果 true/false
    return result
  }
}
```

handler.set 方法的核心功能是设置 key 对应的值，即 obj[key] = value，同时对新旧值进行逻辑判断和处理，最后添加 trigger 触发监听 track 逻辑，以便于触发 effect。

如果读者感觉上述源码理解起来比较困难，笔者剔除一些边界和兼容判断，对整个流程进行梳理和简化，可以参考下面这段代码：

```
let foo = {a:{c:3,d:{e:4}},b:2}
const isObject = (val)=>{
    return val !== null && typeof val === 'object'
}
const createProxy = (target)=>{
    let p = new Proxy(target,{
```

```
        get:(obj,key)=>{
            let res = obj[key] ? obj[key] : undefined

            // 添加监听
            track(target)
            // 判断类型，避免死循环
            if (isObject(res)) {
                return createProxy(res)// 循环递归调用
            } else {
                return res
            }
        },
        set: (obj, key, value)=> {
          console.log('set')

          obj[key] = value;
          // 触发监听
          trigger(target)
          return true
        }
    })

    return p
}

let result = createProxy(foo)

result.a.d.e = 6 // 打印出 set
```

当尝试去修改一个多层嵌套的对象的属性时，会触发该属性的上一级对象的 get 方法，利用这个方法就可以对每个层级的对象添加 Proxy 代理，这样就实现了多层嵌套对象的属性修改问题，在此基础上添加 track 和 trigger 逻辑，就完成了基本的响应式流程。我们将在后面的章节结合双向绑定来具体讲解 track 和 trigger 的流程。

11.3 大名鼎鼎的虚拟 DOM

11.3.1 什么是虚拟 DOM

在浏览器中，HTML 页面由基本的 DOM 树组成，当其中一部分发生变化时，其实就是对应某个 DOM 节点发生了变化，当 DOM 节点发生变化时就会触发对应的重绘或者重排，当过多的重绘和重排在短时间内发生时，就可能会引起页面卡顿，所以改变 DOM 是有一些代价的，如何优化 DOM 变化的次数以及在合适的时机改变 DOM 就是开发者需要注意的事情。

虚拟 DOM 就是为了解决上述浏览器性能问题而被设计出来的。当一次操作中有 10 次更新 DOM 的动作时，虚拟 DOM 不会立即操作 DOM，而是和原本的 DOM 进行对比，将这 10 次更新的变化部分内容保存到内存中，最终一次性地应用在 DOM 树上，再进行后续操作，避免大量无谓的计算量。

虚拟 DOM 实际上就是采用 JavaScript 对象来存储 DOM 节点的信息，将 DOM 的更新变成对象的修改，并且这些修改计算在内存中发生，当修改完成后，再将 JavaScript 转换成真实的 DOM 节点，交给浏览器，从而达到性能的提升。

例如下面一段 DOM 节点，代码如下：

```
<div id="app">
  <p class="text">Hello</p>
</div>
```

转换成一般的虚拟 DOM 对象结构，代码如下：

```
{
  tag: 'div',
  props: {
    id: 'app'
  },
  chidren: [
    {
      tag: 'p',
      props: {
        className: 'text'
      },
      chidren: [
        'Hello'
      ]
    }
  ]
}
```

上面这段代码是一个基本的虚拟 DOM，但是并非是 Vue 中使用的虚拟 DOM 结构，因为 Vue 要复杂得多。

11.3.2 Vue 3 虚拟 DOM

在 Vue 中，我们写在<template>标签内的内容都属于 DOM 节点，这部分内容最终会被转换成 Vue 中的虚拟 DOM 对象 VNode，其中的步骤比较复杂，主要有以下几个过程：

- 抽取<template>内容进行编译。
- 得到抽象语法树（Abstract Syntax Tree，AST），并生成 render 方法。
- 执行 render 方法得到 VNode 对象。
- VNode 转换为真实 DOM 并渲染到页面中。

我们以一个简单的 demo 为例，demo 代码如下：

```
<div id="app">
  <div>
```

```
    {{name}}
  </div>
  <p>123</p>
</div>
Vue.createApp({
  data(){
    return {
      name : 'abc'
    }
  }
}).mount("#app")
```

上面的代码中，data 中定义了一个响应式数据 name，在 template 中使用插值表达式{{name}}进行展示，还有一个静态节点<p>123</p>。

11.3.3　获取<template>的内容

在 demo 代码的第 1 行调用 createApp()方法，会进入源码 packages/runtime-dom/src/index.ts 中的 createApp()方法，代码如下：

```
export const createApp = ((...args) => {
  const app = ensureRenderer().createApp(...args)
  ...
  app.mount = (containerOrSelector: Element | ShadowRoot | string): any => {
    if (!isFunction(component) && !component.render && !component.template) {
      // 将#app 绑定的 HTML 内容赋值给 template 项
      component.template = container.innerHTML

      // 调用 mount 方法渲染
    const proxy = mount(container, false, container instanceof SVGElement)
    return proxy
  }
  ...
  return app
}) as CreateAppFunction<Element>
```

对于根组件来说，<template>的内容由挂载的#app 元素里面的内容组成，如果项目采用 npm 和 Vue Cli+Webpack 这种前端工程化的方式，那么对于<template>的内容，主要由对应的 loader 在构建时对文件进行处理来获取，这和在浏览器运行时的处理方式是不一样的。

11.3.4　生成 AST

在得到<template>后，就依据内容生成 AST。AST 是源代码语法结构的一种抽象表示。它以树状的形式表现编程语言的语法结构，树上的每个节点都表示源代码中的一种结构。之所以说语法是“抽象”的，是因为这里的语法并不会表示出真实语法中出现的每个细节。比如，嵌套括号被隐含在树的结构中，并没有以节点的形式呈现而类似于 if-condition-then 这样的条件跳转语句，可以使用带有三个分支的节点来表示。代码如下：

```
while b ≠ 0
  if a > b
a := a − b
  else
b := b − a
return a
```

将上述代码转换成广泛意义上的语法树，如图 11-2 所示。

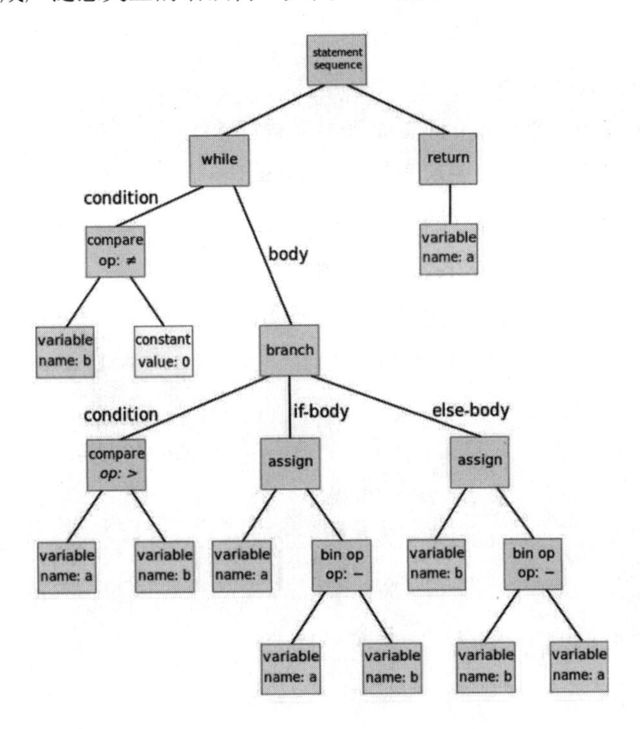

图 11-2　语法树

对于<template>的内容，其大部分是由 DOM 组成的，但是也会有 if-condition-then 这样的条件语句，例如 v-if、v-for 指令等。在 Vue 3 中，这部分逻辑在源码 packages\compiler-core\src\compile.ts 的 baseCompile 方法中，核心代码如下：

```
export function baseCompile(
  template: string | RootNode,
  options: CompilerOptions = {}
): CodegenResult {
  ...
  // 通过 template 生成 AST 结构
  const ast = isString(template) ? baseParse(template, options) : template
  ...
  // 转换
  transform(
    ast,
```

```
    ...
  )
  return generate(
    ast,
    extend({}, options, {
      prefixIdentifiers
    })
  )
}
```

baseCompile 方法主要做了以下事情：

- 生成 Vue 中的 AST 对象。
- 将 AST 对象作为参数传入 transform 函数，进行转换。
- 将转换后的 AST 对象作为参数传入 generate 函数，生成 render 函数。

其中，baseParse 方法用来创建 AST 对象。在 Vue 3 中，AST 对象是一个 RootNode 类型的树状结构，在源码 packages\compiler-core\src\ast.ts 中，其结构如下：

```
export function createRoot(
  children: TemplateChildNode[],
  loc = locStub
): RootNode {
  return {
    type: NodeTypes.ROOT,    // 元素类型
    children,                // 子元素
    helpers: [],             // 帮助函数
    components: [],          // 子组件
    directives: [],          // 指令
    hoists: [],              // 标识静态节点
    imports: [],
    cached: 0,               // 缓存标志位
    temps: 0,
    codegenNode: undefined, // 存储生成 render 函数的字符串
    loc                      // 描述元素在 AST 的位置信息
  }
}
```

其中，children 存储的是后代元素节点的数据，这就构成一个 AST 结构，type 表示元素的类型 NodeType，主要分为 HTML 普通类型和 Vue 指令类型等，常见的有以下几种：

```
ROOT,                    // 根元素 0
ELEMENT,                 // 普通元素 1
TEXT,                    // 文本元素 2
COMMENT,                 // 注释元素 3
SIMPLE_EXPRESSION,       // 表达式 4
INTERPOLATION,           // 插值表达式 {{ }} 5
ATTRIBUTE,               // 属性 6
DIRECTIVE,               // 指令 7
```

```
    IF,                         // if 节点 9
    JS_CALL_EXPRESSION,         // 方法调用 14
    ...
```

hoists 是一个数组，用来存储一些可以静态提升的元素，在后面的 transform 会将静态元素和响应式元素分开创建，这也是 Vue 3 中优化的体现；codegenNode 则用来存储最终生成的 render 方法的字符串；loc 表示元素在 AST 的位置信息。

在生成 AST 时，Vue 3 在解析<template>内容时会用一个栈来保存解析到的元素标签。当它遇到开始标签时，会将这个标签推入栈，遇到结束标签时，将刚才的标签弹出栈。它的作用是保存当前已经解析了但还没解析完的元素标签。这个栈还有另一个作用，在解析到某个字节点时，通过 stack[stack.length - 1]可以获取它的父元素。

demo 代码中生成的 AST 如图 11-3 所示。

```
▼{type: 0, children: Array(2), helpers: Array(0), components: Array(0), directives: Array(0), …}
   cached: 0
  ▼children: Array(2)
    ▼0:
      ▶children: [{…}]
       codegenNode: undefined
       isSelfClosing: false
      ▶loc: {start: {…}, end: {…}, source: '<div :data-a="attr">\n    {{name}}\n  </div>'}
       ns: 0
      ▶props: [{…}]
       tag: "div"
       tagType: 0
       type: 1
      ▶[[Prototype]]: Object
    ▶1: {type: 1, ns: 0, tag: 'p', tagType: 0, props: Array(0), …}
     length: 2
    ▶[[Prototype]]: Array(0)
   codegenNode: undefined
  ▶components: []
  ▶directives: []
  ▶helpers: []
  ▶hoists: []
  ▶imports: []
  ▶loc: {start: {…}, end: {…}, source: '\n  <div :data-a="attr">\n    {{name}}\n  </div>\n  <p>123</p>\n'}
   temps: 0
   type: 0
  ▶[[Prototype]]: Object
```

图 11-3　AST

11.3.5　生成 render 方法字符串

在得到 AST 对象后，会进入 transform 方法，在源码 packages\compiler-core\src\transform.ts 中，其核心代码如下：

```
export function transform(root: RootNode, options: TransformOptions) {
  // 数据组装
  const context = createTransformContext(root, options)
  // 转换代码
  traverseNode(root, context)
  // 静态提升
  if (options.hoistStatic) {
```

```
    hoistStatic(root, context)
  }// 服务端渲染
  if (!options.ssr) {
    createRootCodegen(root, context)
  }
  // 透传元信息
  root.helpers = [...context.helpers.keys()]
  root.components = [...context.components]
  root.directives = [...context.directives]
  root.imports = context.imports
  root.hoists = context.hoists
  root.temps = context.temps
  root.cached = context.cached
  if (__COMPAT__) {
    root.filters = [...context.filters!]
  }
}
```

transform 方法主要是对 AST 进行进一步转化，为 generate 函数生成 render 方法做准备，主要做了以下事情：

- traverseNode 方法将会递归地检查和解析 AST 元素节点的属性，例如结合 helpers 方法对 @click 等事件添加对应的方法和事件回调，对插值表达式、指令、props 添加动态绑定等。
- 处理类型逻辑包括静态提升逻辑，将静态节点赋值给 hoists，以及为不同类型的节点打上不同的 patchFlag，以便于后续 diff 使用。
- 在 AST 上绑定并透传一些元数据。

generate 方法主要是生成 render 方法的字符串 code，在源码 packages\compiler-core\src\codegen.ts 中，其核心代码如下：

```
export function generate(
  ast: RootNode,
  options: CodegenOptions & {
    onContextCreated?: (context: CodegenContext) => void
  } = {}
): CodegenResult {
  const context = createCodegenContext(ast, options)
  if (options.onContextCreated) options.onContextCreated(context)
  const {
    mode,
    push,
    prefixIdentifiers,
    indent,
    deindent,
    newline,
    scopeId,
    ssr
  } = context
```

```
  ...
  // 缩进处理
  indent()
  deindent()
  // 单独处理 component、directive、filters
  genAssets()
  // 处理 NodeTypes 中的所有类型
  genNode(ast.codegenNode, context)
  ...
  // 返回 code 字符串
  return {
    ast,
    code: context.code,
    preamble: isSetupInlined ? preambleContext.code : ``,
    // SourceMapGenerator does have toJSON() method but it's not in the types
    map: context.map ? (context.map as any).toJSON() : undefined
  }
}
```

generate 方法的核心逻辑在 genNode 方法中，其逻辑是根据不同的 NodeTypes 类型构造出不同的 render 方法字符串，部分代码如下：

```
switch (node.type) {
case NodeTypes.ELEMENT:
case NodeTypes.IF:
case NodeTypes.FOR:// for 关键字元素节点
  genNode(node.codegenNode!, context)
  break
case NodeTypes.TEXT:// 文本元素节点
  genText(node, context)
  break
case NodeTypes.VNODE_CALL:// 核心：VNode 混合类型节点（AST 节点）
  genVNodeCall(node, context)
  break
case NodeTypes.COMMENT: // 注释元素节点
  genComment(node, context)
  break
case NodeTypes.JS_FUNCTION_EXPRESSION:// 方法调用节点
  genFunctionExpression(node, context)
  break
...
```

其中：

- 节点类型 NodeTypes.VNODE_CALL 对应 genVNodeCall 方法和 ast.ts 文件中的 createVNodeCall 方法，后者用来返回 VNodeCall，前者生成对应的 VNodeCall 这部分 render 方法字符串，是整个 render 方法字符串的核心。
- 节点类型 NodeTypes.FOR 对应 for 关键字元素节点，其内部递归地调用了 genNode 方法。

- 节点类型 NodeTypes.TEXT 对应文本元素节点，负责静态文本的生成。
- 节点类型 NodeTypes.JS_FUNCTION_EXPRESSION 对应方法调用节点，负责方法表达式的生成。

经过一系列的加工，最终生成的 render 方法字符串结果如下：

```
(function anonymous(
) {
const _Vue = Vue
const { createElementVNode: _createElementVNode } = _Vue

const _hoisted_1 = ["data-a"] // 静态节点
const _hoisted_2 = /*#__PURE__*/_createElementVNode("p", null, "123", -1 /*
HOISTED */)// 静态节点

return function render(_ctx, _cache) {// render 方法
  with (_ctx) {
    const { toDisplayString: _toDisplayString, createElementVNode:
_createElementVNode, Fragment: _Fragment, openBlock: _openBlock,
createElementBlock: _createElementBlock } = _Vue // helper 方法

    return (_openBlock(), _createElementBlock(_Fragment, null, [
      _createElementVNode("div", { "data-a": attr }, _toDisplayString(name),
9 /* TEXT, PROPS */, _hoisted_1),
      _hoisted_2
    ], 64 /* STABLE_FRAGMENT */))
  }
}
})
```

上面的代码中，_createElementVNode 和_openBlock 是上一步传进来的 helper 方法。其中<p>123</p>这种属于没有响应式绑定的静态节点会被单独区分，而动态节点会使用 createElementVNode 方法来创建，最终这两种节点都会进入 createElementBlock 方法进行 VNode 的创建。

在 render 方法中使用了 with 关键字，with 的作用如下：

```
const obj = {
  a:1
}
with(obj){
  console.log(a) // 打印 1
}
```

在 with(_ctx)包裹下，我们在 data 中定义的响应式变量才能正常使用，例如调用_toDisplayString(name)，其中 name 就是响应式变量。

11.3.6 得到最终的 VNode 对象

最终，这是一段可执行代码，会赋值给组件的 Component.render 方法，其源码在

packages\runtime-core\src\component.ts 中，代码如下：

```
...
Component.render = compile(template, finalCompilerOptions)
...
if (installWithProxy) { // 绑定代理
  installWithProxy(instance)
}
...
```

compile 方法最初是 baseCompile 方法的入口，在完成赋值后，还需要绑定代理，执行 installWithProxy 方法，其源码在 runtime-core/src/component.ts 中，代码如下：

```
export function registerRuntimeCompiler(_compile: any) {
  compile = _compile
  installWithProxy = i => {
    if (i.render!._rc) {
      i.withProxy = new Proxy(i.ctx,
RuntimeCompiledPublicInstanceProxyHandlers)
    }
  }
}
```

这主要是给 render 中_ctx 的响应式变量添加绑定，当上面的 render 方法中的 name 被使用时，可以通过代理监听到调用，这样就会响应式地监听收集 track，当触发 trigger 监听时进行 diff。

在 runtime-core/src/componentRenderUtils.ts 源码中的 renderComponentRoot 方法中会执行 render 方法得到 VNode 对象，其核心代码如下：

```
export function renderComponentRoot(){
  // 执行 render
  let result = normalizeVNode(render!.call(
      proxyToUse,
      proxyToUse!,
      renderCache,
      props,
      setupState,
      data,
      ctx
    ))
  ...

  return result
}
```

demo 代码中最终得到的 VNode 对象如图 11-4 所示。

```
▼{__v_isVNode: true, __v_skip: true, type: Symbol(Fragment), props: null, key: null, …}
   anchor: null
   appContext: null
 ▼children: Array(2)
   ▶0: {__v_isVNode: true, __v_skip: true, type: 'div', props: {…}, key: null, …}
   ▶1: {__v_isVNode: true, __v_skip: true, type: 'p', props: null, key: null, …}
    length: 2
   ▶[[Prototype]]: Array(0)
   component: null
   dirs: null
 ▼dynamicChildren: Array(1)
   ▼0:
      anchor: null
      appContext: null
      children: "abc"
      component: null
      dirs: null
      dynamicChildren: null
    ▼dynamicProps: Array(1)
        0: "data-a"
        length: 1
      ▶[[Prototype]]: Array(0)
      el: null
      key: null
      patchFlag: 9
    ▶props: {data-a: 'attr'}
      ref: null
      scopeId: null
      shapeFlag: 9
      slotScopeIds: null
      ssContent: null
      ssFallback: null
      staticCount: 0
      suspense: null
      target: null
      targetAnchor: null
      transition: null
      type: "div"
      __v_isVNode: true
      __v_skip: true
    ▶[[Prototype]]: Object
    length: 1
   ▶[[Prototype]]: Array(0)
   dynamicProps: null
   el: null
   key: null
   patchFlag: 64
   props: null
   ref: null
   scopeId: null
   shapeFlag: 16
   slotScopeIds: null
   ssContent: null
   ssFallback: null
   staticCount: 0
   suspense: null
   target: null
   targetAnchor: null
   transition: null
   type: Symbol(Fragment)
   __v_isVNode: true
   __v_skip: true
 ▶[[Prototype]]: Object
```

图 11-4　VNode 对象

图 11-4 就是通过 render 方法运行后得到的 VNode 对象，可以看到 children 和 dynamicChildren 的区别：前者包括两个子节点，分别是<div>和<p>，这个和在<template>中定义的内容是对应的；而后者只存储了动态节点，包括动态 props，即 data-a 属性。同时，VNode 也是树状结构，通过 children 和 dynamicChildren 一层一层地递进下去。

在通过 render 方法得到 VNode 的过程也是对指令、插值表达式、响应式数据、插槽等一系列 Vue 语法的解析和构造过程，最终生成结构化的 VNode 对象，可以将整个过程总结成流程图，以便于读者理解，如图 11-5 所示。

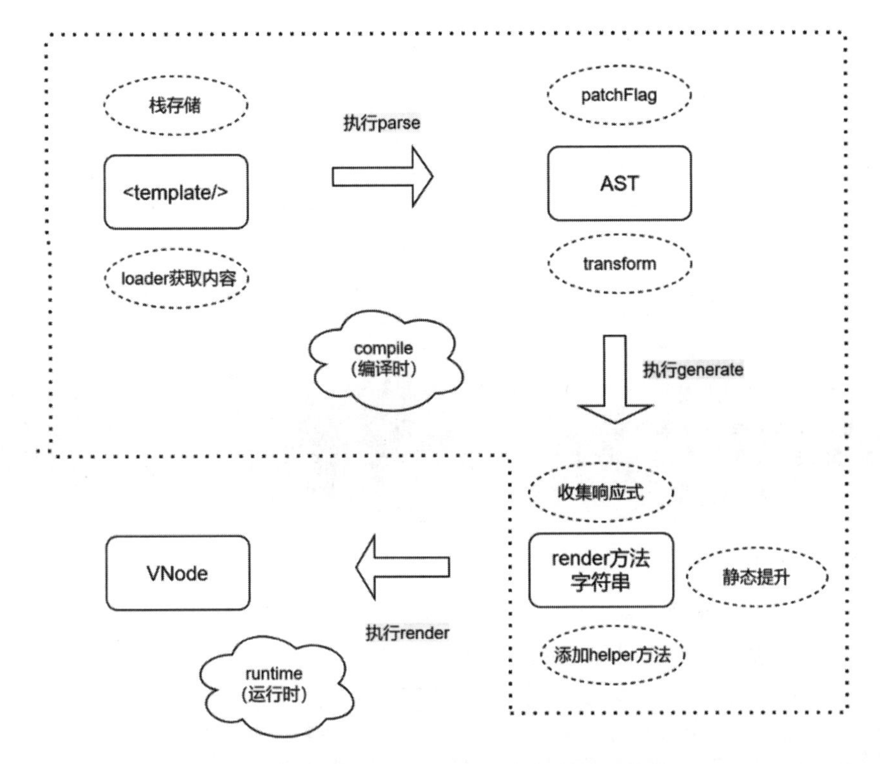

图 11-5　VNode 生成流程图

另外，还有一个需要关注的属性是 patchFlag，这个是后面进行 VNode 的 diff 时所用到的标志位，数字 64 表示稳定不需要改变。最后得到 VNode 对象后，需要转换成真实的 DOM 节点，这部分逻辑是在虚拟 DOM 的 diff 中完成的，在后面的双向绑定原理解析中进行讲解。

11.4　双向绑定的前世今生

在 Vue 中，双向绑定主要是指响应式数据改变后对应的 DOM 发生变化，用<input v-model>这种 DOM 改变、影响响应式数据的方式也属于双向绑定，其本质都是响应式数据改变所发生的一系列变化，其中包括响应式方法触发、新的 VNode 生成、新旧 VNode 的 diff 过程，对应需要改变 DOM 节点的生成和渲染。整体流程如图 11-6 所示。

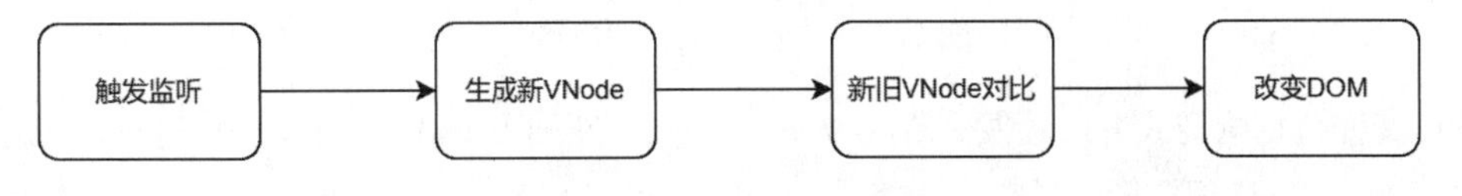

图 11-6　双向绑定流程图

我们修改一下上一节的 demo 代码，让其触发一次响应式数据变化，代码如下：

```
<div id="app">
  <div>
    {{name}}
  </div>
```

```
    <p>123</p>
  </div>
  const app = Vue.createApp({
    data(){
      return {
        attr : 'attr',
        name : 'abc'
      }
    },
    mounted(){
      setTimeout(()=>{
          // 改变响应式数据
          this.name = 'efg'
      },1000*5)

    }
  }).mount("#app")
```

当修改 this.name 时，页面上对应的 name 值会对应地发生变化，整个过程到最后的 DOM 变化在源码层面的执行过程如图 11-7 所示（顺序从下往上）。

▾ Call Stack	
➡ setElementText	nodeOps.ts:42
patchElement	renderer.ts:938
processElement	renderer.ts:608
patch	renderer.ts:424
patchBlockChildren	renderer.ts:992
processFragment	renderer.ts:1116
patch	renderer.ts:410
componentUpdateFn	renderer.ts:1502
run	effect.ts:90
callWithErrorHandling	errorHandling.ts:70
flushJobs	scheduler.ts:258
Promise.then (async)	
queueFlush	scheduler.ts:111
queueJob	scheduler.ts:104
(anonymous)	renderer.ts:1557
triggerEffects	effect.ts:341
trigger	effect.ts:310
set	baseHandlers.ts:170
set	componentPublicInstance.ts:401
(anonymous)	index.html:383
setTimeout (async)	
mounted	index.html:381

图 11-7　双向绑定源码执行过程

上述流程包括响应式方法触发、新的 VNode 生成、新旧 VNode 的对比 diff 过程，对应需要改变 DOM 节点的生成和渲染。当执行最终的 setElementText 方法时，页面的 DOM 就被修改了，代码如下：

```
...
setElementText: (el, text) => {
  el.textContent = text// 修改为 efg
}
...
```

可以看到，这一系列复杂的过程最终都会落到最简单的修改 DOM 上。接下来对这些流程进行一一讲解。

11.4.1　响应式触发

在之前的响应式原理中，在创建响应式数据时，会对监听进行收集，在源码 reactivity/src/effect.ts 的 track 方法中，其核心代码如下：

```
export function track(target: object, type: TrackOpTypes, key: unknown) {
  ...
  // 获取当前 target 对象对应的 depsMap
  let depsMap = targetMap.get(target)
  if (!depsMap) {
    targetMap.set(target, (depsMap = new Map()))
  }
  // 获取当前 key 对应的 dep 依赖
  let dep = depsMap.get(key)
  if (!dep) {
    depsMap.set(key, (dep = new Set()))
  }
  if (!dep.has(activeEffect)) {
    // 收集当前的 effect 作为依赖
    dep.add(activeEffect)
    // 当前的 effect 收集 dep 集合作为依赖
    activeEffect.deps.push(dep)
  }
}
```

收集完监听后，会得到 targetMap，在触发监听 trigger 时，从 targetMap 拿到当前的 target。

name 是一个响应式数据，所以在触发 name 值修改时，会进入对应的 Proxy 对象中 handler 的 set 方法，在源码 reactivity/src/baseHandlers.ts 中，其核心代码如下：

```
function createSetter() {
  ...
  // 触发监听
  trigger(target, TriggerOpTypes.SET, key//name, value//efg, oldValue//abc)
  ...
}
```

从而进入 trigger 方法触发监听，在源码 reactivity/src/effect.ts 的 trigger 方法中，其核心代码如下：

```
export function trigger(
  target: object,
  type: TriggerOpTypes,
  key?: unknown,
  newValue?: unknown,
  oldValue?: unknown,
  oldTarget?: Map<unknown, unknown> | Set<unknown>
```

```
) {
  ...
  // 获取当前 target 的依赖映射表
  const depsMap = targetMap.get(target)
  if (!depsMap) {
    // never been tracked
    return
  }
  // 声明一个集合和方法，用于添加当前 key 对应的依赖集合
  const effects = new Set<ReactiveEffect>()
  const add = (effectsToAdd: Set<ReactiveEffect> | undefined) => {
    if (effectsToAdd) {
      effectsToAdd.forEach(effect => effects.add(effect))
    }
  }

  // 声明一个调度方法
  const run = (effect: ReactiveEffect) => {
    if (effect.options.scheduler) {
      effect.options.scheduler(effect)
    } else {
      effect()
    }
  }
  // 根据不同的类型选择使用不同的方式将当前 key 的依赖添加到 effects
  ...
  // 循环遍历，按照一定的调度方式运行对应的依赖
  effects.forEach(run)
}
```

trigger 方法总结下来，做了如下事情：

- 首先获取当前 target 对应的依赖映射表，如果没有，则说明这个 target 没有依赖，直接返回，否则进行下一步。
- 然后声明一个 ReactiveEffect 集合和一个向集合中添加元素的方法。
- 根据不同的类型选择使用不同的方式向 ReactiveEffect 中添加当前 key 对应的依赖。
- 声明一个调度方式，根据我们传入 ReactiveEffect 函数中不同的参数选择使用不同的调度 run 方法，并循环遍历执行。

上面的步骤会比较绕，只需要记住 trigger 方法最终的目的是调度方法的调用，即运行 ReactiveEffect 对象中绑定的 run 方法。那么 ReactiveEffect 是什么，如何绑定对应的 run 方法？我们来看一下 ReactiveEffect 的实现，在源码 reactivity/src/effect.ts 中，其核心代码如下：

```
export class ReactiveEffect<T = any> {
  ...
  constructor(
    public fn: () => T, // 传入回调方法
    public scheduler: EffectScheduler | null = null,// 调度函数
```

```
    scope?: EffectScope | null
  ) {
    recordEffectScope(this, scope)
  }

  run() {
    if (!this.active) {
      return this.fn()
    }
    if (!effectStack.includes(this)) {
      try {
        ...
        // 执行绑定的方法
        return this.fn()
      } finally {
        ...
      }
    }
  }
}
```

上面的代码中，在其构造函数中，将创建时传入的回调函数进行了 run 绑定，同时在 Vue 的组件挂载时会创建一个 ReactiveEffect 对象，在源码 runtime-core/src/renderer.ts 中，其核心代码如下：

```
// setupRenderEffect()方法
...
const effect = new ReactiveEffect(
  componentUpdateFn,// run 方法绑定，该方法包括 VNode 生成逻辑
  () => queueJob(instance.update),
  instance.scope // track it in component's effect scope
)
```

通过 ReactiveEffect 就将响应式和 VNode 逻辑进行了链接，其本身就是一个基于发布/订阅模式的事件对象，track 负责订阅（即收集监听），trigger 负责发布（即触发监听），effect 是桥梁，用于存储事件数据。

同时，ReactiveEffect 也向外暴露了 Composition API 的 effect 方法，可以自定义地添加监听收集，在源码 reactivity/src/effect.ts 中，其核心代码如下：

```
export function effect<T = any>(
  fn: () => T,
  options: ReactiveEffectOptions = EMPTY_OBJ
): ReactiveEffect<T> {
  if (isEffect(fn)) {
    fn = fn.raw
  }
  // 创建 ReactiveEffect 对象
  const effect = createReactiveEffect(fn, options)
```

```
  if (!options.lazy) {
    effect()
  }
  return effect
}
```

在使用 effect 方法时，代码如下：

```
// this.name 改变时会触发这里
Vue.effect(()=>{
  console.log(this.name)
})
```

结合 11.2 节的讲解，我们将这个响应式触发的过程总结成流程图，以便于读者理解，如图 11-8 所示。

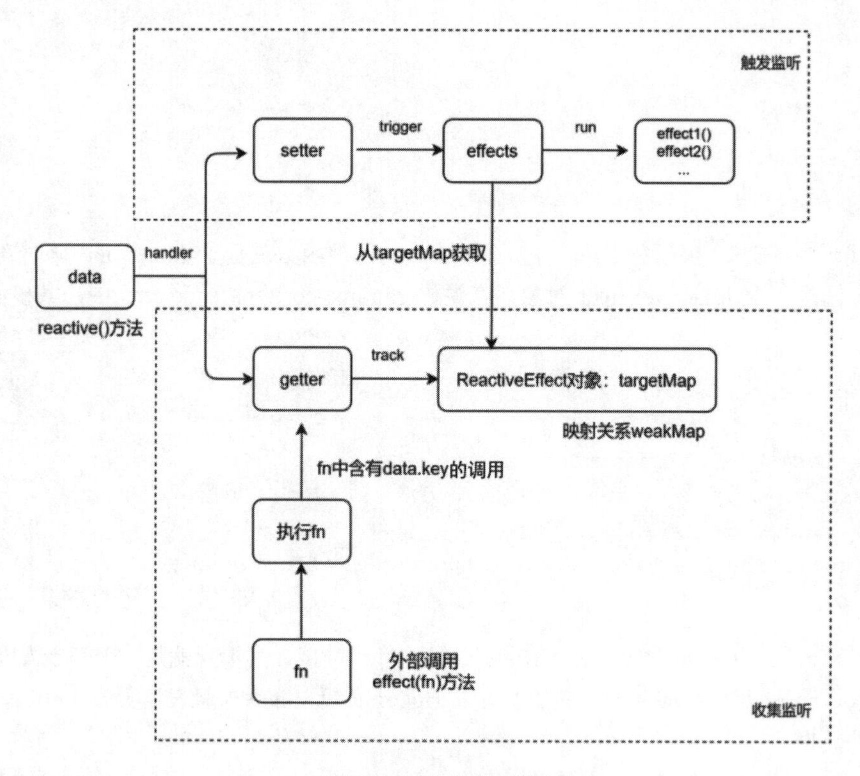

图 11-8 响应式触发过程

当响应式触发完成以后，就会进入 VNode 生成环节。

11.4.2 生成新的 VNode

在响应式逻辑中，创建 ReactiveEffect 时传入了 componentUpdateFn，当响应式触发时，便会进入这个方法，在源码 runtime-core/src/renderer.ts 中，其核心代码如下：

```
const componentUpdateFn = () => {
  // 首次渲染，直接找到对应 DOM 挂载即可，无须对比新旧 VNode
  if (!instance.isMounted) {
```

```
    ...
    instance.isMounted = true
    ...
  } else {
    let { next, bu, u, parent, vnode } = instance
    let originNext = next
    let vnodeHook: VNodeHook | null | undefined

    // 判断是否是父组件带来的更新
    if (next) {
      next.el = vnode.el
      // 子组件更新
      updateComponentPreRender(instance, next, optimized)
    } else {
      next = vnode
    }
    ...
    // 获取新的 VNode（根据新的响应式数据，执行 render 方法得到 VNode）
    const nextTree = renderComponentRoot(instance)
    // 从 subTree 字段获取旧的 VNode
    const prevTree = instance.subTree
    // 将新值赋值给 subTree 字段
    instance.subTree = nextTree

    // 进行新旧 VNode 对比
    patch(
      prevTree,
      nextTree,
      // teleport 判断
      hostParentNode(prevTree.el!)!,
      // fragment 判断
      getNextHostNode(prevTree),
      instance,
      parentSuspense,
      isSVG
    )
  }
}
```

其中，对于新 VNode 的生成，主要是靠 renderComponentRoot 方法，这在之前的 11.3 节也用到过，其内部会执行组件的 render 方法，通过 render 方法就可以获取到新的 VNode，同时将新的 VNode 赋值给 subTree 字段，以便下次对比使用。

之后会进入 patch 方法，进行虚拟 DOM 的对比 diff。

11.4.3　虚拟 DOM 的 diff 过程

虚拟 DOM 的 diff 过程的核心是 patch 方法，它主要是利用 compile 阶段的 patchFlag（或者 type）

来处理不同情况下的更新，这也可以理解为一种分而治之的策略。在该方法内部，并不是直接通过当前的 VNode 节点去暴力地更新 DOM 节点，而是对新旧两个 VNode 节点的 patchFlag 来分情况进行比较，然后通过对比结果找出差异的属性或节点按需进行更新，从而减少不必要的开销，提升性能。

patch 的过程中主要完成以下几件事情：

- 创建需要新增的节点。
- 移除已经废弃的节点。
- 移动或修改需要更新的节点。

在整个过程中都会用到 patchFlag 进行判断，在 AST 到 render 再到 VNode 生成的过程中，会根据节点的类型打上对应的 patchFlag，只有 patchFlag 还不够，还要依赖于 shapeFlag 的设置，在源码中对应的 createVNode 方法代码如下：

```
function _createVNode(
  type: VNodeTypes | ClassComponent | typeof NULL_DYNAMIC_COMPONENT,
  props: (Data & VNodeProps) | null = null,
  children: unknown = null,
  patchFlag: number = 0,
  dynamicProps: string[] | null = null,
  isBlockNode = false
): VNode {
  const shapeFlag = isString(type)
  ...
  const vnode = {
    __v_isVNode: true,
    ["__v_skip" /* SKIP */]: true,
    type,
    props,
    key: props && normalizeKey(props),
    ref: props && normalizeRef(props),
    scopeId: currentScopeId,
    children: null,
    component: null,
    suspense: null,
    ssContent: null,
    ssFallback: null,
    dirs: null,
    transition: null,
    el: null,
    anchor: null,
    target: null,
    targetAnchor: null,
    staticCount: 0,
    shapeFlag,
    patchFlag,
    dynamicProps,
    dynamicChildren: null,
```

```
    appContext: null
  };
  ...
  return vnode
}
```

_createVNode 方法主要用来标准化 VNode，同时添加上对应的 shapeFlag 和 patchFlag。其中，shapeFlag 的值是一个数字，每种不同的 shapeFlag 代表不同的 VNode 类型，而 shapeFlag 又是依据之前在生成 AST 时的 NodeType 而定的，所以 shapeFlag 的值和 NodeType 很像，代码如下：

```
export const enum ShapeFlags {
  ELEMENT = 1, // 元素 string
  FUNCTIONAL_COMPONENT = 1 << 1, // 2 function
  STATEFUL_COMPONENT = 1 << 2, // 4 object
  TEXT_CHILDREN = 1 << 3, // 8 文本
  ARRAY_CHILDREN = 1 << 4, // 16 数组
  SLOTS_CHILDREN = 1 << 5, // 32 插槽
  TELEPORT = 1 << 6, // 64 teleport
  SUSPENSE = 1 << 7, // 128 suspense
  COMPONENT_SHOULD_KEEP_ALIVE = 1 << 8,// 256 keep alive 组件
  COMPONENT_KEPT_ALIVE = 1 << 9, // 512 keep alive 组件
  COMPONENT = ShapeFlags.STATEFUL_COMPONENT | ShapeFlags.FUNCTIONAL_COMPONENT
// 组件
}
```

而 patchFlag 代表在更新时采用不同的策略，其具体每种含义如下：

```
export const enum PatchFlags {
  // 动态文字内容
  TEXT = 1,
  // 动态 class
  CLASS = 1 << 1,
  // 动态样式
  STYLE = 1 << 2,
  // 动态 props
  PROPS = 1 << 3,
  // 有动态的 key，也就是说 props 对象的 key 是不确定的
  FULL_PROPS = 1 << 4,
  // 合并事件
  HYDRATE_EVENTS = 1 << 5,
  // children 顺序确定的 fragment
  STABLE_FRAGMENT = 1 << 6,

  // children 中带有 key 的节点的 fragment
  KEYED_FRAGMENT = 1 << 7,
  // 没有 key 的 children 的 fragment
  UNKEYED_FRAGMENT = 1 << 8,
  // 只有非 props 需要 patch，比如`ref`
  NEED_PATCH = 1 << 9,
```

```
    // 动态的插槽
    DYNAMIC_SLOTS = 1 << 10,
    ...
    // 特殊的 flag，不会在优化中被用到，是内置的特殊 flag
    ...SPECIAL FLAGS
    // 表示它是静态节点，它的内容永远不会改变，在 hydrate 的过程中，不需要再对其子节点进行
diff
    HOISTED = -1,
    // 用来表示一个节点的 diff 应该结束
    BAIL = -2,
  }
```

包括 shapeFlag 和 patchFlag，和其名字的含义一致，其实就是用一系列的标志来标识一个节点该如何进行更新，其中 CLASS = 1 << 1 这种方式表示位运算，就是利用每个 patchFlag 取二进制中的某一位数来表示，这样更加方便扩展，例如 TEXT|CLASS 可以得到 0000000011，这个值表示其既有 TEXT 的特性，也有 CLASS 的特性，如果需要新加一个 flag，则直接用新数 num 左移 1 位即可，即 1 << num。

shapeFlag 可以理解成 VNode 的类型，而 patchFlag 则更像 VNode 变化的类型。

例如在 demo 代码中，我们给 props 绑定响应式变量 attr，代码如下：

```
...
<div :data-a="attr"></div>
...
```

得到的 patchFlag 就是 8（1<<3）。在源码 compiler-core/src/transforms/transformElement.ts 中可以看到对应的设置逻辑，核心代码如下：

```
...
// 每次都按位与，可以对多个数值进行设置
if (hasDynamicKeys) {
  patchFlag |= PatchFlags.FULL_PROPS
} else {
  if (hasClassBinding && !isComponent) {
    patchFlag |= PatchFlags.CLASS
  }
  if (hasStyleBinding && !isComponent) {
    patchFlag |= PatchFlags.STYLE
  }
  if (dynamicPropNames.length) {
    patchFlag |= PatchFlags.PROPS
  }
  if (hasHydrationEventBinding) {
    patchFlag |= PatchFlags.HYDRATE_EVENTS
  }
}
```

一切准备就绪，下面进入 patch 方法，在源码 runtime-core/src/renderer.ts 中，其核心代码如下：

```
const patch: PatchFn = (
```

```
  n1,
  n2,
  container,
  anchor = null,
  parentComponent = null,
  parentSuspense = null,
  isSVG = false,
  slotScopeIds = null,
  optimized = false
) => {
                                    // 新旧 VNode 是同一个对象，就不再对比
  if (n1 === n2) {
    return
  }
  // patching & 不是相同类型的 VNode，因此从节点树中卸载
  if (n1 && !isSameVNodeType(n1, n2)) {
    anchor = getNextHostNode(n1)
    unmount(n1, parentComponent, parentSuspense, true)
    n1 = null
  }
    // PatchFlag 是 BAIL 类型的，因此跳出优化模式
  if (n2.patchFlag === PatchFlags.BAIL) {
    optimized = false
    n2.dynamicChildren = null
  }

  const { type, ref, shapeFlag } = n2
  switch (type) { // 根据 VNode 类型判断
    case Text: // 文本类型
      processText(n1, n2, container, anchor)
      break
    case Comment: // 注释类型
      processCommentNode(n1, n2, container, anchor)
      break
    case Static: // 静态节点类型
      if (n1 == null) {
        mountStaticNode(n2, container, anchor, isSVG)
      }
      break
    case Fragment: // Fragment 类型
      processFragment(/* 忽略参数 */)
      break
    default:
      if (shapeFlag & ShapeFlags.ELEMENT) { // 元素类型
        processElement(
          n1,
          n2,
```

```
        container,
        anchor,
        parentComponent,
        parentSuspense,
        isSVG,
        slotScopeIds,
        optimized
      )
    } else if (shapeFlag & ShapeFlags.COMPONENT) { // 组件类型
      ...
    } else if (shapeFlag & ShapeFlags.TELEPORT) { // TELEPORT 类型
      ...
    } else if (__FEATURE_SUSPENSE__ && shapeFlag & ShapeFlags.SUSPENSE) {
// SUSPENSE 类型
      ...
    }
  }
}
```

其中，n1 为旧 VNode，n2 为新 VNode，如果新旧 VNode 是同一个对象，就不再对比，如果旧节点存在，并且新旧节点不是同一类型，则将旧节点从节点树中卸载，这时还没有用到 patchFlag。再往下看，通过 switch case 来判断节点类型，并分别对不同的节点类型执行不同的操作，这里用到了 ShapeFlag，对于常用的 HTML 元素类型，则会进入 default 分支，我们以 ELEMENT 为例，进入 processElement 方法，在源码 runtime-core/src/renderer.ts 中，其核心代码如下：

```
const processElement = (
  n1: VNode | null,
  n2: VNode,
  container: RendererElement,
  anchor: RendererNode | null,
  parentComponent: ComponentInternalInstance | null,
  parentSuspense: SuspenseBoundary | null,
  isSVG: boolean,
  slotScopeIds: string[] | null,
  optimized: boolean
) => {
  // 如果旧节点不存在，则直接渲染
  if (n1 == null) {
    mountElement(
      n2,
      container,
      anchor
      ...
    )
  } else {
    patchElement(
      n1,
      n2,
```

```
      parentComponent,
      parentSuspense,
      isSVG,
      slotScopeIds,
      optimized
    )
  }
}
```

processElement 方法的逻辑相对简单，只是多加了一层判断，当没有旧节点时，直接进行渲染流程，这也是调用根实例初始化 createApp 时会用到的逻辑。真正进行对比，会进入 patchElement 方法，在源码 runtime-core/src/renderer.ts 中，其核心代码如下：

```
const patchElement = (
  n1: VNode,
  n2: VNode,
  parentComponent: ComponentInternalInstance | null,
  parentSuspense: SuspenseBoundary | null,
  isSVG: boolean,
  slotScopeIds: string[] | null,
  optimized: boolean
) => {
  let { patchFlag, dynamicChildren, dirs } = n2
  ...

  // 触发一些钩子
  if ((vnodeHook = newProps.onVnodeBeforeUpdate)) {
    invokeVNodeHook(vnodeHook, parentComponent, n2, n1)
  }
  if (dirs) {
    invokeDirectiveHook(n2, n1, parentComponent, 'beforeUpdate')
  }
  ...
  // 当新 VNode 有动态节点时，优先更新动态节点（效率提升）
  if (dynamicChildren) {
    patchBlockChildren(
      n1.dynamicChildren!,
      dynamicChildren,
      el,
      parentComponent,
      parentSuspense,
      areChildrenSVG,
      slotScopeIds
    )
    if (__DEV__ && parentComponent && parentComponent.type.__hmrId) {
      traverseStaticChildren(n1, n2)
    }
  } else if (!optimized) {// 全量 diff
```

```
    // full diff
    patchChildren(
      n1,
      n2,
      el,
      null,
      parentComponent,
      parentSuspense,
      areChildrenSVG,
      slotScopeIds,
      false
    )
  }
  // 根据不同的patchFlag，进行不同的更新逻辑
  if (patchFlag > 0) {

    if (patchFlag & PatchFlags.FULL_PROPS) {
      // 如果元素的 props 中含有动态的 key，则需要全量比较
      patchProps(
        el,
        n2,
        oldProps,
        newProps,
        parentComponent,
        parentSuspense,
        isSVG
      )
    } else {
      // 动态class
      if (patchFlag & PatchFlags.CLASS) {
        if (oldProps.class !== newProps.class) {
          hostPatchProp(el, 'class', null, newProps.class, isSVG)
        }
      }

      // 动态style
      if (patchFlag & PatchFlags.STYLE) {
        hostPatchProp(el, 'style', oldProps.style, newProps.style, isSVG)
      }

      // 动态props
      if (patchFlag & PatchFlags.PROPS) {
        // if the flag is present then dynamicProps must be non-null
        const propsToUpdate = n2.dynamicProps!
        for (let i = 0; i < propsToUpdate.length; i++) {
          const key = propsToUpdate[i]
          const prev = oldProps[key]
```

```
          const next = newProps[key]
          // #1471 force patch value
          if (next !== prev || key === 'value') {
            hostPatchProp(
              el,
              key,
              prev,
              next,
              isSVG,
              n1.children as VNode[],
              parentComponent,
              parentSuspense,
              unmountChildren
            )
          }
        }
      }
    }

    // 插值表达式 text
    if (patchFlag & PatchFlags.TEXT) {
      if (n1.children !== n2.children) {
        hostSetElementText(el, n2.children as string)
      }
    }
  } else if (!optimized && dynamicChildren == null) {
    // 全量 diff
    patchProps(
      el,
      n2,
      oldProps,
      newProps,
      parentComponent,
      parentSuspense,
      isSVG
    )
  }
  ...
}
```

在 processElement 方法的开头会执行一些钩子函数，然后判断新节点是否有已经标识的动态节点（就是在静态提升那一部分的优化，将动态节点和静态节点进行分离），如果有就会优先进行更新（无须对比，这样更快）。接下来通过 patchProps 方法更新当前节点的 props、style、class 等，主要逻辑如下：

- 当 patchFlag 为 FULL_PROPS 时，说明此时的元素中可能包含动态的 key，需要进行全量的 props diff。

- 当 patchFlag 为 CLASS 时，如果新旧节点的 class 不一致，则会对 class 进行 atch; 如果新旧节点的 class 属性完全一致，则不需要进行任何操作。这个 Flag 标记会在元素有动态的 class 绑定时加入。
- 当 patchFlag 为 STYLE 时，会对 style 进行更新，这是每次 patch 都会进行的，这个 Flag 会在有动态 style 绑定时被加入。
- 当 patchFlag 为 PROPS 时，需要注意这个 Flag 会在元素拥有动态的属性或者 attrs 绑定时添加，不同于 class 和 style，这些动态的 prop 或 attrs 的 key 会被保存下来以便于更快速地迭代。
- 当 patchFlag 为 TEXT 时，如果新旧节点中的子节点是文本发生变化，则调用 hostSetElementText 进行更新。这个 Flag 会在元素的子节点只包含动态文本时被添加。

每种 patchFlag 对应的方法中，最终都会进入 DOM 操作的逻辑，例如对于 STYLE 更新，会进入 setStyle 方法，在源码 runtime-dom/src/modules/style.ts 中，其核心代码如下：

```
function setStyle(
  style: CSSStyleDeclaration,
  name: string,
  val: string | string[]
) {
  if (isArray(val)) { // 支持多个 style 同时设置
    val.forEach(v => setStyle(style, name, v))
  } else {
    if (name.startsWith('--')) {
      // custom property definition
      style.setProperty(name, val)// 操作 DOM
    } else {
      const prefixed = autoPrefix(style, name)
      if (importantRE.test(val)) {
        // !important
        style.setProperty(
          hyphenate(prefixed),
          val.replace(importantRE, ''),
          'important'
        )
      } else {
        style[prefixed as any] = val
      }
    }
  }
}
```

对于一个 VNode 节点来说，除了属性（如 props、class、style 等）外，其他的都叫作子节点内容，<div>hi</div>中的文本 hi 也属于子节点。对于子节点，会进入 patchChildren 方法，在源码 runtime-core/src/renderer.ts 中，其核心代码如下：

```
const patchChildren: PatchChildrenFn = (
  n1,
  n2,
```

```
    container,
    anchor,
    parentComponent,
    parentSuspense,
    isSVG,
    slotScopeIds,
    optimized = false
  ) => {
    const c1 = n1 && n1.children
    const prevShapeFlag = n1 ? n1.shapeFlag : 0
    const c2 = n2.children

    const { patchFlag, shapeFlag } = n2
    if (patchFlag > 0) {
      // key 值是 Fragment: KEYED_FRAGMENT
      if (patchFlag & PatchFlags.KEYED_FRAGMENT) {
        // this could be either fully-keyed or mixed (some keyed some not)
        // presence of patchFlag means children are guaranteed to be arrays
        patchKeyedChildren(
        ...
        )
        return
      } else if (patchFlag & PatchFlags.UNKEYED_FRAGMENT) {
        // key 值是 UNKEYED_FRAGMENT
        patchUnkeyedChildren(
        ...
        )
        return
      }
    }

    // 新节点是文本类型子节点（单个子节点）
    if (shapeFlag & ShapeFlags.TEXT_CHILDREN) {
      // 旧节点是数组类型，则直接用新节点覆盖
      if (prevShapeFlag & ShapeFlags.ARRAY_CHILDREN) {
        unmountChildren(c1 as VNode[], parentComponent, parentSuspense)
      }
      // 设置新节点
      if (c2 !== c1) {
        hostSetElementText(container, c2 as string)
      }
    } else {
      // 新节点是数组类型子节点（多个子节点）
      if (prevShapeFlag & ShapeFlags.ARRAY_CHILDREN) {
        if (shapeFlag & ShapeFlags.ARRAY_CHILDREN) {
          // 新旧都是数组类型，则全量 diff
          patchKeyedChildren(
```

```
          ...
        )
      } else {
        // no new children, just unmount old
        unmountChildren(c1 as VNode[], parentComponent, parentSuspense, true)
      }
    } else {
      // 设置空字符串
      if (prevShapeFlag & ShapeFlags.TEXT_CHILDREN) {
        hostSetElementText(container, '')
      }
      // mount new if array
      if (shapeFlag & ShapeFlags.ARRAY_CHILDREN) {
        mountChildren(
        ...
        )
      }
    }
  }
}
```

上面的代码中，首先根据 patchFlag 进行判断：

- 若 patchFlag 是存在 key 值的 Fragment：KEYED_FRAGMENT，则调用 patchKeyedChildren 来继续处理子节点。
- 若 patchFlag 是没有设置 key 值的 Fragment: UNKEYED_FRAGMENT，则调用 patchUnkeyed Children 处理没有 key 值的子节点。
- 然后根据 shapeFlag 进行判断：
  - ✧ 如果新子节点是文本类型，而旧子节点是数组类型（含有多个子节点），则直接卸载旧节点的子节点，然后用新节点替换。
  - ✧ 如果旧子节点类型是数组类型，当新子节点也是数组类型时，则调用 patchKeyedChildren 进行全量的 diff，当新子节点不是数组类型时，则说明不存在新子节点，直接从树中卸载旧节点即可。
  - ✧ 如果旧子节点是文本类型，由于已经在一开始就判断过新子节点是否为文本类型，因此此时可以肯定新子节点不是文本类型，可以直接将元素的文本置为空字符串。
  - ✧ 如果新子节点是数组类型，而旧子节点不为数组，则说明此时需要在树中挂载新子节点，进行 mount 操作即可。

无论多么复杂的节点数组嵌套，其实最后都会落到基本的 DOM 操作，包括创建节点、删除节点、修改节点属性等，但核心是针对新旧两个树找到它们之间需要改变的节点，这就是 diff 的核心，真正的 diff 需要进入 patchUnkeyedChildren 和 patchKeyedChildren 来一探究竟。首先看一下 patchUnkeyedChildren 方法，在源码 runtime-core/src/renderer.ts 中，其核心代码如下：

```
const patchUnkeyedChildren = () => {
  ...
  c1 = c1 || EMPTY_ARR
```

```
  c2 = c2 || EMPTY_ARR
  const oldLength = c1.length
  const newLength = c2.length
  // 拿到新旧节点的最小长度
  const commonLength = Math.min(oldLength, newLength)
  let i
  // 遍历新旧节点，进行 patch
  for (i = 0; i < commonLength; i++) {
    // 如果新节点已经挂载过了(已经进行了各种处理)，则直接克隆一份，否则创建一个新的 VNode
节点
    const nextChild = (c2[i] = optimized
      ? cloneIfMounted(c2[i] as VNode)
      : normalizeVNode(c2[i]))
    patch()
  }
  // 如果旧节点的数量大于新节点的数量
  if (oldLength > newLength) {
    // 直接卸载多余的节点
    unmountChildren( )
  } else {
    // old length < new length => 直接进行创建
    mountChildren()
  }
}
```

主要逻辑是首先拿到新旧节点的最短公共长度，然后遍历公共部分，对公共部分再次递归执行 patch 方法，如果旧节点的数量大于新节点的数量，则直接卸载多余的节点，否则新建节点。

可以看到对于没有 key 的情况，diff 比较简单，但是性能也相对较低，很少实现 DOM 的复用，更多的是创建和删除节点，这也是 Vue 推荐对数组节点添加唯一 key 值的原因。

下面是 patchKeyedChildren 方法，在源码 runtime-core/src/renderer.ts 中，其核心代码如下：

```
const patchKeyedChildren = () => {
  let i = 0
  const l2 = c2.length
  let e1 = c1.length - 1 // prev ending index
  let e2 = l2 - 1 // next ending index

  // 1.进行头部遍历，遇到相同的节点则继续，遇到不同的节点则跳出循环
  while (i <= e1 && i <= e2) {...}

  // 2.进行尾部遍历，遇到相同的节点则继续，遇到不同的节点则跳出循环
  while (i <= e1 && i <= e2) {...}

  // 3.如果旧节点已遍历完毕，并且新节点还有剩余，则遍历剩下的节点
  if (i > e1) {
    if (i <= e2) {...}
  }
```

```
  // 4.如果新节点已遍历完毕，并且旧节点还有剩余，则直接卸载
  else if (i > e2) {
    while (i <= e1) {...}
  }

  // 5.新旧节点都存在未遍历完的情况
  else {
    // 5.1 创建一个 map，为剩余的新节点存储键值对，映射关系：key => index
    // 5.2 遍历剩下的旧节点，对比新旧数据，移除不使用的旧节点
    // 5.3 拿到最长递增子序列进行移动或者新增挂载
  }
}
```

patchKeyedChildren 方法是整个 diff 的核心，其内部包括具体算法和逻辑，用代码讲解起来比较复杂，这里用一个简单的例子来说明该方法到底做了些什么，有两个数组，如下所示：

```
// 旧数组
["a", "b", "c", "d", "e", "f", "g", "h"]
// 新数组
["a", "b", "d", "f", "c", "e", "x", "y", "g", "h"]
```

上面的数组中，每个元素代表 key，执行步骤如下：

- 1.从头到尾开始比较，[a,b]是 sameVnode，进入 patch，到[c]停止。
- 2.从尾到头开始比较，[h,g]是 sameVnode，进入 patch，到[f]停止。
- 3.判断旧数据是否已经比较完毕，多余的说明是新增的，需要 mount，例子中没有。
- 4.判断新数据是否已经比较完毕，多余的说明是删除的，需要 unmount，例子中没有。
- 到这里，说明顺序被打乱，进入 5:
  - ✧ 5.1 创建一个还未比较的新数据 index 的 Map: [{d:2},{f:3},{c:4},{e:5},{x:6},{y:7}]。
  - ✧ 5.2 根据未比较完的数据长度，建一个填充 0 的数组 [0,0,0,0,0]，然后循环一遍旧剩余数据，找到未比较的数据的索引 arr: [4(d),6(f),3(c),5(e),0,0]，如果没有在新剩余数据中找到，则说明是删除就 unmount 掉，找到了就和之前的 patch 一下。
  - ✧ 5.3 从尾到头循环之前的索引 arr，如果是 0，则说明是新增的数据，就 mount 进去，如果不是 0，则说明在旧数据中，我们只要把它们移动到对应 index 的前面就行了，如下:
    - ◆ 把 f 移动到 c 之前。
    - ◆ 把 d 移动到 f 之前。
  - ✧ 移动之后，c 自然会到 e 前面，这可以由之前的 arr 索引按最长递增子序列来找到[3,5]，这样[3,5]对应的 c 和 e 就无须移动了。

这就是整个 patchKeyedChildren 方法中 diff 的核心内容和原理，当然还有很多代码细节，感兴趣的读者可以阅读 patchKeyedChildren 完整源码。

11.4.4 完成真实 DOM 的修改

无论多么复杂的节点数组嵌套，其实最后都会落到基本的 DOM 操作，包括创建节点、删除节

点、修改节点属性等，当拿到 diff 后的结果时，会调用对应的 DOM 操作方法，这部分逻辑在源码 runtime-dom\src\nodeOps.ts 中，存放的都是一些工具方法，其核心代码如下：

```
export const nodeOps: Omit<RendererOptions<Node, Element>, 'patchProp'> = {
  // 插入元素
  insert: (child, parent, anchor) => {
    parent.insertBefore(child, anchor || null)
  },
  // 删除元素
  remove: child => {
    const parent = child.parentNode
    if (parent) {
      parent.removeChild(child)
    }
  },
  // 创建元素
  createElement: (tag, isSVG, is, props): Element => {
   ...
  },
  // 创建文本
  createText: text => doc.createTextNode(text),
  // 创建注释
  createComment: text => doc.createComment(text),
  // 设置文本
  setText: (node, text) => {
    node.nodeValue = text
  },
  // 设置文本
  setElementText: (el, text) => {
    el.textContent = text
  },
  parentNode: node => node.parentNode as Element | null,

  nextSibling: node => node.nextSibling,

  querySelector: selector => doc.querySelector(selector),
  // 设置元素属性
  setScopeId(el, id) {
    el.setAttribute(id, '')
  },
  // 克隆 DOM
  cloneNode(el) {
    ...
  },

  // 插入静态内容，包括处理 SVG 元素
  insertStaticContent(content, parent, anchor, isSVG) {
    ...
```

```
  }
}
```

这部分逻辑都是常规的 DOM 操作，比较简单，读者直接阅读源码即可。

11.5　<keep-alive>的魔法

<keep-alive>是 Vue.js 的一个内置组件，可以使被包含的组件保留状态或避免重新渲染。下面来分析源码 runtime-core/src/components/KeepAlive.ts 的实现原理。

在 setup 方法中会创建一个缓存容器和缓存的 key 列表，其代码如下：

```
setup(){
  /* 缓存对象 */
  const cache: Cache = new Map()
  const keys: Keys = new Set()
  // keep-alive 组件的上下文对象
  const instance = getCurrentInstance()!
  const sharedContext = instance.ctx as KeepAliveContext
  // 替换内容
  sharedContext.activate = (vnode, container, anchor, isSVG, optimized) => {
    const instance = vnode.component!
    move(vnode, container, anchor, MoveType.ENTER, parentSuspense)
    // 处理 props 改变
    patch(
    ...
    )
    ...
  }
  // 替换内容
  sharedContext.deactivate = (vnode: VNode) => {
    const instance = vnode.component!
    move(vnode, storageContainer, null, MoveType.LEAVE, parentSuspense)
    ...
  }
}
```

<keep-alive>自己实现了 render 方法，并没有使用 Vue 内置的 render 方法（经过<template>内容提取、转换 AST、render 字符串等一系列过程），在执行<keep-alive> 组件渲染时，就会执行这个 render 方法：

```
render () {
   // 得到插槽中的第一个组件
  const children = slots.default()
  const rawVNode = children[0]

  ...
  // 获取组件名称，优先获取组件的 name 字段
```

```
const name = getComponentName(
  isAsyncWrapper(vnode)
    ? (vnode.type as ComponentOptions).__asyncResolved || {}
    : comp
)
// name 不在 include 中或者 exclude 中，则直接返回 vnode（没有存取缓存）
const { include, exclude, max } = props

if (
  (include && (!name || !matches(include, name))) ||
  (exclude && name && matches(exclude, name))
) {
  current = vnode
  return rawVNode
}
...
const key = vnode.key == null ? comp : vnode.key
const cachedVNode = cache.get(key)

// 如果已经缓存了，则直接从缓存中获取组件实例给 vnode，若还未缓存，则先进行缓存
if (cachedVNode) {
  // copy over mounted state
  vnode.el = cachedVNode.el
  vnode.component = cachedVNode.component
  if (vnode.transition) {
    // 执行 transition
    setTransitionHooks(vnode, vnode.transition!)
  }
  //  设置 shapeFlag 标志位，为了避免执行组件 mounted 方法
  vnode.shapeFlag |= ShapeFlags.COMPONENT_KEPT_ALIVE
  // 重新设置一下 key 保证最新
  keys.delete(key)
  keys.add(key)
} else {
  keys.add(key)
  // 当超出 max 值时，清除缓存
  if (max && keys.size > parseInt(max as string, 10)) {
    pruneCacheEntry(keys.values().next().value)
  }
}

return rawVNode
}
```

在上面的代码中，当缓存的个数超过 max（默认值为 10）的值时，就会清除旧的数据，这其中就包含<keep-alive>的缓存更新策略，其遵循了 LRU（Least Rencently Used）算法。

11.5.1 LRU 算法

LRU 算法根据数据的历史访问记录来淘汰数据，其核心思想是“如果数据最近被访问过，那

么将来被访问的概率也更高”。利用这个思路，我们可以对<keep-alive>中缓存的组件数据进行删除和更新，其算法的核心实现如下：

```
var LRUCache = function(max) {
    this.max = max;
    this.map = new Map();
};

LRUCache.prototype.get = function(key) {
    let value = this.map.get(key)
    if(value === undefined){
        return -1;
    }
    this.map.delete(key);//因为被用过，原有位置删除
    this.map.set(key, value);//重新设置一次表示最新使用
    return value;
};

LRUCache.prototype.put = function(key, value) {
    if(this.map.has(key)){
        this.map.delete(key);
    }
    this.map.set(key,value);
    if(this.map.size > this.max){
        //keys()返回一个引用的 Iterator 对象。它包含按照顺序插入 Map 对象中每个元素的
key 值
        let keyIterator = this.map.keys();
        this.map.delete(keyIterator.next().value);
    }
};
```

上面的代码中，主要利用 map 来存储缓存数据，利用 map.keyIterator.next()来找到最久没有使用的 key 对应的数据，从而对缓存进行删除和更新。这里举一个多 tab 切换的例子，如图 11-9 所示。

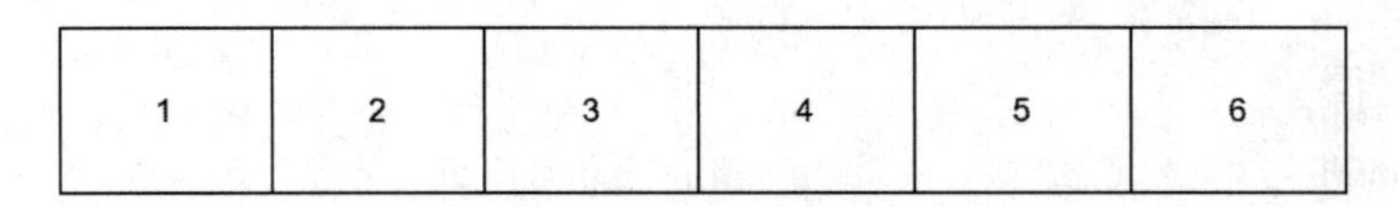

图 11-9　6 个 tab 切换页面

在上面 6 个 tab 组件中，都是用<keep-alive>包裹进行缓存，但是配置了 max 为 5，即最多缓存 5 个 tab 组件的内容，那么在它们直接互相切换时，必然会有一个组件被清除而无法缓存。例如切换的顺序依次是[1,2,3,4,5,6]，那么 1 组件是最久没有被使用到的，所以它将会被清除掉缓存，再如切换顺序是[1,2,3,4,5,6,1]，那么 2 组件就变成了最久没有被使用到的组件，它将会被清除掉缓存，这就是 LRU 算法的思路。

11.5.2　缓存 VNode 对象

在 render 方法中，<keep-alive>并不是直接缓存的 DOM 节点，而是 Vue 中内置的 VNode 对象，

VNode 经过 render 方法后，会被替换成真正的 DOM 内容。首先通过 slots.default().children[0]获取第一个子组件，获取该组件的 name。接下来会将这个 name 通过 include 与 exclude 属性进行匹配，若匹配不成功（说明不需要进行缓存），则不进行任何操作直接返回 VNode。需要注意的是，<keep-alive>只会处理它的第一个子组件，所以如果给<keep-alive>设置多个子组件，是无法生效的。

<keep-alive>还有一个 watch 方法，用来监听 include 和 exclude 的改变，代码如下：

```
watch(
  () => [props.include, props.exclude],
  // 监听 include 和 exclude，在被修改时对 cache 进行修正
  ([include, exclude]) => {
    include && pruneCache(name => matches(include, name))
    exclude && pruneCache(name => !matches(exclude, name))
  },
  // prune post-render after `current` has been updated
  { flush: 'post', deep: true }
)
```

这里的程序逻辑是动态监听 include 和 exclude 的改变，从而动态地维护之前创建的缓存对象 cache，其实就是对 cache 进行遍历，发现缓存的节点名称和新的规则没有匹配上时，就把这个缓存节点从缓存中摘除。下面来看 pruneCache 这个方法，代码如下：

```
function pruneCache(filter?: (name: string) => boolean) {
  cache.forEach((vnode, key) => {
    const name = getComponentName(vnode.type as ConcreteComponent)
    if (name && (!filter || !filter(name))) {
      pruneCacheEntry(key)
    }
  })
}
```

遍历 cache 中的所有项，如果不符合 filter 指定的规则，则会执行 pruneCacheEntry，代码如下：

```
function pruneCacheEntry(key: CacheKey) {
  const cached = cache.get(key) as VNode
  if (!current || cached.type !== current.type) {
    unmount(cached)
  } else if (current) {
    // current active instance should no longer be kept-alive.
    // we can't unmount it now but it might be later, so reset its flag now.
    resetShapeFlag(current)
  }
  // 销毁 VNode 对应的组件实例
  cache.delete(key)
  keys.delete(key)
}
```

上面的内容完成以后，当响应式触发时，<keep-alive>中的内容会改变，会调用<keep-alive>的

render 方法得到 VNode，这里并没有用很深层次的 diff 去对比缓存前后的 VNode，而是直接将旧节点置为 null，用新节点进行替换，在 patch 方法中，直接命中这里的逻辑，代码如下：

```
// n1 为缓存前的节点，n2 为将要替换的节点
if (n1 && !isSameVNodeType(n1, n2)) {
  anchor = getNextHostNode(n1)
  // 卸载旧节点
  unmount(n1, parentComponent, parentSuspense, true)
  n1 = null
}
```

然后通过 setup 方法中的 sharedContext.activate 和 sharedContext.deactivate 来进行内容的替换，其核心是 move 方法，代码如下：

```
const move: MoveFn = () => {
   // 替换 DOM
   ...
   hostInsert(el!, container, anchor) // insertBefore 修改 DOM
}
```

总结一下，<keep-alive>组件也是一个 Vue 组件，它通过自定义的 render 方法实现，并且使用了插槽。由于是直接使用 VNode 方式进行内容替换，不是直接存储 DOM 结构，因此不会执行组件内的生命周期方法，它通过 include 和 exclude 维护组件的 cache 对象，从而来处理缓存中的具体逻辑。

11.6　小结与练习

本章讲解了 Vue 3 的核心源码和原理，主要内容包括：源码目录解析、响应式原理解析、虚拟 DOM 原理解析、双向绑定原理解析、<keep-alive>原理解析相关知识。

通过阅读源码，可以对框架本身的运行机制进行学习，也能了解框架的 API 设计、原理及流程、设计思路等，并且当前大部分的前端面试都会问到 Vue 相关的原理性知识，掌握这些内容更有利于找到心仪的工作。

下面来检验一下读者对本章内容的掌握程度。

- 在 Vue 3 中如何利用 Proxy 处理复杂对象的响应式？
- Vue 3 生成虚拟 DOM 经过哪些流程？
- Vue 3 虚拟 DOM 的 diff 源码中，patchFlag 和 shapeFlag 的区别是什么？
- Vue 3 <keep-alive>是如何工作的？

第 12 章 实战项目：豆瓣电影评分系统

在掌握了本书的全部内容后，下面进入实战项目的开发讲解。本章将会结合本书前面所讲解的相关知识点从零开始来完成一个 Vue 3 的实战项目：豆瓣电影评分系统。

该实战项目涉及 Vue 基础、Vuex、Vue Router、组合式 API、服务端渲染、Vite 前端工程化构建等本书所讲的内容。需要说明一下，为了照顾没有后端基础的读者，该实战项目只会涉及前端相关的知识讲解，不会涉及后端及数据库的讲解，所用到的接口数据为事先提供的假数据，当然对后端感兴趣的读者，也可以自行完成后端逻辑的开发。另外，在本项目中，也会模拟请求豆瓣电影后台的真实数据，但这只作为备选，以防止以后豆瓣修改 API 就无法正常使用。

由于本实战项目的完整源码可以在对应的代码清单中查看，并且附带视频内容，因此本章主要偏向于实战项目中的知识点讲解，并且只会包括核心的代码演示，建议读者先查看完整项目源码，了解大致的项目结构，以便于后续的理解。下面进入实战项目的开发。

12.1 开发环境准备

工欲善其事，必先利其器。在开发一个完整的项目之前，准备一个完整的开发环境是非常重要的。当然，如果你是一个前端大佬，可能这些环境早已用得滚瓜烂熟，如果你刚入坑前端，就跟着笔者一步一步搭建环境吧。

12.1.1 安装代码编辑器 Sublime Text 3

目前笔者比较习惯使用 Sublime Text 3 这款编辑器，下载地址是 https://www.sublimetext.com/3，然后选择合适的平台来安装，如图 12-1 所示。

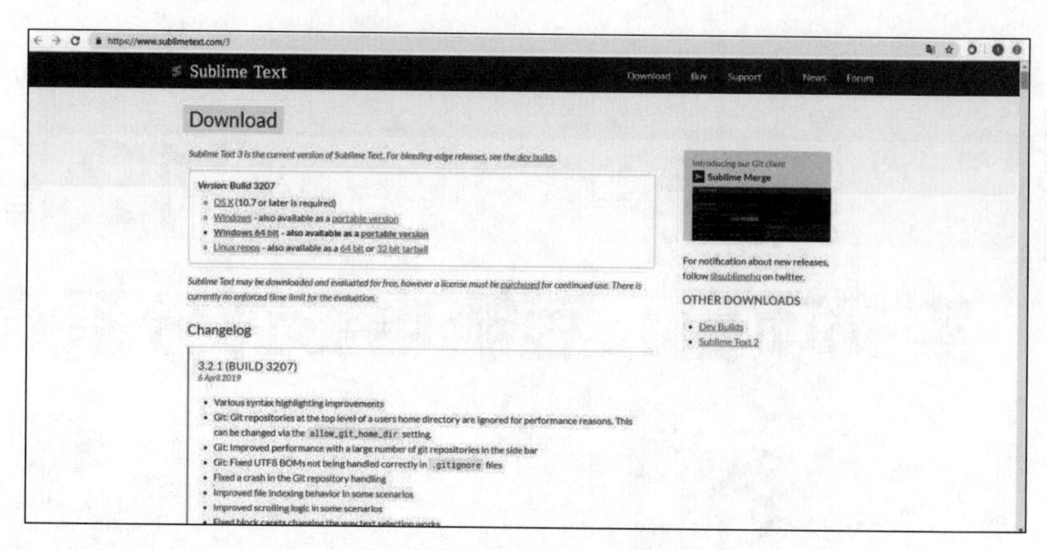

图 12-1　Sublime Text 3 编辑器

除了 Sublime Text 3 编辑器之外，我们再来聊聊其他比较常用的前端代码编辑器、它们的特点以及如何选择合适的代码编辑器。

当前流行的代码编辑器主要有 Visual Studio Code、Sublime Text 3、WebStorm 三种，笔者觉得代码编辑器完全可以根据自己的喜好和习惯决定，并没有一个完全正确的答案，正所谓萝卜白菜，各有所爱。从当前的趋势来看，Visual Studio Code 的使用者更多一些，这可能得益于精美的界面风格和完善的插件生态，笔者之前使用的就是这款编辑器；WebStorm 的功能也很强大，但是太过笨重。这次之所以没有选择这两个编辑器，而是选择 Sublime Text，是为了体验一下新鲜的事物。从效果上来看，Sublime Text 3 更加轻便，如果长时间操作，也不会感觉卡。总之这三种编辑器的功能都可以满足日常的开发需求，读者选择自己喜欢的编辑器即可。

12.1.2　安装 cnpm

在保证安装 Node.js 的前提下，都会用 npm 来安装相关包模块，在这里需要说明一下，当我们使用 npm 来安装包时，如果遇到安装时间过长、无法连接，大部分原因是 npm 包的源地址默认是国外的地址，国内的网络会对这些地址进行屏蔽，这时就推荐使用国内的 npm 镜像来安装包。注意，如果项目中需要有依赖锁定，不建议使用 cnpm。

使用 cnpm（淘宝 npm 镜像）来安装 npm 包，使用起来非常简单，首先安装 cnpm，在 cmd 终端执行下面的命令：

```
npm install -g cnpm --registry=https://registry.npm.taobao.org
```

上面的命令全局安装了 cnpm，安装成功后，就可直接使用 cnpm install xxx 来安装相关的包了。cnpm 的命令完全兼容 npm 的命令，代码如下：

```
npm install vue 相当于 cnpm install vue
npm uninstall vue 相当于 cnpm uninstall vue
npm search vue 相当于 cnpm search vue
```

cnpm 镜像会定时与官方 npm 同步最新的包，频率目前为 10 分钟一次，以保证 cnpm 尽量能够及时获取到全球各地提交的最新的包。

我们在后续的实战项目中都会使用 cnpm 来安装包。在完成开发前的环境准备后，接下来进入项目开发。

12.1.3　Vite 项目初始化

参考之前的 Vite 章节，采用 npm 工具来安装 Vite，在安装的同时可以直接进行项目的初始化操作，最终得到的项目目录大致如图 12-2 所示。

```
├── public                  // 静态文件目录
├── dist                    // 打包输出目录（首次打包之后生成）
├── src                     // 项目源码目录
│   ├── assets              // 图片等第三方资源
│   ├── components          // 公共组件
│   ├── App.vue
│   ├── main.js
├── vite.config.js          // 项目配置文件，用来配置或者覆盖默认的配置
├── index.html              // 项目入口文件
└── package.json            // package.json
```

图 12-2　项目目录结构

添加项目的构建配置，修改 vite.config.js，其核心代码如下：

```
import { defineConfig } from 'vite'
import vue from '@vitejs/plugin-vue'

import path from "path";

export default defineConfig({
  base: './', // 项目根路径
  plugins: [vue()],// 配置 Vue 插件
  resolve: {
    // 配置路径别名
    alias: {
      '@': path.resolve(__dirname, 'src'),
    },
  },
  server: {
    port:3001,
    proxy: {
      // 使用 proxy 实例
      // 模拟请求豆瓣电影后台真实数据
      '^/api': {
        target: 'https://frodo.douban.com',
        changeOrigin: true,
        // 模拟 referer 和 ua
        headers:{
'referer':'https://servicewechat.com/wx2f9b06c1de1ccfca/84/page-frame.html',
          'user-agent':'Mozilla/5.0 (iPhone; CPU iPhone OS 15_1_1 like Mac OS
X) AppleWebKit/605.1.15 (KHTML, like Gecko) Mobile/15E148
MicroMessenger/8.0.16(0x18001042) NetType/WIFI Language/zh_CN'
        }
      }
```

```
    }
  }
})
```

上述配置主要包括 Vue 文件解析配置、开发环境下的 devserver 配置（包括模拟请求豆瓣电影后台的真实数据）、路径别名配置、项目根路径配置等，可以看出相比 vue-cli 工具来说，Vite 的配置要更加简洁一些。

由于我们的项目会使用到 Vue Router、Vuex、Axios、Less 等模块，而这些模块不会在 Vite 中预先安装，所以需要自己提前安装：

```
cnpm install vuex vue-router axios less less-loader -S
```

当然这里并不是安装全部模块，其余模块后面用到时再安装即可。在一切都配置完成后，执行 npm run serve 命令。

12.2　项目功能逻辑

本实战项目在功能上主要参考豆瓣电影评分网站的功能，并且简化了部分功能，主要页面逻辑如图 12-3 所示。

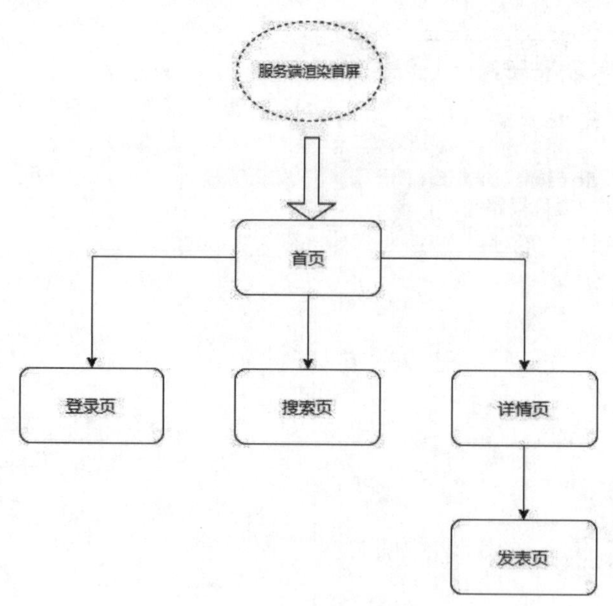

图 12-3　项目功能逻辑

其中，每个页面的主要功能逻辑解释如下：

- 首页：主要展示搜索入口、最近上映电影信息、最热门电影信息、一周口碑电影榜单信息。单击单个电影模块可进入详情页，在搜索框输入内容后可以进入搜索内容页。
- 搜索页：根据搜索的内容展示具体的结果，单击搜索结果中的电影模块可以进入详情页。
- 详情页：主要展示电影基本信息、评分信息、演员信息、评论信息、评分入口。单击评分入口可以进入电影评分发表页。

- 发表页：主要展示评分组件、评论输入框，可以对电影进行评分和评论。
- 登录页：用户登录入口，只有已经登录的用户才可以对电影进行评分。

目前，后端数据主要分为两种，在开发环境下可以通过 Vite 的代理服务直接请求到的豆瓣电影的后端真实数据，以及在开发环境之外可以用到的静态 JSON 假数据，这两种数据会配置一个开关，可以在代码中切换。

12.3　首页开发

首先开发首页（home 页面），页面 UI 效果图如图 12-4 所示。

图 12-4　首页效果图

在 view 下新建 home.vue 组件，其核心代码如下：

```
setup(){
  let nowplayList = ref([]) // 正在热映
  let recentplayList = ref([])// 最近热映
  let rankList = ref([])// 榜单

  // 将数据进行分组
  let toArray = (data)=>{
    let n = 10 // 10 个一组
    let len = data.length
```

```
    let num = len % n == 0 ? len/n : Math.floor(len/n)+1
    let res = []
    for (var i = 0 ; i < num ; i++) {
      res.push(data.slice(i*n,i*n+n))// 构造 2 维数组
    }

    return res
  }
  // 请求数据
  onMounted(async () => {
  ...
  });

  return {
    nowplayList,
    recentplayList,
    rankList
  }
}
```

其主要业务逻辑如下：

- 定义响应式对象来存储页面所需要的数据。
- 在 onMounted 方法中请求后台接口，获取数据并赋值。
- 对数据进行加工，例如最近热映的电影需要 10 个一组，以方便渲染。

其中，每块数据采用轮播翻页展示，需要写一个翻页组件。

12.3.1　轮播翻页组件

在 components 下创建 slider.vue 组件，其核心代码如下：

```
<div class="scoll-wrap">
  <div class="scroll-content" ref="scrollContent">
    <slot></slot> // 插槽
  </div>
  <div class="control">
    <div class="left" @click="prePage"></div>
    <div class="right" @click="nextPage"></div>
  </div>
</div>

setup(props, context) {
  const { proxy } = getCurrentInstance() // 获取上下文对象
  let translateX = 0
  const unit = 675 // (115 + 10 + 10)*5 宽度+左右边距
  const prePage = ()=>{
    translateX = translateX - unit
    if (translateX <= 0) { // 当翻页到最左边时，不可再翻
      translateX = 0
    }

    proxy.$refs.scrollContent.style.transform =
'translateX(-'+translateX+'px)' // 利用 translateX 设置位移
  }
```

```
    const nextPage = ()=>{
      translateX = translateX + unit
      let maxwidth = proxy.$refs.scrollContent.clientWidth // 获取框体宽度
      if (translateX >= maxwidth) {// 当翻页到最右边时，不可再翻
        translateX = Math.max(maxwidth-unit,translateX-unit)
      }

      proxy.$refs.scrollContent.style.transform =
'translateX(-'+translateX+'px)'// 利用 translateX 设置位移
    }

    return {
      prePage,
      nextPage
    };
  },
```

其主要业务逻辑如下：

- 利用插槽<slot>将子组件的内容展示出来。
- 添加两个翻页按钮，绑定事件进行切换翻页操作。
- 利用 CSS 3 的 transform:translateX 属性结合过渡动画进行位移操作，并判断临界条件。

12.3.2 搜索框组件

搜索框作为常驻在页面顶部的组件，属于公共组件，所以在公共组件 components 目录下新建 navheader 组件，其核心代码如下：

```
  <div class="nav-wapper">
    <div class="nav-header">
        <div class="nav-logo" @click="$router.push('/')"></div>
        <div class="nav-search">
            <input id="inp" placeholder="搜索电影、电视剧、综艺、影人"
v-model.trim="searchText"/>
            <div class="search-btn" @click="goSearch"></div>
        </div>
        <div v-if="user.nickname" class="nickname">
          {{user.nickname}}, <a>退出</a>
        </div>
        <div class="nickname" v-else @click="$router.push('/login')">
          请登录
        </div>
    </div>
  </div>

  setup(props,context){
    const store = Vuex.useStore()
    const router = useRoute()
    // 从 Vuex 的 store 中获取用户数据
    const user = computed(() => store.state.userInfo);
    const searchText = ref('');

    watchEffect(()=>{ // 接收 url 参数上的搜索词数据
      searchText.value = router.query.searchText
```

```
    })

    return {
      user,
      searchText
    }
  },
```

其主要业务逻辑如下：

- 搜索框 input 和用户登录入口界面的内容。
- 搜索框 input 的数据需要借助 watchEffect 方法动态地从 Vue Router 的 searchText 参数上获取。
- 通过 Vuex 的 store 中的 userInfo 数据判断用户是否登录，从而展示不同的逻辑。

12.4 登录页开发

然后开发登录页（login 页面），页面 UI 效果图如图 12-5 所示。

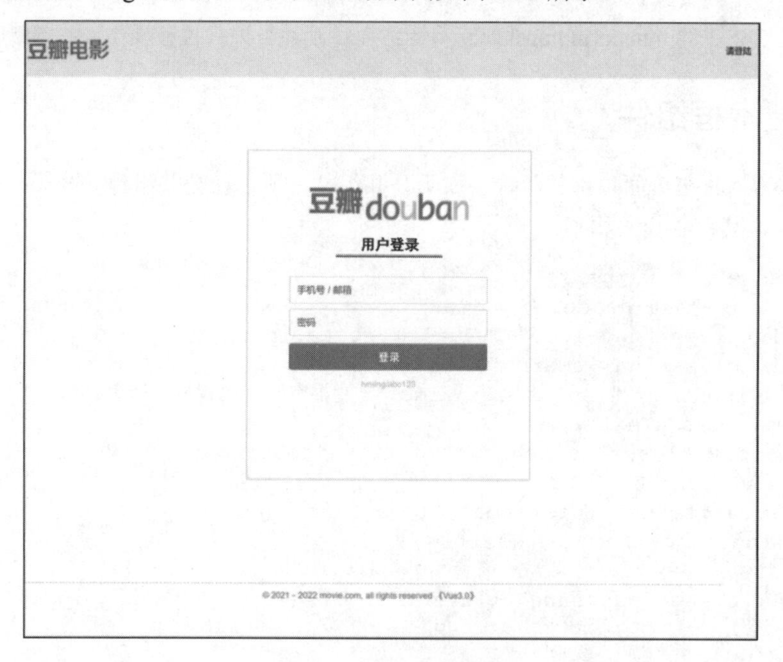

图 12-5 登录页效果图

在 view 下新建 login.vue 组件，其核心代码如下：

```
  <div class="login-container">
    <div class="login-content">
      <div class="login-logo"></div>
      <div class="login-title">用户登录</div>
      <div class="input-wrap">
        <div><input class="login-input" type="text" placeholder="手机号 / 邮箱"
v-model="loginInfo.username"/></div>
        <div><input class="login-input" type="password" placeholder="密码"
v-model="loginInfo.password"/></div>
```

```
      <div class="login-btn" @click="login">登录</div>
    </div>
    <div class="error-tips" v-if="loginInfo.errorInfo">用户名或密码错误</div>
    <div class="tips">lvming/abc123</div>
  </div>
</div>

setup(){
  // 用户数据，响应式数据
  let loginInfo = reactive({
    username:'',
    password:'',
    errorInfo: false
  })

  // 模拟用户信息
  const userInfo = {
    nickname:'吕小鸣',
    age:30,
    username:'',
    avatar:'https://qiniu.nihaoshijie.com.cn/images/image-1559844211742.jpeg'
  }

  const store = Vuex.useStore()
  const { proxy } = getCurrentInstance()

  // 登录按钮单击回调
  const login = ()=>{
    // 验证用户名和密码
    if (loginInfo.username == 'lvming' && loginInfo.password == 'abc123') {
      // 记录在 Vuex 的 Store 中
      store.commit('setUser',userInfo)
      loginInfo.errorInfo = false
      // 跳转到登录前的页面
      if (proxy.prevRoute) {
        proxy.$router.push(proxy.prevRoute)
      }
    } else {
      loginInfo.errorInfo = true
    }
  }
  return {
    loginInfo,
    login
  }
},
beforeRouteEnter (to, from, next) {
  next(vm=>{
      // 获取 vm this 得到上一个页面的路由 from
      vm.prevRoute = from;
  })
}
```

其主要业务逻辑如下：

- 利用 input 和 v-model 指令渲染登录框界面。

- 在登录验证成功后，将用户信息设置在 Vuex 中。
- 跳转回登录前的页面。

12.5　详情页开发

接下来开发详情页（detail 页面），页面 UI 效果图如图 12-6 所示。

图 12-6　详情页效果图

在 views 目录下新建 detail 文件目录，由于详情页逻辑复杂一些，我们将详情页拆分成 movieinfo.vue、movieactors.vue、moviecomments.vue 三个组件，其目录结构如图 12-7 所示。

```
├─ detail
│   ├─ detail.vue      // 外壳组件
│   ├─ movieinfo       // 电影基本信息组件
│   ├─ moviecomments // 电影评论组件
│   ├─ movieactors     // 电影演员组件
```

图 12-7　详情页目录结构

12.5.1　电影基本信息组件

在 detail 目录下新建 detail.vue，用来作为父组件，其核心代码如下：

```
<div class="detail-container">
  <div class="left-content">
    <movieinfo />// 基本信息
    <movieactors />// 演员信息
    <moviecomments />// 评论信息
  </div>
</div>
```

该组件主要为父组件的壳子，用于设置基本的样式，没有其他逻辑。

在 detail 目录下新建 movieinfo.vue，用来作为电影信息组件，其核心代码如下：

```
setup(){
  const store = Vuex.useStore()
  let detailData = ref({})
  let actors = reactive({
    orgin:[],
    short:[],
    isShowMore: true
  })
  let rate = reactive({
    list:[],
    betterList:[]
  })
  const route = useRoute()
  let id = computed(() => route.query.id);
  onMounted(async () => {
    // 获取数据
    detailData.value = await service.get(configapi.detail(id.value),{})
    // 设置当前电影的 title，为了通知其他组件，所以放在 Vuex 的 Store 中
    store.commit('setTitle',detailData.value.title)

    actors.orgin = detailData.value.actors||[]
    actors.short = actors.orgin.slice(0,3)
    actors.isShowMore = actors.orgin.length > 3

    // 渲染评分高低排名
```

```
    let rateData = await service.get(configapi.rate(id.value),{})

    rate.list = dealRateData(rateData)
    rate.betterList = rateData.type_ranks||[]

  });

  // 格式化评分数据
  const dealRateData = (rateData)=>{
    // 100%的最大宽度
    let maxwidth = 70
    let list = []

    for (let i = 0 ; i < rateData.stats.length ; i++) {
      let r = rateData.stats[i].toFixed(3)*100
      // 以此通过评分计算百分比宽度
      list.push({
        index: i+1,
        count:r,
        width: r*maxwidth/100
      })
    }
    return list.reverse()// 从高到低排列
  }
  // 展开所有演员名字
  const expand = ()=>{
    actors.short = actors.orgin
    actors.isShowMore = false
  }
  return {
    detailData,
    actors,
    expand,
    rate
  }
},
```

其主要业务逻辑如下：

- 获取基本信息数据，对将数据分别进行处理，供基本内容展示和评分排名使用。
- 在获取到标题后，利用 Vuex 通知其他需要标题的组件。
- 在基本信息中，如果演员数据太长，则默认只取前三个名字，当单击展开时，再将所有名字平铺出来。
- 在评分排名渲染时，设置一个最大宽度，根据每种区间得分的占比分别设置不同的宽度。

12.5.2 电影演员信息组件

在 detail 目录下新建 movieactors.vue，用来作为电影演员图片列表组件，其核心代码如下：

```
setup(){
  const store = Vuex.useStore()
```

```
  // 从 Vuex 的 Store 中获取 title
  const title = computed(() => store.state.detailTitle);
  let detailData = reactive({
    list:[]
  })
  const route = useRoute()
  let id = computed(() => route.query.id);
  // 获取演员图片列表数据
  onMounted(async () => {
    let data = await service.get(configapi.actors(id.value))
    detailData.list = data.directors.concat(data.actors)

  });

  return {
    detailData,
    title
  }
}
```

其主要业务逻辑如下：

- 获取演员图片列表数据。
- 将 title 从 Vuex 的 Store 中取出来并展示。

12.5.3　电影评论信息组件

在 detail 目录下新建 moviecomments.vue，用来作为电影评论列表组件，其核心代码如下：

```
setup(){
  const store = Vuex.useStore()
  // 从 Vuex 的 Store 中获取 title
  const title = computed(() => store.state.detailTitle);
  // 获取用户自己发票的评论数据
  const incommentList = computed(() => store.state.commentList);

  let detailData = reactive({
    list:[]
  })
  const route = useRoute()
  // 从 url 上获取 id 参数
  let id = computed(() => route.query.id);
  onMounted(async () => {
    let data = await service.get(configapi.comments(id.value),{
      start:0,
      count:20
    })
    // 将后端获取的数据和用户发票的数据进行组合
    detailData.list = incommentList.value.concat(data.reviews || [])

  });
```

```
  return {
    detailData,
    title
  }
}
```

其主要业务逻辑如下：

- 根据 url 上的参数 id 获取评论列表数据。
- 根据数据渲染并展示评论列表。
- 当有用户自己发表的数据时，将数据进行合并。

在该组件中，单击发表评论跳转到发表界面。

12.6　发表页开发

接下来开发发表页（publish 页面），页面 UI 效果图如图 12-8 所示。

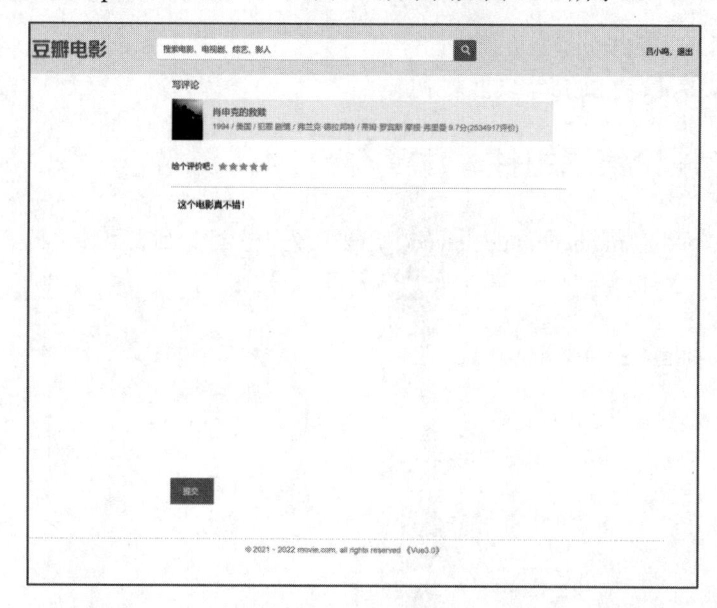

图 12-8　发表页效果图

在 views 目录下新建 publish.vue 组件，其核心代码如下：

```
setup(){

  let movieData = ref({})
  let content = ref('')
  // 评星组件
  let starlist = reactive({
    list:new Array(5).fill({state:'normal'})
```

```
  })

  const route = useRoute()
  // 获取 url 上的 id 参数
  let id = computed(() => route.query.id);
  // 请求电影基本信息数据
  onMounted(async () => {

    let data = await service.get(configapi.detail(id.value),{})
    movieData.value = data
  });

  // 评星结果
  ...

  return {
    movieData,
    starlist,
    content,
    changeScore
  }
},
```

其主要业务逻辑如下：

- 根据 url 上的 id 获取电影基本信息数据。
- 用评星组件来评星，在输入框<textarea>输入评论内容。

对于评星组件，默认为 5 颗空心星，监听鼠标 mouseenter 事件，将当前鼠标所在星以及左边的所有星置为实心星，右边置为空心星，从而根据当前所在星的 index 获取星数，其核心代码如下：

```
<div class="score-add">
  <div>给个评价吧：</div>
  <div class="rankstar">
    <div :class="['star-item',item.state]" v-for="(item,index) in
starlist.list||[]" :key="index" @mouseenter="changeScore(index)"></div>
  </div>
</div>

const changeScore = (index)=>{
  let list = []
  // 根据鼠标所在星的 index 顺序，将之前的星变成实心
  starlist.list.forEach((item,_index)=>{
    if (_index <= index) {
      item.state = 'full' // 实心
    } else {
```

```
      item.state = 'normal'// 空心
    }
    list.push({...item})

  })
  starlist.list = list
}
```

在输入完成后，单击提交时，需要构造自己的评论数据，同时记录在 Vuex 的 Store 中，供详情页的评论列表使用，其核心代码如下：

```
submit(){
  // 根据 starlist.list 数组中 full 的项得到星数
  let count = 0
  this.starlist.list.forEach((item)=>{
    if (item.state == 'full') {
      count++
    }
  })
  // 构造评论列表需要的数据
  this.$store.commit('setCommentList',{
    rating:{
      value: count
    },
    user:{// 从用户信息 Store 中获取头像和昵称
      avatar:this.userInfo.avatar,
      name:this.userInfo.name
    },
    // 发表时间
    create_time:moment().format('YYYY-MM-DD HH:mm:ss'),
    // 内容
    abstract:this.content
  })

  this.$router.push('/detail?id='+this.movieData.id)
}
```

这里采用了第三方库 moment.js 来格式化时间展示。

12.7 搜索页开发

在顶部输入框输入字符数据，单击搜索按钮可以跳转到搜索结果页，UI 效果如图 12-9 所示。

图 12-9　搜索页效果图

在 view 下新建 search.vue 组件，其核心代码如下：

```
setup(){
  // 搜索列表数据
  let searchList = reactive({
    list:[]
  })
  const route = useRoute()
```

```
  // 从 url 上获取搜索词 searchText
  let searchText = computed(() => route.query.searchText);
  // 采用 watch 监听搜索词的变化
  watch(
    () => route.query.searchText,
    async (v) => {
        // 发生变化后，根据搜索词请求数据
        let data = await service.get(configapi.search,{
        start:0,
        count:20,
        q:v
      })
      // 过滤数据
      searchList.list = data.items.filter((item)=>{
        return item.target_type == 'movie'
      })
    },
    {
      deep: false, // 是否采用深度监听
      immediate: true // 首次加载是否执行
    }
  )

  return {
    searchList
  }
}
```

其主要业务逻辑如下：

- 根据 url 上的 searchText 搜索词获取结果列表数据。
- 通过 watch 监听搜索词的变化，变化后立即请求数据。

至此，整个项目的页面逻辑已经基本完成。我们对页面的路由进行配置，让页面之间可以相互跳转。

12.8　路由配置

在 src 下新建 router.js 配置路由，其核心代码如下：

```
import home from '../views/home/home.vue'
import {createRouter,createWebHistory} from 'vue-router'

const router = createRouter({
  history: createWebHistory(),
  routes: [
```

```
        { path: '/', redirect: '/home' },// 配置默认路由，重定向到/home
        { path: '/home', component: home },
        { path: '/detail', component: () => import('../views/detail/detail.vue') },
// 延迟加载
        { path: '/publish', component: () =>
import('../views/publish/publish.vue') },// 延迟加载
        { path: '/login', component: () => import('../views/login/login.vue') },//
延迟加载
        { path: '/search', component: () =>
import('../views/search/search.vue') },// 延迟加载
      ]
    })

    export default router
```

12.9　服务端渲染改造

在编写好正常的客户端渲染逻辑代码后，就可以针对项目的首屏开启服务端渲染改造了。在本项目中，主要是针对 home 页面的改造。主要步骤概括如下：

- 基于服务端渲染逻辑和客户端渲染逻辑改造 main.js。
- 跑通正常的客户端渲染开发和生产构建流程。
- 创建 Node.js 服务端 server.js 逻辑，结合 Vite 跑通基于服务端渲染的开发流程。
- 改造 Node.js 服务端 server.js 逻辑，跑通服务端渲染生产构建流程。
- 配置 package.json 中定义的命令，以完成改造。

12.9.1　main.js 改造

修改 main.js，使其同时支持服务端和客户端两种渲染逻辑，改造代码如下：

```
    ...
    export function createApp() {
      // 如果使用服务端渲染，需要将 createApp 替换为 createSSRApp
      const app = createSSRApp(App)
      // 路由
      const router = createRouter()
      // store
      const store = createStore()
      app.use(router)
      app.use(store)
      // 将根实例以及路由暴露给调用者
      return { app, router, store }
    }
```

12.9.2 entry-client.js 和 entry-server.js

entry-client.js 和 entry-server.js 这两个文件分别作为客户端渲染和服务端渲染的入口，在后面的 server.js 中会被调用，其主要内容和 10.2 节一致，这里单独讲一下需要后端利用 Vuex 获取数据的逻辑，其区别如下：

```
entry-server.js:
...
export async function render(url, manifest) {
  const { app, router, store } = createApp()

  // 设置默认的路由，/默认走 home 路由
  router.push(url)
  // 等待路由加载完成
  await router.isReady()
  // 获取首屏需要的异步数据 store
  await getAsyncData(router,store, true)

  // store 中已经存放了数据，提供渲染出 html 字符串
  const ctx = {}
  ctx.state = store.state
  const html = await renderToString(app, ctx)

  //处理需要预加载的链接
  const preloadLinks = renderPreloadLinks(ctx.modules, manifest)
  return [html, preloadLinks, store]
}
```

上述代码中用到的 getAsyncData 方法需要在 home 组件中配置。

```
entry-client.js:
if(window.__INIT_STATE__) {
  // 当使用 template 时，context.state 将作为 window.__INIT_STATE__状态自动嵌入最
终的 HTML
  // 在客户端挂载到应用程序之前， store 就应该获取到状态

  store.replaceState(window.__INIT_STATE__._state.data)
}
```

服务端获取的数据会注入 HTML 模板中挂在 window.__INIT_STATE__对象中，在这里可以直接拿到，这样在浏览器端二次渲染时直接使用即可。

12.9.3 home.vue 改造

在 home.vue 中，主要的改造点是：提供静态 asyncData 方法获取首屏数据，改造最近热映、正在热映、榜单三个模块对应的 nowplayList、recentplayList、rankList 数据放入 Vuex 的 store 中，其核心代码如下：

```
export default {
  // 定义静态方法
  asyncData({store}) {
```

```
    return store.dispatch('getHomeMovieData')
  },
  ...
  setup(){
    const store = useStore()
    // 从 store 获取数据
    let nowplayList = computed(()=> store.state.nowplayList)
    let recentplayList = computed(()=> store.state.recentplayList)
    let rankList = computed(()=> store.state.rankList)

    return {
      nowplayList,
      recentplayList,
      rankList
    }
  }
}
```

由于 asyncData 方法只会在服务端渲染时使用，和本书的组件并无太多逻辑关系，因此定义成静态方法更合适，对应的 store 页要修改部分逻辑。

12.9.4　store 改造

新建一个 action，用来异步请求 home 页面所需要的数据，其核心代码如下：

```
actions: {
  async getHomeMovieData(context, obj){
    // 请求正在热映的数据
    let nowplayList = await service.get(configapi.nowmovie,{
      start:0,
      count:50,
    })
    // 请求最近热映的数据
    let recentplayList = await service.get(configapi.recentmovie,{
      start:0,
      count:50,
    })
    // 请求榜单热映的数据
    let rankList = await service.get(configapi.toprank,{
      start:0,
      count:10,
    })

    context.commit('setHomeData',{
      nowplayList,
      recentplayList,
      rankList
    })
  }
}
```

然后创建对应的 mutations 对数据进行处理，其核心代码如下：

```
/*
* 设置首屏数据
*/
setHomeData(state, obj){

  state.rankList = obj.rankList.subject_collection_items || [];
  state.nowplayList = obj.nowplayList.subject_collection_items || [];
  // 将数据进行分组
  let toArray = (data)=>{
    let n = 10 // 10 个一组
    let len = data.length
    let num = len % n == 0 ? len/n : Math.floor(len/n)+1
    let res = []
    for (var i = 0 ; i < num ; i++) {
      res.push(data.slice(i*n,i*n+n))
    }

    return res
  }
  state.recentplayList = toArray(obj.recentplayList.subject_collection_items
|| []);
}
```

这些改造相当于将原来在 home.vue 的逻辑挪到了 actions 和 mutations 中，为服务端渲染提供支持。

在 store 文件下新建 getAsyncData.js，提供给 server.js 调用，其核心代码如下：

```
// 调用当前匹配到的组件中的 asyncData 钩子，预取数据
export const prefetchData = (
  components,
  router,
  store
) => {
  // 过滤出有 asyncData 静态方法的组件
  const asyncDatas = components.filter(
    (i) => typeof i.asyncData === "function"
  );
  return Promise.all(
    asyncDatas.map((i) => {
      return i.asyncData({ router: router.currentRoute.value, store });
    })
  );
};

// ssr 自定义钩子
export const getAsyncData = (
  router,
  store,
  isServer
) => {
```

```
  return new Promise(async (resolve) => {
    const { matched } = router.currentRoute.value;

    // 当前路由匹配到的组件
    const components = matched.map((i) => {
      return i.components.default;
    });
    // 如果有 Vuex 的 modules，可以选择动态注册 modules
    // registerModules(components, router, store);

    if (isServer) {
      // 预取数据
      await prefetchData(components, router, store);
    }

    resolve();
  });
};
```

其中，如果 registerModules 方法使用的是 Vuex 的 modules，并且需要动态添加时可以调用 registerModules，这里没有使用，就不调用了。getAsyncData.js 主要是一个桥梁，提供给 server.js 可以调用组件和 store 的能力，为了服务端获取数据服务。

12.9.5　server.js 改造

服务端渲染的核心能力是利用 Node.js 提供渲染首屏 HTML 的服务，所以可以利用 Express 框架来开启一个 Node.js 服务，需要安装 Express：

```
cnpm i express -S
```

在 index.html 同级创建 server.js，其内容和 10.2 节类似，主要改动如下代码：

```
...
// 调用 entry-server.js 的 render 方法
const [appHtml, preloadLinks, store] = await render(url, manifest)

// 将服务端获取的数据注入 HTML 页面中
const state = ("<script>window.__INIT_STATE__" + "=" + serialize(store, { isJSON:
true }) + "</script>");

// 组装 html
const html = template
  .replace(`<!--preload-links-->`, preloadLinks)
  .replace(`<!--app-html-->`, appHtml)
  .replace(`<!--app-store-->`, state)


res.status(200).set({ 'Content-Type': 'text/html' }).end(html)
```

上面的代码中，和之前的区别主要是调用 entry-server.js 方法获取数据，然后将数据注入生成的 html 字符串中，供客户端渲染使用。同时，利用 Express 提供静态资源的服务，主要配置如下：

```
    // index false 表示匹配不到静态文件时不做处理，交给后面的逻辑
    app.use('/js', express.static(resolve('dist/client/js'),{index: false}));
    app.use('/css', express.static(resolve('dist/client/css'),{index: false}));
    app.use('/assets', express.static(resolve('dist/client/assets'),{index:
false}));
    app.use('/json', express.static(resolve('dist/client/json'),{index: false}));
    app.use('/favicon', express.static(resolve('dist/client/favicon'),{index:
false}));
```

至此，整个服务端改造完成。本次改造的内容基本上是参照之前章节 Vite 服务端渲染章节所介绍的步骤和内容，在此基础上添加利用 Vuex 来获取服务端渲染首屏数据的逻辑，这部分逻辑的整体流程总结如图 12-10 所示。

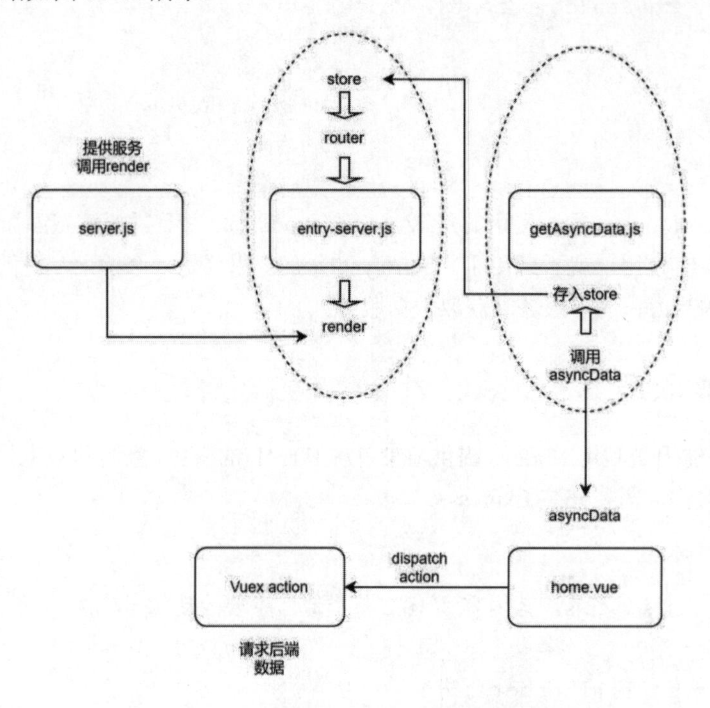

图 12-10　Vuex 获取数据的流程

12.10　小结

本章主要开发了一个模仿豆瓣电影评分系统的实战项目，主要利用本书所讲解的 Vue 基础、Vuex、Vue Router、组合式 API、服务端渲染、Vite 前端工程化构建等内容，建议读者和视频教程结合起来一起学习，有助于完整掌握实战项目的开发流程和难点，祝各位读者学习愉快。